湿地：地球之肾 生命之舟

Wetlands—the Kidney of the Earth & a Boat of Life

叶思源 谢柳娟 何 磊 编著

科 学 出 版 社
北 京

内 容 简 介

本书内容分上、下两篇。上篇以图文并茂的形式介绍湿地的知识，包括湿地定义和国内外研究机构及学者对定义的理解与解析，较详细地介绍湿地资源及其功能、湿地的类型与分类、河口三角洲的形成与湿地演化，以及国内外湿地研究的主要成果与发展趋势，对如何修复湿地提出建议。下篇简要介绍作者10多年来带领团队完成的国家级、部级项目成果情况，包括全国滨海湿地调查专题研究成果，以及在黄渤海滨海湿地分布区开展的地质调查专项的调查研究成果。

本书适合作为大学、中学师生课外读物和地学高校、科研院所科技人员工作参考书。

审图号：GS（2020）7326号

图书在版编目（CIP）数据

湿地：地球之肾　生命之舟 / 叶思源，谢柳娟，何磊编著 . —北京 : 科学出版社 , 2021.2

ISBN 978-7-03-065463-2

Ⅰ . ①湿…　Ⅱ . ①叶…　②谢…　③何…　Ⅲ . ①沼泽化地—普及读物　Ⅳ . ① P931.7-49

中国版本图书馆 CIP 数据核字（2020）第 098954 号

责任编辑：杨明春　韩　鹏　陈姣姣 / 责任校对：张小霞

责任印制：赵　博 / 封面设计：图阅盛世

科学出版社 出版

北京东黄城根北街16号

邮政编码:100717

http://www.sciencep.com

北京中科印刷有限公司印刷

科学出版社发行　各地新华书店经销

*

2021年2月第　一　版　开本：787×1092　1/16

2025年2月第三次印刷　印张：13 1/4

字数：315 000

定价：178.00元

作者简介

叶思源研究员，博士，博士生导师，中国地质调查局青岛海洋地质研究所研究员。自然资源部中国北方滨海盐沼湿地生态地质野外科学研究观测站首席科学家、站长，中国地质调查局滨海湿地生物地质重点实验室主任。长期从事滨海湿地生态地质调查研究工作，先后主持科学技术部、国家自然科学基金、自然资源部地质调查等重大攻关项目以及大地调项目十余项。荣获省部级科技成果奖6项。出版专著2部，获国家专利十余项，发表科技论文160余篇，培养研究生25名。现任湿地污染物动态与控制国际研讨会学术委员会委员、《地质论评》编委。2013年获“青岛市巾帼科技创新能手”称号；2019年获中国地质学会优秀女地质科技工作者奖，并入选青岛市政府特殊津贴专家、中国地质调查局杰出人才。

谢柳娟博士，2014年6月获浙江大学地球化学专业博士学位，2014年10月至2017年5月在中国石油大学（华东）从事博士后研究工作，2017年6月至今就职于中国地质调查局青岛海洋地质研究所。主要从事滨海湿地生物地球化学方面的地质调查和研究工作，主持国家自然科学基金青年科学基金项目和中国博士后科学基金面上项目各1项，发表科技论文23篇，其中第一作者8篇。

何磊博士，2013年6月获中国地质大学（武汉）古生物学与地层学专业博士学位，2013年7月至今就职于中国地质调查局青岛海洋地质研究所。主要从事现代三角洲沉积地质学、海洋地质及湿地形成演化方面的地质调查和研究工作，主持国家自然科学基金青年科学基金项目1项，发表科技论文24篇，其中第一作者9篇。

序

2018 年 7 月 6 日，在贵州省贵阳市召开的生态文明贵阳国际论坛 2018 年年会“湿地修复与全球生态安全”主题论坛报道，截至 2018 年，我国湿地面积为 8.04 亿亩[①]，约占世界湿地面积的 10%，居亚洲第一位、世界第四位，共拥有湿地自然保护区 602 个、国家湿地公园 898 个，湿地生态系统中有湿地植物 4220 种、动物 2312 种，湿地保护率达到 49.03%。我国在湿地保护方面取得了显著成效。

2018 年 10 月 29 日，国际《湿地公约》第十三届缔约方大会在阿联酋迪拜闭幕。会议期间，来自 7 个国家的 18 个城市获得了全球首批“国际湿地城市”的称号，其中 6 个为中国城市，分别为常德、常熟、东营、哈尔滨、海口和银川。其他入选城市包括法国和韩国各 4 个，匈牙利、马达加斯加、斯里兰卡和突尼斯各 1 个。这 18 个城市将作为示范榜样，激励全球其他城市通过更加积极的行动来实现可持续发展的目标。与会代表对中国提出的应对湿地退化的计划和在保护湿地方面取得的成效给予了高度评价。

2019 年 11 月 14 日，中国科学院地理科学与资源研究所与北京市企业家环保基金会联合发布了《中国沿海湿地保护绿皮书（2019）》（后文简称《绿皮书》）。《绿皮书》公布了“最值得关注的十块滨海湿地”名单，分别是辽宁葫芦岛打渔山入海口湿地、河北秦皇岛石河南岛湿地、天津七里海湿地、山东胶州湾河口湿地、山东青岛市涌泰湿地公园、浙江温州湾湿地、福建兴化湾湿地、福建晋江围头湾湿地、福建泉州湾湿地和海南儋州湾湿地。

自 1992 年加入《湿地公约》以来，截至 2020 年我国已经获指定 64 处国际重要湿地，其中内地 63 处、香港 1 处。内地 63 处分布在 23 个省（自治区、直辖市），其中黑龙江 10 个，西藏 4 个，云南 4 个，内蒙古 4 个，湖北 4 个，甘肃 4 个，广东 4 个，青海 3 个，吉林 3 个，湖南 3 个，江苏 2 个，江西 2 个，辽宁 2 个，四川 2 个，山东 2 个，上海 2 个，广西 2 个，河南 1 个，海南 1 个，福建 1 个，安徽 1 个，浙江 1 个，天津 1 个。内地 63 处湿地面积共 361.39 万 hm^2。香港米埔 - 后海湾国际重要湿地面积为 0.15 万 hm^2。

2017 年，国家林业和草原局贯彻落实国家《湿地保护修复制度方案》，并修订了《湿地保护管理规定》，27 个省（区、市）出台了省级湿地保护法。实施湿地保护修复工程

① 1 亩≈ 666.67m^2

和补助项目 1500 多个，恢复湿地 350 万亩，安排退耕还湿 76.5 万亩。完成了第二次全国湿地资源调查，11 个省（区、市）发布省级重要湿地名录，公布省级重要湿地 445 处。同时启动了国际湿地城市认证工作，已选出 6 个候选城市提交《湿地公约》秘书处（2018 年获“国际湿地城市”称号）。

在生态文明贵阳国际论坛 2018 年年会“湿地修复与全球生态安全”主题论坛上，国家林业和草原局副局长李春良指出，要进一步把强化湿地保护和恢复作为生态文明建设的重要着力点，把高质量的湿地生态系统作为美丽中国的重要标志，力争到 2020 年，全国湿地面积不低于 8 亿亩，湿地保护率达到 50%，到 2035 年湿地生态系统质量将得到显著提升。

湿地被誉为地球之肾，它在生态系统中的独特功能（排毒、除污、净化）不言而喻，在地球自然资源的开发与可持续利用方面都起到了重要的作用。

中国地质调查局青岛海洋地质研究所海岸带地质室由叶思源研究员领衔的科研团队近十多年来，对我国沿海地区各类重要滨海湿地开展调查研究和编制图件，取得了一系列重要成果，并对如何保护修复湿地提出了意见和建议。

他们为提升社会公众对湿地的认识和保护湿地的意识，为普及湿地知识组织科研人员编写了这部《湿地：地球之肾　生命之舟》科普书。该书既有湿地的一般普通知识，又有湿地调查研究的实际成果介绍，是一部既通俗易懂，又有科学依据的图书。在此，我特别向读者推荐此书，你会从中获得有关湿地的知识，对湿地景观产生兴趣，甚至希望去探索湿地未知的奥秘。

吴能友

青岛海洋地质研究所所长

2020 年 7 月

前　言

地球上的生态环境是丰富多彩的，山川、丘陵、平原、森林、湖泊、海洋……它们都在地球这个大生态系统中发挥着各自独特的作用。在这个大生态系统中，湿地、森林和海洋被称为“地球三大生态系统”——湿地是地球之肾，森林是地球之肺，海洋是地球之心。这三大生态系统对人类的生存与繁衍和地球自然资源的开发与可持续利用都具有举足轻重的作用。

湿地对地球的作用犹如肾对人体的作用一样，特别表现在它的排毒、除污和净化功能。湿地生态系统不仅为人们提供了大量的食物、原料和水资源，而且在维持生态平衡、保持生物多样性和珍稀物种资源，以及涵养水源、蓄洪防旱、降解污染、净化水质、调节气候、补充地下水、控制土壤侵蚀等诸多方面起到了重要作用。

阳光、空气和水是万物生长不可或缺的三要素。水是生命之源，联合国报告指出，在21世纪初期全世界尚有11亿人喝不到符合饮用标准的水。另外，还有24亿人缺乏足够的卫生用水。平均每分钟就有三个儿童因为喝了被污染的水而患疟疾死亡。这一现象在发达国家也存在。世界各地，特别是贫穷落后地区，农业和工业排放的污染水，导致当地人自身细胞内累积毒素，甚至罹患癌症。水污染在动植物身上的影响也很明显。许多河流，如法国的罗讷河、美国的密西西比河、非洲的尼罗河和沿海国家的近海域、海湾等，陆源排污过于严重，水质超标，导致赤潮频发，大量鱼类和其他生物死亡……治理水污染的任务迫在眉睫，保护、治理和修复生态环境实属当务之急。

为了向社会大众普及科学知识，提高人们保护地球家园生态环境的意识。我们团队组织编写了《湿地：地球之肾　生命之舟》科普书。本书第一部分为知识篇，主要介绍湿地的类型、功能、资源和生态环境等方面的科普知识；第二部分为实践篇，介绍我们团队近十多年来完成湿地调查研究的主要成果，并提出对湿地保护、治理和修复的对策、措施与建议。

这部科普书的问世，我要感谢湿地团队全体科技人员的团结协作、共同努力。同时，感谢为此书提供湿地科普知识的莫杰研究员，向他为此书编辑出版付出的辛劳表示诚挚的感谢。感谢薛春汀研究员多年来对湿地团队的指导和参与本书的撰写工作。最后，我还要特别感谢前任所长刘守全研究员，早在2005年他就高瞻远瞩地提出要大力开展滨海湿地调查研究工作。此外，特别对本书所引用照片的作者表达诚挚的谢意。

由于时间仓促、作者水平有限，书中尚有疏漏之处，敬请读者不吝指正。

2020 年 7 月

目　录

下篇　实践篇

上篇
知识篇

第1章 何谓湿地

地球上有三大生态系统：湿地、森林、海洋。

湿地被称为“地球之肾”，森林被称为“地球之肺”，海洋被称为“地球之心”。

1.1 湿地定义

湿地是位于陆生生态系统与水生生态系统之间的过渡地带。湿地生态系统（wetlands ecosystem）是湿地植物、栖息于湿地的动物、微生物及其环境构成的统一体。湿地生态系统具有多种独特功能，如保护生物多样性、调节径流、改善水质、调节小气候，以及提供食物和工业原料。除此之外，湿地还是人们观光及休闲、摄影爱好者拍摄鸟类的天堂。

湿地享有“地球之肾”（kidney of the Earth）的美誉。地球的肾功能（renal function），是指它不仅为人类提供大量食物、原料和水资源，而且在维持生态平衡、保持生物多样性和珍稀物种资源，以及涵养水源、蓄洪防旱、降解污染、净化水质、调节气候、补充地下水、控制土壤侵蚀等方面起到重要的作用（崔保山，2006；吕宪国，2008）。湿地覆盖地球表面仅 6%，却为地球上 20% 的已知物种提供生存环境。长期或间歇浸没于水中的土壤生长着许多湿地的特征植物。许多珍稀水禽的繁殖和迁徙离不开湿地，因此湿地被称为“鸟类的乐园”。

湿地定义的发展反映了管理者和科学家对湿地性质、形成和功能认识的演变。科学准确地定义湿地能有效指导湿地鉴别、边界界定、分类、湿地制图、湿地监测和有效管理（殷书柏等，2014）。然而，迄今还没有全世界公认的关于湿地的定义。各国科学家和政府对湿地有着各自的理解和定义。

美国鱼类及野生动物管理局（Fish and Wildlife Service，FWS）于 1956 年在 39 号通告中最早提出湿地的定义（Shaw and Fredine，1956）。在该通告中，湿地被定义为被间歇的或永久的浅水层所覆盖的低地。这个定义强调长期或相当长时间的浅水层覆盖在湿地特性形成中的主导作用（刘厚田，1995）。以挺水植物为显著特点的浅湖和池塘包含在内，而河流、水库和深水湖等永久性水体没有被包含在最初的湿地定义中，也不包含那些淹水时间太短而对湿地土壤和植被的发育几乎不起作用的水域。

1971 年 2 月 2 日，来自 18 个国家的代表在伊朗拉姆萨尔共同签署了《关于特别是作为水禽栖息地的国际重要湿地公约》（简称《湿地公约》或《拉姆萨尔公约》）。美国湿地管理部门接受《湿地公约》中的湿地定义。《湿地公约》采用了广义的湿地定义，即湿地是指不论其为天然或人工、长久或暂时性的沼泽地、泥炭地或水域地带，常有静止或流动，或为淡水、半咸水或咸水水体者，包括低潮时水深不超过 6m 的水域（国家林业局《湿地公约》履约办公室，2001）。《湿地公约》还规定，湿地可包括与湿地毗邻的河岸和海岸地区，以及位于湿地内的岛屿或低潮时水深超过 6m 的海洋水体，特别是具有水禽生境意义的岛屿与水体。潮湿或浅积水地带发育成为水生生物群和水成土壤的地理综合体，是陆地、流水、静水、河口和海洋系统中各种沼生、湿生区域的总称。这个湿地定义包括了海岸带地区的珊瑚滩和海草床、滩涂、红树林、河口、河流、淡水沼泽、沼泽森林、湖泊、盐沼和盐湖。虽然《湿地公约》中的湿地定义是目前国际上最为通用的定义，但该定义更侧重湿地鸟类生境的管理，没有明确的湿地内涵，不适合科学研究（Mitsch and Jame，1986；吕宪国，2008）。

美国鱼类及野生动物管理局的科学家经过几年的考察之后，于 1979 年在《美国湿地和深水栖息地分类》（*Classification of Wetlands and Deepwater Habitats of the United States*）一文中，重新给湿地定义为：湿地位于陆地和水域的交汇处，水位接近或处于地表面，或有浅层积水，至少具有以下 3 种特征之一：①至少周期性地以水生植物为植物优势种；②底层土主要是湿土；③在每年的生长季节，底层有时被水淹没。该定义首次将“湿地土壤”的概念引入美国湿地定义中，取代了水饱和土壤。该定义还指湖泊与湿地以低水位时水深 2m 处为界，按照这个湿地定义，世界湿地可以划分成二十多个类型。该定义在美国一直作为科学的湿地定义，用于湿地调查、生态评价和湿地制图等研究，同时也被许多国家研究者所接受。

1979 年，加拿大国家湿地工作组的研讨会上，Zoltai 提出了用于加拿大湿地名录和数据库的湿地定义，即湿地为水位接近或高于地面的，或有足够长时间能促成湿土形成或水化过程的土壤水饱和的，以水成土、水生植物和各类适应湿环境的生物活动为特征的土地（Zoltai，1979）。该定义更加具体地明确了湿地的水文条件和湿土条件。

我国学者和湿地管理部门都接受《湿地公约》中的湿地定义。但由于该定义是基于管理角度提出的（李天杰等，2004；殷书柏等，2014），我国学者从科学角度考虑提出了湿地的一些新定义（佟凤勤和刘兴土，1995；陆健健，1996；杨永兴，2002）。例如，陆健健（1996）定义中国湿地为：陆缘为含 60% 以上湿地植物的植被区；水缘为海平面以下 6m 的近海区域，包括内陆与外流江河流域中自然的或人工的、咸水或淡水的所有富水区域（但枯水期水深 2m 以上的水域除外），无论区域内的水是流动的还是静止的、间歇的还是永久的。虽然目前国内外提出的湿地定义具有多样性，但已经有效地指导了湿地的鉴别、分类、监测和科学管理。现有湿地定义存在问题的根源在于湿地理论基础薄弱（殷书柏等，2014）。随着湿地研究的不断深入，更科学的湿地定义还将继续出现。

1.2 湿地水文

湿地水文是湿地生态系统的命脉，湿地水文过程在湿地形成、发育、演替直至消亡

全过程中起到了重要作用（图1.1）。湿地水文影响着湿地环境的生物、物理和化学特征，从而进一步影响到湿地类型分异、湿地结构与功能。湿地水文研究能够让我们更好地认识湿地生态系统的结构、过程与功能，在流域水资源管理、生物多样性保护以及全球气候变化等方面有极其重要的意义。

图1.1 水是湿地的命脉

湿地的水文功能包括调蓄洪水、维持地下水、提供水源、保持或改善水质、调节气候变化、保护海岸带等功能。这些水文功能对保障流域生态系统的健康运转和改善区域生态环境演化具有十分重要的意义。

降水、地表径流、地下水、潮汐及河道的溢流水都是湿地水文的表征。湿地水文能够决定湿地土壤、水分和沉积物的各种性质，进而影响物种的数量和丰度、初级生产力、有机物质的积累、生物分解和各种营养元素的循环，最终影响到生态系统。湿地水文是促进湿地土壤发育的主要影响因素，湿地土壤各种营养元素的含量与分布、动植物和微生物的数量及分异度等均受到湿地水文较大的影响。湿地水文及湿地植被共同作用可以影响小范围的气候变化，进而对周围地区气候的剧烈变化有一定的影响。反过来，气候变化同样对湿地水文有较大的影响。

气候变化和人类活动以不同的方式影响着湿地的水文系统和生态功能。全球气候变化导致的径流减少和蒸发量变大将会加速湿地的退减。全球气候变化产生的影响主要是气温升高、降水量变化和海平面上升。这些变化主要通过对湿地水分收支平衡的影响来

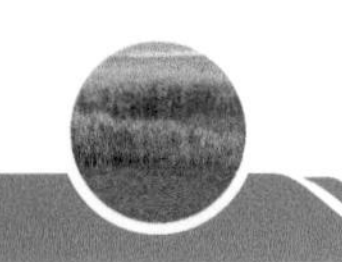

改变湿地的水文特征，从而进一步影响湿地的水循环过程和水文条件。气候变暖会导致水供应减少和水需求增加，这就使得水分的收支产生不平衡，进而影响湿地生态系统的水分状况和生态特征。湿地水量补给和水位环境的关键因素是降雨，其会对湿地水文尤其是湿地水文周期产生重要的影响。海平面上升导致的水体咸度增加，会影响湿地植物的生理生态特征和土壤性质，进而导致湿地植物群落演替变化。

人为因素对湿地水文的影响巨大。这些人为因素主要为水利工程（如水库、堤坝和排水渠等）建设、湿地围垦、城市化进程以及水资源开发利用。水利工程建设会使得湿地与周围环境的水文隔开，导致湿地入流量减少、水位下降、淹水周期变长；大型工程建设使得土壤中的一部分有机质被截留，下游的泥沙量减少、土壤养分减少，对下游湿地水化学特征以及湿地的未来发展趋势影响极大。湿地围垦使得大量的湿地被侵占，湿地水位由此发生变化，导致湿地蓄水调洪能力下降，重洪涝灾害加剧。城市化进程通过改变径流、水文周期和水质等要素来影响湿地生态系统的结构和功能。水资源开发利用主要体现在：一方面湿地补给水源减少；另一方面地下水位下降袭夺湿地水体的补给，湿地水文过程改变并且水量产生不平衡，湿地生态系统的可持续性降低。

1.3　湿地土壤

湿地土壤是湿地生态系统的重要组成部分，可以看作是湿地的心脏，支撑着湿地的日常运转。湿地土壤是指长期积水或在生长季积水、周期性淹水的环境条件下，生长有水生植物或湿生植物的土壤（姜明等，2006）。

湿地分布的区域广泛，自然条件复杂，在多样的生物、气候、地形、母质和植被等因素综合作用下形成了以下几种湿地土壤类型（田应兵等，2002）：

（1）有机土，主要包括泥炭土，该类型土壤有机质含量极高，往往为 300 ～ 600g/kg。该类型土壤分布在以冷湿环境为主，气候寒冷，降水相对充沛，大气湿度大的地区，在我国集中分布于川西北若尔盖高原、黑龙江大小兴安岭和三江平原。

（2）潜育土，土壤的形成长期或经常性受水饱和而经历物质还原反应，最终形成典型灰蓝色和特殊结构的土壤。潜育土一般出现在低洼地形地区，在我国集中分布于大小兴安岭、长白山间谷地、三江平原、松辽平原的河漫滩及湖滨低洼地区，其次是青藏高原及天山南北麓积水处，在华北平原、长江中下游平原、珠江中下游平原及东南滨海地区也有分布。

（3）盐成土，指在生物、气候、地形、地质、水文和水文地质等许多因素共同影响，盐直接参与成土过程形成的一类土壤。盐成土主要形成于内流封闭盆地、半封闭出流滞缓的河谷盆地、泛滥冲积平原、滨海低平原及河流三角洲等环境。该类型土壤主要分布在我国大陆内部，沿海东部也有分布。

（4）水耕人为土，主要指的是水稻土，受人为活动影响较大，主要分布在南方的水稻耕种区。

（5）水下土，由于所处环境为水下，因此主要由河、湖和海的沉积物组成，其主要为水底表面粒度较细的表层沉积物，是湿地土壤的一种特殊类型。

与其他土壤相比，湿地土壤有着自己独特的形成和发育过程，独特的氧化还原过程是湿地土壤的一个主要特征。湿地长期被水淹没或者周期性被水淹没，氧在水中的扩散速度是空气中的万分之一，土壤供氧量一般较低，并且湿地土壤中少量的氧气被微生物呼吸和化学氧化过程迅速消耗掉，因此就会导致土壤缺少氧气，形成普遍的厌氧环境（图1.2）。厌氧微生物在呼吸过程中利用各种物质代替氧作为终端电子受体，进而使得所使用的化合物价态发生显著变化。

图 1.2　湿地土壤（Hans Brix 提供）

富含有机质为湿地土壤的另一个主要特征。一方面，湿地植物的高生产力是土壤有机质的主要来源之一；另一方面，湿地的普遍厌氧环境导致较低的有机质分解速率。动植物死后会被埋藏沉积到土壤中，在这个过程中厌氧细菌开始分解有机质，当生成速率远大于分解速率时，有机质便会大量聚集在土壤中。

湿地土壤具有生态功能，为多种动植物提供生活环境，并促进生物多样性。湿地土壤拥有丰富的生物类群，湿地土壤为湿地植物、动物和微生物提供了生长所需要的必备养分以及良好的生长空间。同时湿地土壤的肥力、类型和结构会影响湿地生物。

湿地土壤是动植物的养分库，为湿地植物提供了非常好的水文条件。湿地土壤中含有许多未分解的有机质，因此其含有大量的养分，特别是泥炭土中养分含量更高。此外，

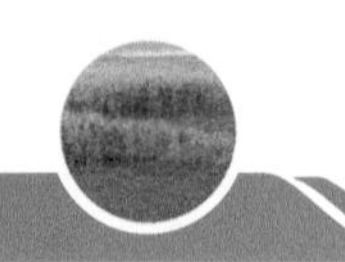

湿地土壤中还富含各种元素，包括铜、锌、锰和钴等一系列金属元素。由此可见湿地土壤是一个巨大的养分库，具有较大的开发潜力。

湿地土壤是污染净化器。湿地土壤通过沉淀作用、吸附及吸收作用、离子交换作用、氧化还原作用和分解代谢作用等途径实现其净化器的功能，这些功能可以减少湿地土壤中的有毒物质含量。

1.4 湿地植物

湿地植物是湿地生态系统的第一生产力，植物的生产维持着湿地生态系统的正常运转。根据湿地生物生长环境，可以分为水生、沼生、湿生三类；根据湿地植物生活类型，可以分为沉水型、浮叶型、漂浮型和挺水型（图 1.3）。

图 1.3　湿地植物生活类型（Hans Brix 提供）

1. 湿地植物的适应性

对淹水敏感的植物根系被淹没时，在氧气供应严重不足的情况下，细胞增长和分裂（有丝分裂）将消失，植物的有氧代谢将停止，细胞代谢转向无氧糖酵解，腺苷三磷酸（ATP）生产降低，而酵解的有毒代谢终产物可能积累，从而引起细胞质酸中毒并最终死亡。在

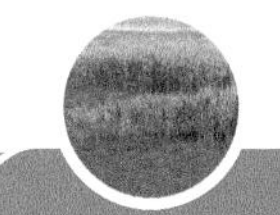

缺氧情况下，植物根系周围的化学环境将发生改变，从而可能使得铁、硫等元素和有机化合物大量累积在根部并产生毒害作用。

与对淹水敏感的植物相比，耐淹水植物（水生植物）具有一系列的适应性，它们能够适应暂时和永久的淹水环境，并且能通过多种方式供应氧气到根部保证植物的正常生长，同时避免有毒还原物质的影响。耐淹水植物（水生植物）的适应性可分为三大类：结构或形态适应、生理适应和全植物策略（Mitsch and Gosselink，2014）。

1）结构或形态适应

通气组织、不定根、快速垂向生长、浅根特征等均属于结构或形态适应。几乎所有的水生植物都有复杂的结构或形态适应机制来避免根系缺氧。水生植物在根和茎中形成充气空间（通气组织）是其应对淹水的主要对策（图 1.4）。氧气通过通气组织从植物的地上部分向根系扩散，以维持根组织中的氧浓度。正常陆生植物的根系通气组织占体积的 2% ～ 7%，而湿地水生植物的根系通气组织则可高达 60%。通气组织通常是根皮层成熟过程中细胞的分裂或者根皮层细胞分解而形成，往往为蜂窝状结构。值得注意的是，根茎之间的充气空间不一定是连续的。

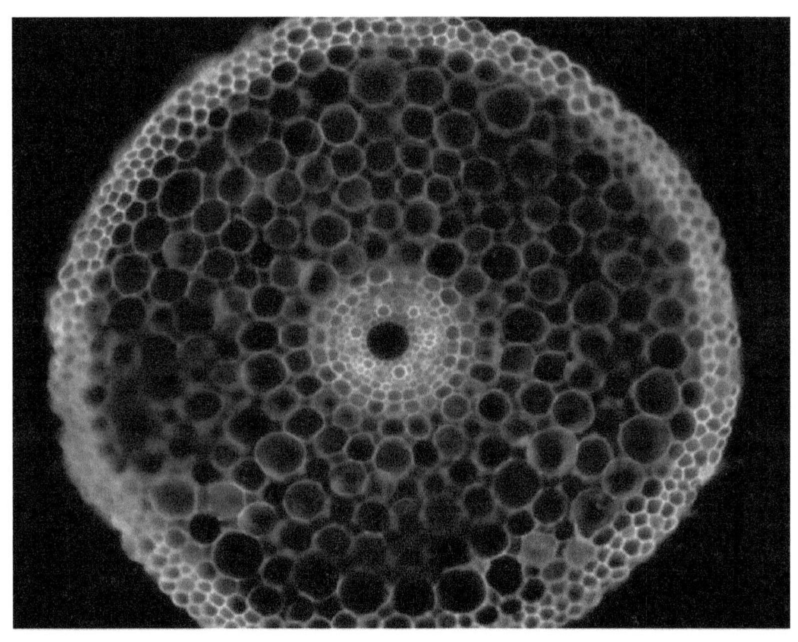

图 1.4　芦苇的通气组织截面图（Hans Brix 提供）

不定根的发育也是湿地水生植物适应缺氧环境的表现。激素的变化，特别是低氧组织中乙烯的迅速积累，能刺激一些物种的不定根的形成。当植物被淹没时，这些不定根就在厌氧区上方的茎上生长。

淹水刺激还使得水生和半水生植物，如水稻、落羽衫的茎快速伸长。湿地植物形成浅根是其为避免厌氧条件的另一种明显而常见的适应，如红枫在湿地中根系较浅，但在

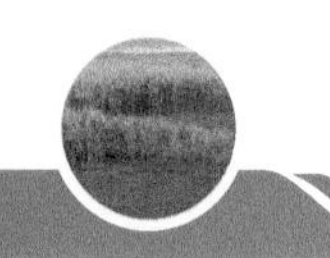

山地森林中主根较深（Mitsch and Gosselink，2014）。广泛生长在热带和亚热带海岸的红树林，其适应淹水环境的一种方式是它的拱形支柱根在水面以上发育了很多的小孔隙（又称皮孔），氧气通过皮孔进入拱形支柱根，并使底部缺氧泥浆中的根系氧气浓度保持在 15% ～ 18%。

2）生理适应

增压气流、氧化根周、降低吸水量、改变对营养的吸收、无氧呼吸等是湿地植物对缺氧环境的生理适应。对多种浮叶型和沉水型植物，如对日本萍蓬草、芦苇、香蒲、巨灯芯草等开展的测试发现，增压气体能从植物表面流动到根际（Grosse et al.，1991；Brix et al.，1992），这说明内部的增压和增压气体流动可能在许多水生植物中非常常见。湿度引起的增压是植物内部气体流动的主要驱动力。空气进入新叶子的通气组织中，在由外部环境空气和植物皮层组织内部充气空间之间的温湿度梯度的压力推动下经由茎的通气组织向根际流动。可以通过一个简单实验观测到这一现象，如将新鲜芦苇茎插入一个底部装有水的塑料瓶中，可以观测到茎的底部冒出气泡（图 1.5）。

图 1.5　芦苇的通气实验

将芦苇的茎插入水中，在茎底部观察到连续不断溢出的气泡

湿地植物根系的通气适应性还会影响植物根部的环境。当缺氧程度中等时，氧气在足够供给根系的同时，还会扩散出去并氧化邻近的缺氧土壤，从而产生氧化的根际圈。根际周围的氧化环境使得铁、锰等可溶性还原离子倾向于被氧化并在根际土壤中沉淀，从而有效地解除其毒性。

植物对厌氧环境不耐受的情况下，通常会减少对水分的吸收，这可能反映了根代谢的全面降低。虽然水分吸收减少可能会导致光合作用相应变弱，但这也是湿地植物对淹水环境的一种适应。

此外，尽管湿地植物充气空间的发育使氧气能有效传输到根部，但也存在氧气输送到根尖之前泄漏的情况（Smits et al.，1990）。在缺氧环境中，植物组织将进行厌氧呼吸，此时大多数植物中的丙酮酸，即糖酵解的最终产物，被脱去羧基生成乙醛，再还原成乙醇。湿地耐淹植物可能通过提高乙醇脱氢酶（ADH）的活性来降低乙醛的积累、提高根部散

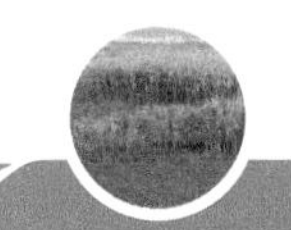

逸乙醇的能力、将乙醇转变为无毒的有机酸等生理适应机制来减小乙醛和乙醇对植物组织的潜在毒性（陆健健等，2006；Mitsch and Gosselink，2014）。

3）全植物策略

许多湿地植物物种通过对湿地特殊环境生活史的适应，进化出了逃避或逃脱的策略。五种最常见的全植物策略有：①通过延迟或加速开花从而在非洪水季节生产种子；②生产漂浮的种子，直到它们停留在未被淹没的、高的地方；③种子未脱离母体之前就发芽了（胎萌），如红树林；④生产大量且持久的种子库；⑤生产能经受长时间淹没的块茎、根和种子。

人类活动的日益加剧，过量的陆源营养物质和污染物输入，这就使得湿地水体富营养化，进而影响了湿地植物的生长以及植物群落优势种及其丰富性。湿地植物在水体富营养化条件下会将更多的生物量分配到地上部分，导致地下根系生物量减少。此外，盐度和淹水变化是影响滨海盐沼植物生长、繁殖和空间分布的关键压力因素（图1.6）。

图1.6 盐度的变化影响着湿地植物生长及种类

翅碱蓬的耐盐性高于芦苇

2. 湿地植物的孢粉研究

湿地植物囊括了从苔藓植物到被子植物的主要科属，种类丰富多样。不同的气候带和不同的地质环境的湿地发育不同类型的植物。这些不同类型的植物在地质历史演化的长河中会很快消失，但是它们的孢粉和果实种子具有特殊的结构，耐酸碱、抗氧化、耐高温等功能使其能长时间保存，为我们了解地质历史时期的湿地植物提供了很好的研究材料。不同的湿地植物，其产生的植物孢粉形态各不相同（图1.7）。通过湿地植物现代

图 1.7　禾本科芦苇及其现代花粉形态（a）和睡莲科荷花及其现代花粉形态（b）

花粉的研究，科学家就可以了解湿地不同时间段湿地植物的发育及其演化功能，从而可以推导出不同时期湿地气候环境以及地质环境的变化。

1.5　湿地动物

国家林业局 2003 年统计，在我国湿地兽类、鸟类、爬行类、两栖类中，受国家重点保护的野生动物共计 20 目 36 科 98 种，占四类动物总数的 13.5%。其中，兽类 5 目 9 科 23 种、鸟类 10 目 18 科 56 种、爬行类 3 目 6 科 12 种、两栖类 2 目 3 科 7 种。

湿地动物的种类也非常丰富，我国已记录到的湿地动物有 1500 种左右（不含昆虫、无脊椎动物、真菌和微生物），其中水生动物大约 250 种，鱼类约 1040 种。鱼类中淡水鱼有 500 种左右，占世界上淡水鱼类总数的 80% 以上。因此，无论从经济学还是生态学的角度看，湿地都是具有最高价值和生产力的生态系统。

湿地复杂多样的植物群落，为野生动物尤其是一些珍稀或濒危野生动物提供了良好的栖息地，是鸟类、两栖类动物的繁殖、栖息、迁徙、越冬的场所（图1.8）。沼泽湿地特殊的自然环境虽有利于一些植物的生长，但不是哺乳动物种群的理想家园，只是鸟类、两栖类动物能在这里获得特殊的享受。

图1.8　江苏盐城滨海湿地的丹顶鹤（a）和雁鸭群（b）

水草丛生的沼泽环境，为各种鸟类提供了丰富的食物来源和营巢、避敌的良好条件，在湿地内常年栖息和出没的鸟类有天鹅、白鹳、鹈鹕、大雁、白鹭、苍鹰、浮鸥、银鸥、燕鸥、苇莺、掠鸟等约200种。我国湿地鸟类绝大部分为迁徙性鸟类，周期性往返于繁殖地和越冬地。

1.6　湿地微生物

湿地作为人类最为重要的生存环境之一，蕴含着十分丰富的生物资源。据统计，虽然湿地仅覆盖了地球表面6%的面积，但却为地球上20%的已知物种提供了舒适的栖息地，这其中包括大家熟知的鸟类、鱼类等形形色色的生物。然而对于湿地微生物，由于难以用肉眼观察，一直以来被人们所忽略。虽然其个体微小，却是湿地生态系统中不可或缺的组成部分，一直在为湿地生态系统的健康运行默默奉献着。湿地微生物是湿地生态系统中碳、氮、磷、硫等物质循环和转化的主要参与者和驱动者，其种类丰富多样，主要包括细菌、古菌、真菌及少数藻类等。

湿地细菌中的代表硫酸盐还原菌，在湿地土壤中分布广泛，主要分布于泥滩土或湖泊沼泽的淤泥中，能将硫酸盐还原为硫化氢，是严格的厌氧菌，通过多种相互作用在湿地生态系统的硫循环中扮演着重要角色。此外，硫酸盐还原菌还原产物硫化氢与土壤中的铁反应，生成硫化铁。硫化铁的存在是湿地淤泥发黑的主要原因之一。

固氮细菌对于湿地氮循环具有重要意义。固氮细菌可以充分利用多种酶将大气中的氮气转化为重要的氨和其他化合物，然后被植物吸收转化为蛋白质等有机氮，进而被动物或人类吸收利用。湿地生态系统中，温度是影响固氮细菌分布的最显著因子。

产甲烷古菌是迄今为止描述最为详尽的湿地微生物类群之一，其形似细菌，遗传过程似真核生物，广泛存在于湿地土壤中，是地球上最厌氧的生物之一。它们能够将无机化合物或有机化合物厌氧发酵转化成甲烷和二氧化碳，在自然界碳素循环中起重要作用，不过其排放的甲烷为当前控制全球气候变暖带来了不小的挑战。提到产甲烷古菌，我们不得不介绍甲烷氧化菌，湿地下层厌氧土壤中产生的甲烷在释放到大气前将有很大一部分被表层好氧土壤中的甲烷氧化细菌氧化，因此湿地表层好氧环境下的土壤是一个天然的甲烷过滤层，能够大大减少湿地甲烷的排放。

在诸多湿地真菌微生物中，丛枝菌根在湿地中的分布最为广泛。丛枝菌根是一种植物共生菌，其菌根包括根内菌丝和根外菌丝，根内菌丝分布在植物根系内部，可以从植物体内获取必要的碳水化合物、氧气等物质，而根外菌丝在植物根系外部扩散，其与土壤密切接触，有助于扩大植物根系的吸收范围以及摄取土壤养分，促进湿地植物生长。

湿地中比较常见的藻类主要有硅藻、绿藻和蓝藻等，它们在湿地中发挥着十分重要的作用。首先，藻类是湿地食物网中的初级生产者，是湿地食草动物的重要食物资源；其次，藻类是湿地环境污染的生物指示剂，当湿地水体中氮磷等营养物质含量过高，藻类会迅速繁殖，引发水华或赤潮；最后，藻类生长可以促进湿地有机质的积累，增加土壤、水体中的含氧量，促进营养元素的物质循环。

由此可见，虽然湿地中微生物个体微小看不见，但其在湿地生态系统中发挥的作用是不可忽视的，其对维持湿地生态系统的基本运行以及构造组成都发挥着不可或缺的作用。可以说，湿地微生物是小个子但起着大作用。

参考文献

崔保山，2006. 湿地学 . 北京：北京师范大学出版社 .

国家林业局《湿地公约》履约办公室，2001. 湿地公约履约指南 . 北京：中国林业出版社 .

李天杰，赵烨，张科利，等，2004. 土壤地理学 . 北京：高等教育出版社 .

刘厚田，1995. 湿地的定义和类型划分 . 生态学杂志，14(4): 73-77.

陆健健，1996. 中国滨海湿地的分类 . 环境导报，13(1): 1-2.

陆健健，何文珊，童春富，等，2006. 湿地生态学 . 北京：高等教育出版社 .

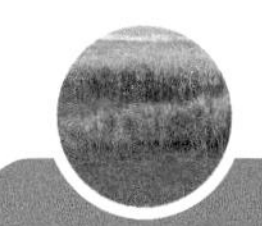

吕宪国, 2008. 中国湿地与湿地研究 . 石家庄 : 河北科学技术出版社 .

姜明, 吕宪国, 杨青, 2006. 湿地土壤及其环境功能评价体系 . 湿地科学, 4(3): 168-173.

佟凤勤, 刘兴土, 1995. 中国湿地生态系统研究的若干建议 // 陈宜瑜 . 中国湿地研究 . 长春 : 吉林科学技术出版社 .

田应兵, 宋光煜, 艾天成, 2002. 湿地土壤及其生态功能 . 生态学杂志, 21(6): 36-39.

杨永兴, 2002. 国际湿地科学研究的主要特点、进展与展望 . 地理科学进展, 21(2): 111-120.

殷书柏, 李冰, 沈方, 等, 2014. 湿地定义研究进展 . 湿地科学, 12(4): 504-514.

Brix H, Sorrell B K, Orr P T, 1992. Internal pressurization and convective gas flow in some emergent freshwater macrophytes. Limnology & Oceanography, 37: 1420-1433.

Grosse W, Buchel H B, Tiebel H, 1991. Pressurized ventilation in wetland plants. Aquatic Botany, 39(1-2): 89-98.

Mitsch W J, Gosselink J G, 2014. Wetlands. Fifth Edition. New York: John Wiley & Sons, Inc.

Mitsch W J, Gosselink J G, 1986. Wetlands. New York: John Wiley & Sons, Inc.

Shaw S P, Fredine C G, 1956. Wetlands of the United States: Their Extent and Their Value for Waterfowl and Other Wildlife. Washington D.C.: U.S. Department of Interior Fish and Wildlife Service, Circular 39.

Smits A J M, Laan P, Thier R H, et al., 1990. Root aerenchyma, oxygen leakage patterns and alcoholic fermentation ability of the roots of some nymphaeid and isoetid macrophytes in relation to the sediment type of their habitat. Aquatic Botany, 38(1): 3-17.

Zoltai S C, 1979. An outline of the wetland regions of Canada, in proceedings of a workshop on Canadian wetlands environment//Rubec C D A, Pollett F C. Canada lands directorate, ecological land classifications series, No. 12, Saskaton, Saskatchewan, 1-8.

第2章　湿地类型

国内外的湿地科学家和管理者通过各自对湿地结构和功能的研究已形成了多种分类方法。湿地的分类取决于人们对湿地定义的充分理解，并服务于人们调查、评估和管理湿地。通常可将湿地分为自然湿地和人工湿地两大类数十种。自然湿地包括沼泽地、泥炭地、湖泊、河流、海滩和盐沼等，人工湿地主要有水稻田、水库、池塘等。它们是具有多种生态功能和丰富的生物多样性的生态系统，是人类的生存环境之一，也是野生动植物重要的生存环境。

2.1　美国39号通告分类

在20世纪50年代早期，美国鱼类及野生动物管理局认识到有必要建立一个国家湿地目录，以确定现存湿地的分布、范围、质量以及其作为野生动物栖息地的价值（Shaw and Fredine，1956）。该目录和分类方案的结果发表在美国鱼类及野生动物管理局39号通告上（Shaw and Fredine，1956）。根据39号通告，湿地分为四大类：内陆淡水湿地、内陆咸水湿地、滨海淡水湿地、滨海咸水湿地，四大类又细分为20种类型。在1979年美国颁布现行的全国湿地普查分类法之前，这种湿地分类是美国最广泛使用的分类方法。它主要利用植被的地貌（生命形式）和水位深度来识别湿地类型，盐度是唯一使用的化学参数。

2.2　美国湿地和深水栖息地分类

美国鱼类及野生动物管理局于1974年开始对美国的湿地进行清查。由于该清单旨在满足多项科学和管理目标，因此，制定了一个比39号通告分类范围更广的新分类方案，并于1979年最终发布为“美国湿地和深水栖息地分类”（Cowardin et al.，1979）。

该分类基于一种类似于用于识别动植物物种的分类学分类的分层方法。主要基于地质和某种程度上的水文考虑，将湿地和深水栖息地分为系统（systems）、子系统（subsystems）和类（classes）三个层次。将植被因素放在类别层次进行考虑。

系统层次分为5个：①海洋（marine），覆盖在大陆架及相关高能海岸线上的开阔海洋；②河口（estuarine），深水潮汐栖息地和邻近的潮汐湿地，通常被陆地半封闭，但

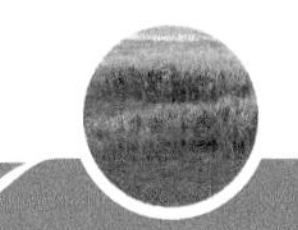

具有通往海洋的开放、部分受阻或零星的通道，并且海水偶尔会被陆地的淡水径流稀释；③河流（riverine），分布于河道的湿地和深水栖息地，但以树木、灌木、持续性挺水植物等为主的湿地和水体中，来源于海洋的盐的含量超过 0.5×10^{-9} 的深水栖息地除外；④湖泊（lacustrine）；⑤沼泽（palustrine），所有以树木、灌木、持续出露植物、苔藓或地衣为主的非潮汐湿地，以及出现在由海洋盐类产生的盐度低于 0.5×10^{-9} 的潮汐区的湿地。

子系统层次分为 8 个：潮下带（subtidal）、潮间带（intertidal）、潮汐的（tidal，在潮汐的影响下，河流系统的梯度低且水流速度波动）、lower perennial（水流连续、坡度低、不受潮汐影响的河流系统）、upper perennial（水流连续、坡度高、不受潮汐影响的河流系统）、间歇的（intermittent，一年中有部分时间水不流动的河流系统）、湖泊的（limnetic，湖泊中所有的深水生境）、沿海的（littoral，湖泊系统的湿地栖息地，从海岸延伸到低水位以下 2m 的深度，或延伸到非持久性挺水植物分布的最大范围）。

而类层次根据主要的植被生命形式或基质类型描述生态系统的总体外观。当植被覆盖率超过 30% 时，使用植被类别（如灌木、灌丛湿地）。当植被覆盖率小于 30% 时，则使用基质类别。该分类提倡在类别和子类别之后使用修饰词来更精确地描述水的状况、盐度、pH 和土壤特征。

2.3 加拿大湿地分类系统

加拿大湿地分类系统（Warner and Rubec，1997）包括：

（1）类（classes）。基于湿地的自然特征而非用途的分类，可直接应用于大片的湿地地区。湿地分类是根据反映湿地系统整体“遗传起源”和湿地环境性质的特性来识别的。将湿地分类，可以方便地在野外对其识别，并在地图上对其描绘。类也是用于数据存储、检索和解释的便捷分组。

（2）形式（forms）。根据地表形态、水类型和底层矿质土壤的形态特征对湿地进行细分。有些形式进一步细分为子形式。形式是易于识别的景观特征，是基本的湿地测绘单元。

（3）类型（types）。基于植被群落生理特征的湿地形式和亚形式的细分。它们与美国鱼类及野生动物管理局分类系统中使用的修饰语相当。湿地类型对于评估湿地价值和效益、管理湿地水文和野生动物栖息地以及保护珍稀濒危物种非常有用。

加拿大湿地分类系统中没有出现地貌、水文和化学特征，将湿地划分为 5 个类别 [酸性泥沼（bog）、碱性泥沼（fen）、木本沼泽（swamp）、草本沼泽（marsh）、浅水草本沼泽（shallow-water marsh）]、49 个湿地形式和 75 个亚形式。

2.4 国际《湿地公约》分类系统

国际《湿地公约》分类系统将湿地分为海洋 / 滨海湿地（图 2.1）、内陆湿地（图 2.2）

和人工湿地（图 2.3）三大类，下面又细分为若干小类。海洋 / 滨海湿地、内陆湿地均为自然湿地。该分类有美国和加拿大分类系统都没有的分类，如地下岩溶系统和绿洲。

1. 海洋 / 滨海湿地

A. 永久性浅海水域，多数情况下低潮时的水深不超过 6m，包括海湾和海峡。

B. 潮下水生层，包括海藻床、海草床、热带海草植物生长区等。

图 2.1　滨海湿地（Hans Brix 提供）

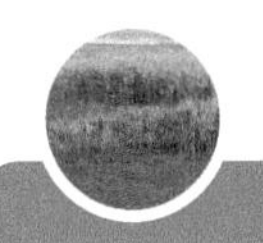

图 2.2 内陆湿地（Hans Brix 提供）

图 2.3 人工湿地

C. 珊瑚礁。

D. 基岩质海岸，包括近海岩石性岛屿和海边峭壁。

E. 砂质海滩与砂石海滩，包括沙坝、海角、砂质小岛，还包括沙丘及丘间沼泽。

F. 河口水域，包括河口水域和河口三角洲水域。

G. 滩涂，包括潮间带泥滩、沙滩或盐滩。

H. 潮间带沼泽，包括滨海盐沼、盐渍草地。

I. 潮间带森林湿地，包括红树林沼泽、海岸淡水沼泽林。

J. 滨海半咸水与咸水潟湖，至少有一个与海相连的狭窄通道。

K. 滨海淡水潟湖，包括淡水三角洲潟湖。

Zk（a）. 滨海岩溶洞穴水系。

2. 内陆湿地

L. 永久性内陆三角洲。

M. 永久性河流 / 溪流，包括河流及其支流、溪流、瀑布。

N. 季节性的 / 间歇性的 / 无规律的河流、溪流、河湾。

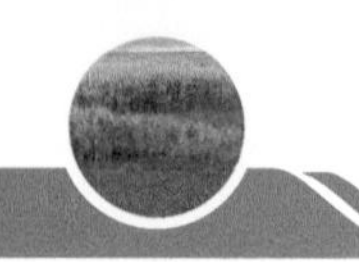

O. 永久性淡水湖（超过 8hm^2），包括大的牛轭湖。

P. 季节性的 / 间歇性的淡水湖（超过 8hm^2），包括漫滩湖泊。

Q. 永久性盐湖，包括永久性咸水 / 半咸水 / 碱性湖泊。

R. 季节性的 / 间歇性的咸水 / 半咸水 / 碱性湖泊及其浅滩。

Sp. 永久性咸水 / 半咸水 / 碱性沼泽、池塘。

Ss. 季节性的 / 间歇性的咸水 / 半咸水 / 碱性沼泽 / 池塘。

Tp. 永久性淡水草本沼泽 / 池塘，草本沼泽及面积小于 8hm^2 的池塘，无泥炭积累，大部分生长季节伴生浮水植物。

Ts. 季节性的 / 间歇性的淡水沼泽 / 池塘，具有无机土壤。

U. 无林泥炭地，包括苔藓泥炭地和草本泥炭地。

Va. 高山湿地，包括高山草甸、融雪形成的暂时性水域。

VL. 苔原湿地，包括高山苔原、融雪形成的暂时性水域。

W. 以灌丛为主的湿地，包括灌丛沼泽、以灌丛为主的淡水沼泽、柳树林泽、无机土壤上的桤木灌丛。

Xf. 淡水森林湿地，包括淡水森林沼泽、季节性泛滥的森林沼泽、无机土壤上的木本林泽。

Xp. 森林泥炭地，泥炭沼泽森林。

Y. 淡水泉及绿洲。

Zg. 地热湿地。

Zk（b）. 内陆的喀斯特洞穴和其他地下水文系统。

3. 人工湿地

（1）养殖池塘，如虾塘、鱼塘。

（2）水塘，包括农用灌溉池塘、储水池塘等，面积通常小于 8hm^2。

（3）灌溉地，包括灌溉水渠和水稻田。

（4）季节性泛滥的农田地，包括集约化管理或放牧的草地。

（5）盐业用地，包括采盐场、盐田等。

（6）蓄水区，包括水库、拦河坝、堤坝形成的面积通常大于 8hm^2 的储水区。

（7）采掘区，包括砾石 / 砖块 / 泥土洼地、矿区池塘。

（8）废水处理区，包括污水场、沉淀池、氧化池等。

（9）运河、灌渠、水沟等。

Zk（c）. 人工管护的岩溶洞穴和其他地下水文系统。

2.5　我国湿地类型

根据生态文明贵阳国际论坛 2018 年年会“湿地修复与全球生态安全”主题论坛公布

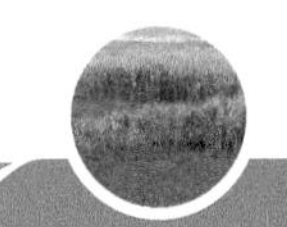

的数据，我国湿地面积约占世界湿地面积的10%，8.04亿亩，位居亚洲第一位、世界第四位。我国湿地地理分布主要有8个区域：东北湿地，杭州湾北滨海湿地，杭州湾以南沿海湿地，云贵高原湿地，蒙新干旱、半干旱湿地，青藏高原高寒湿地，长江中下游湿地和黄河中下游湿地；长江、黄河和澜沧江的三江源地区素有中华水塔之称，是世界上江河最多的地区，湿地面积超过1万km^2，是世界上海拔最高、面积最大的湿地区，也是世界上高海拔地区生物多样性最集中的地区。

我国拥有多种湿地类型，从沿海到内陆，从平原到高原山区都有湿地分布，几乎涉及国际《湿地公约》中所有的湿地类型。我国湿地类型划分主要依据景观、资源，并始终贯穿着水的空间分布。湿地分类涉及生物，特别是植物，如红树林群落、芦苇、水葫芦以及眼子叶等植被类型。从自然与人工角度，我国湿地可划分为以下类型。

1. 自然湿地

（1）河流湿地：固定河流湿地（河流水域、泛滥湿地、三角洲湿地）；间隙河流湿地（季节干涸河流湿地、游弋河道湿地）。

（2）湖泊湿地：固定湖泊湿地（淡水湖湿地）；季节性湖泊湿地（间隙淡水湖湿地）；盐湖湿地（固定/季节性盐湖湿地内陆）；固定的沼泽湿地（淡水池和沼泽、泥炭沼泽、高山/冰原湿地、木本沼泽湿地）；季节性湿地（淡水温泉/绿洲、季节性淡水沼泽）；地热湿地（地热湿地）。

（3）海洋湿地：浅海湿地（低潮时水深不超过6m）；沿海湿地（泥滩湿地、红树林三角洲、沙滩湿地、砾石滩湿地、砾崖湿地、陡崖湿地）；珊瑚礁滩湿地（礁滩湿地、礁崖湿地）；盐湖湿地（盐沼湿地、潟湖湿地）。

2. 人工湿地

（1）农业湿地：水田湿地、农家池塘、水池、季节性湿地耕田。

（2）水培湿地：淡水水培湿地、虾池、海岸海产品饲养地。

（3）盐业开发：盐湖、盐池，水库、堰塞湖（橡胶坝）、人工运河、水渠、污水处理场所。

参考文献

Cowardin L M, Carter V, Golet F C, et al., 1979. Classification of Wetlands and Deepwater Habitats of the United States. Washington D. C.: U.S. Fish and Wildlife Service, FWS/OBS-79/31.

Shaw S P, Fredine C G, 1956. Wetlands of the United States, Their Extent, and Their Value for Waterfowl and Other Wildlife. Washington D.C.: Circular 39, U.S. Fish and Wildlife Service, U.S. Department of Interior.

Warner B G, Rubec C D A, 1997. The Canadian Wetland Classification System. Ontario: National Wetlands Working Group, Wetlands Research Centre, University of Waterloo, Ontario.

第3章　滨海湿地的形成与演化

我们现在所看到的滨海湿地，均是全新世以来当海平面上升到最高位置后，河流在入海口处形成规模大小不一的三角洲的同时而形成的。这些三角洲按沉积环境可以大致分为三角洲平原、三角洲前缘和前三角洲，其中滨海湿地通常分布在三角洲平原上，其形成和演化与三角洲向海进积过程息息相关。下面我们将与读者共同了解三角洲的形成、演化及其与人类活动的互动过程。

3.1　三角洲的组成与滨海湿地植被的分布

当人们乘船从海洋进河流入海口时，眼前展现一片广阔且十分平坦的平原，这就是河口三角洲。三角洲是河流带来的沉积物在岸上和近岸的堆积体，包括在三角洲平原及其近岸水域被波浪、海流、潮汐等各种海洋动力所分选的沉积物。普通的说法是：河流向海洋供应物质的速度大于波浪、海流搬运走的速度，河口处就堆积成三角洲。20世纪70年代地质学家科尔曼和莱特将三角洲划分为3个部分：上三角洲平原、下三角洲平原和水下三角洲（图3.1）。

上三角洲平原是指从大潮高潮线（阴历每月初二或初三，十六日或十七日一个月内出现两次的高潮）至三角洲上的分流河道（三角洲历史上常常变换位置的河道）及其泛滥沉积物分布的范围。下三角洲平原是大潮高潮线至平均低潮线的范围，又常常称为潮坪或潮滩。水下三角洲是从低潮线到河流带来沉积物明显堆积的范围。此范围之外，陆源物质沉积速率很低，属于浅海沉积或陆架沉积。水下三角洲又进一步划分为三角洲前缘和前三角洲。前三角洲是水下三角洲距离河口最远的部分，地形非常平缓，其组成物质颗粒细，为黏土质粉砂，是从悬浮的水体中沉降下来的。三角洲前缘则是在河口外，坡度相对较陡，组成物质相对较粗，大多是细砂（图3.1）。

三角洲地势平缓、水资源丰富，在三角洲上形成大面积的海岸湿地。滨海湿地中富含湿地植被的天然湿地通常发育在上三角洲平原，大致处于潮间带中上部，而潮间带下部和潮下带发育潮滩和浅海湿地，且湿地植被多以水生的海草或海藻为主（图3.1，图3.2）。

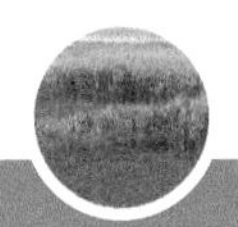

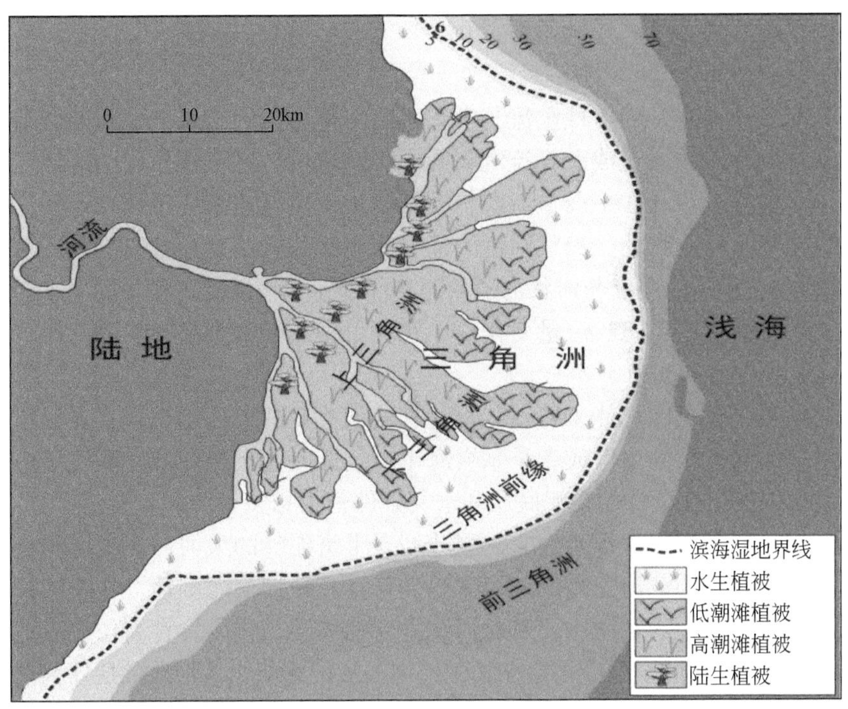

图 3.1　三角洲的组成和滨海湿地植被的分布

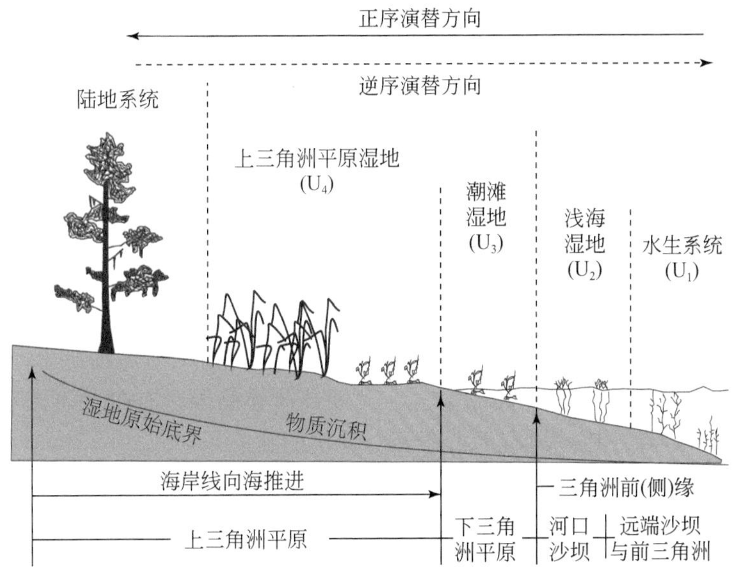

图 3.2　黄河三角洲滨海湿地地质环境演替（引自顾效源等，2016）

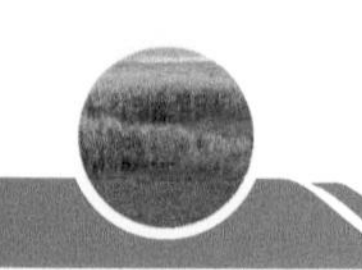

3.2　三角洲的形成与滨海湿地演化

三角洲的形成通常是突发性洪流与常态水流交替作用的结果，平水期以牵引流沉积为主，而洪水期则以碎屑流或泥石流沉积为主。随着河口区沉积作用的继续，在基准面下降过程中，扇形三角洲在平面上不同步发育增长，展宽速率大于伸长速率，扇三角洲的形态呈边缘圆滑的舌状体。辫状河道的迁移和尾闾的摆动是导致扇三角洲演化的根本原因，而地壳构造运动的强度与辫状河道的迁移摆动速率呈近似正相关的关系。湖水深度、入湖坡降、辫状河道的形态、流量变化率以及沉积物粒径大小是影响扇三角洲演化的重要因素（张春生等，2000）。

滨海湿地从分布范围总体来看，特别是有植被覆盖的天然湿地，主要分布在广阔的淤泥质海岸、大河三角洲沿岸或者是基岩海岸内侧低能量潮滩区域。滨海湿地的形成显然与适合滨海湿地植被发育的淤泥底质和水文条件密切相关。

泥质沉积物通常由河流携带而来，因此拥有丰富泥沙的大河，如黄河和长江，在入海口处发育面积广阔的黄河三角洲滨海湿地和长江三角洲滨海湿地。在我国长江以北的海岸带地区，湿地演化的基质主要来自河流携带的泥沙，很少发育高位泥炭地的湿地。从图 3.1 可以看到，滨海湿地演化是伴随着流域泥沙的聚集，其形成的层序为前三角洲、三角洲前缘、下三角洲平原、上三角洲平原，最后湿地土壤不断脱水、地表增高、向陆地生态系统过渡，比如在现代黄河三角洲滨海湿地演替的时间仅仅为 20 ～ 50 年（图 3.2）（顾效源等，2016）。

同时，淤泥质底质很容易在波浪、潮流的共同作用下发生位移，从而改变潮滩高程和被水淹没的周期。植被是演替过程的指示者，其组成和分布受到水深等环境条件的影响。由于滩涂在不断增高的同时也在向外拓展，潮滩上随着高程发生变化的植物群落包含了时间序列上的演替过程。比如在红树林湿地，同样有演替的发生。白骨壤和桐花树是中国沿海红树林的先锋物种，能够适应较低的高程和较长的淹水时间。随着淤泥增加，秋茄－桐花树群落逐步取代先锋物种，成为红树林的主要组成部分，覆盖的高程范围也较广。

滨海湿地自然演替的速度和方向都是变化的。除了人为干扰外，其受到的主要影响有两大类。一类是促进滨海湿地向成陆方向演替，即导致滩涂淤积的各个因素，包括一定数量甚至不断增加的来水来沙、植被扩展等。另一类是导致滨海湿地向海洋方向演替的，即导致滩涂侵蚀的因素，如海平面的上升、台风及风暴潮等。有时在洪季和枯季，这两类影响交替发生，最终导致滨海湿地处于相对稳定的状态。

3.3　三角洲的分类

三角洲的形态、分布范围和物质组成与向其供应物质的河流密切相关，并为河口附近的动力环境所控制。依据河流入海沉积物、波浪和潮汐对三角洲发育影响的差异，地

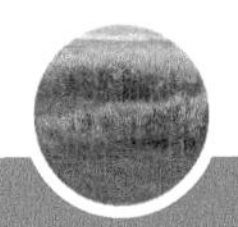

质学家盖洛威于 20 世纪 70 年代提出一个三角图解分类法，至今仍然广泛应用。我国黄河三角洲、珠江三角洲属于河控三角洲，长江三角洲属于潮控三角洲，世界其他著名三角洲河口形态见图 3.3 和图 3.4。

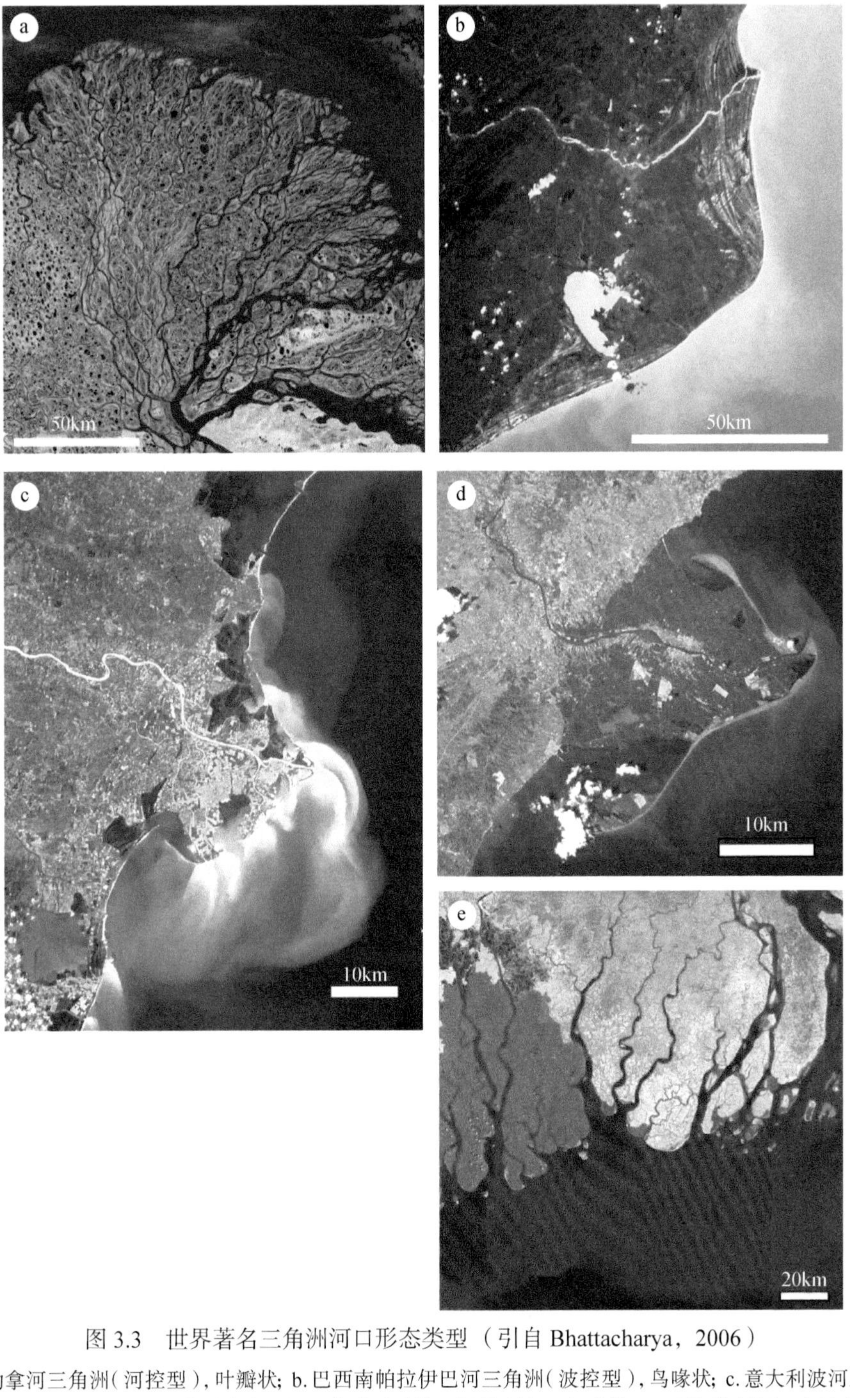

图 3.3　世界著名三角洲河口形态类型（引自 Bhattacharya，2006）

a. 俄罗斯勒拿河三角洲（河控型），叶瓣状；b. 巴西南帕拉伊巴河三角洲（波控型），鸟喙状；c. 意大利波河三角洲（波控－河控型），鸟喙状；d. 西班牙埃布罗河三角洲（波控－河控型），鸟喙状；e. 孟加拉恒河－布拉玛普拉河三角洲（河控－潮控型），河湾状

图 3.4　三角洲分类图（改自 Galloway，1975）

3.4　三角洲的研究方法

目前，对三角洲调查研究采用综合技术方法，主要包括以下方面。

1. 沉积物的研究

对三角洲沉积物的研究包括表层沉积物、柱状样及钻孔岩心沉积物的粒度、矿物、生物化石（生物遗体），特别是微体生物化石的研究。通常三角洲沉积物自河口向海洋方向粒度越来越细，粒度成分及其所在的空间位置对确定三角洲沉积环境十分重要。由于三角洲沉积物全部来源于河流，流域内基岩和松散沉积物的矿物成分，决定了三角洲的矿物成分。矿物成分可以帮助追踪物源区，确定三角洲的延伸范围。这对相邻河流形成相邻的三角洲尤为重要。

1128 ～ 1855 年黄河在江苏连云港及盐城之间入黄海。黄河口距离当时的长江口只有三百多千米。黄河入海泥沙数量巨大，虽然在苏北入海只有七百多年，无论陆上和水下都形成面积相当大的老黄河三角洲。而黄河的主要物质来源于属于风成沉积物的黄土，粒度细，含有较多的方解石和云母。我国东部海域属于东亚季风区，冬季北风明显强于夏季南风。黄河水下三角洲沉积物容易被波浪再悬浮，再被冬季季风所形成的向南的海岸流向南搬运到长江水下三角洲的范围。依据陆源矿物可以判断黄河物质到底扩散多远。

沉积物中微体化石的研究主要是有孔虫和介形虫，二者都对海水的盐度十分敏感。依据这些化石的组合，可以确定三角洲形成的盐度环境，从而帮助判断距离河口的远近及判断可能的湿地植被演替。依据微体化石的数量也可以初步判断沉积速率，沉积速率越高，微体化石的数量越少，湿地水生演替速率越快。

2. 沉积年代的确定

确定晚第四纪沉积物年代的最有效的方法是 ^{14}C 测年，即通过测量样品含碳物质中 ^{14}C 减少的程度，可以按照基本的衰变公式推算出沉积物的年代。样品可以是有机碳，如泥炭、泥炭质沉积物中的植物残体，或沉积物中的木头；也可以是无机碳，如软体动物贝壳。

20 世纪常常采用液固层析法（liquid-solid chromatography，LSC）测定 ^{14}C 年龄，测年所需样品含碳量一般为 1 ～ 5g，因此所需样品量为 10 ～ 50g。这明显地限制了它的应用，因为在钻孔岩心中难以找到这样大数量的样品。如今加速器质谱法（accelerator mass spectrometry，AMS）逐渐被广泛应用，测年所需样品含碳量仅需 1 ～ 5mg，要求测试样品通常为 10 ～ 50mg，所需样品只有液固层析法的千分之一。仅仅一个贝壳小碎片就足够了，而且可以应用微小的有孔虫壳群体测年。AMS 显著地增加了测年数据，为了解三角洲形成的年代和沉积序列提供了详细的年代依据。

3. 地震剖面测量

浅地震地层剖面和超浅层地震剖面测量技术是地震声学系统中的一种连续走航式的地球物理测量方法。主要原理是利用声波穿过不同的地层时存在界面反射特性来反映沉积物地质属性。特别是超浅层地震剖面测量技术的应用，清楚地揭示了水下三角洲的分布、形态和内部的关系，可以获得大面积水下三角洲的情况。这种测量技术效率高、成本低，近年来被广泛应用。

4. 沉积动力学研究

沉积动力学是指以动态变化观点研究沉积物侵蚀、搬运、堆积的过程、机制及沉积环境效应的学科。水下三角洲的全部或者大部分位于浅水区，是波浪和海流最活跃的地区。水下三角洲及其毗邻地区沉积动力学的研究能充分地揭示河流入海泥沙最初沉积到海底后，在波浪和海流作用下所经历的再悬浮、搬运和沉积过程，对于深入了解水下三角洲的形成过程有重要意义。

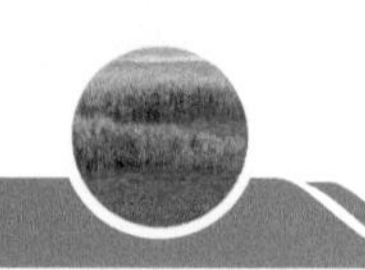

5. 遥感技术

近年来，遥感技术广泛地应用于河口和水下三角洲的调查研究。通过遥感资料可以大面积地了解河口附近水体盐度和悬浮体浓度的变化，从而判断入海河水与海水混合后分布的范围、沉积物的运移方向。结合对比现场调查数据，可以有效提高判读的精度。遥感技术的优点是可以大面积地了解动态变化，并且所花的费用较少。

3.5　人类活动对三角洲的影响

三角洲沉积物来源于河流。人类在流域内的活动对三角洲的发育有着最直接的影响。在人烟稀少的流域或者生产力低下的时期，可以说人类活动几乎对三角洲的发育没有影响。例如，注入北冰洋的叶尼塞河和勒拿河，流域内的大部分地区至今仍然人烟稀少，人类活动对北冰洋形成的三角洲影响很小。欧洲向北美移民之前，人类活动对密西西比河的影响很小，对其三角洲的影响微不足道。当今除了北冰洋沿岸的三角洲外，其他地区都明显地显示人类在流域内的活动对三角洲发育有不同程度的影响。其中，人类活动对流域影响最大并导致对三角洲有着巨大影响的是黄河。这不仅仅是因为黄河流域是中华民族最主要的文明发源地，有五千多年文明史，而且还因为黄河流域分布着大面积的黄土高原，黄土极易受到人类活动的影响。

1. 天然植被破坏对三角洲的影响

黄河干流长 5464km，流域面积为 752443km^2。自黄河源头至内蒙古托克托县河口镇为上游，河长 3742km，落差 3846m，集水面积为 38.6 万 km^2，分别占全流域河长、落差和集水面积的 63.5%、79.6% 和 51.3%；自河口镇至郑州的桃花峪为黄河中游，河长 1224km，落差 895m，集水面积为 34.4 万 km^2，分别占全流域河长、落差和集水面积的 22.4%、18.5% 和 45.7%；自郑州的桃花峪至黄河口为黄河下游，河长 768km，落差 89m，集水面积为 2.24 万 km^2，分别占全流域河长、落差和集水面积的 14.1%，1.8% 和 3.0%（Xue et al., 2018）（图 3.5）。

黄河的水量主要来自黄河上游，特别是兰州以上地区。兰州至河口镇由于蒸发、渗透和人类用水，至河口镇实测输水量反而减少。黄河下游人类大量用水也使得河口附近的利津站实测输水量比黄河中游末端的实测输水量少（表 3.1）。中国的黄土主要分布在中部的黄土高原，它是世界上分布面积最广、厚度最大的黄土分布区。黄土大部分位于黄河中游流域，同时，黄河中游流域的大部分属于黄土高原（图 3.5）。高原的黄土是新生代的风成沉积物，松散、颗粒细、厚度大，通常厚几十米至一百多米，最大厚度可达 200m，垂直节理发育，易崩塌，在雨季极易受到侵蚀。虽然黄河中游面积只占整个流域面积的 47%，所贡献的输沙量却占 90% 左右（表 3.1）。

上述是现代黄河的水文状况，历史上是否一直是如此呢？陕西北部和甘肃东部位于黄土高原的核心地带。长时期的强烈侵蚀，导致水土流失、土地贫瘠、地表破碎、

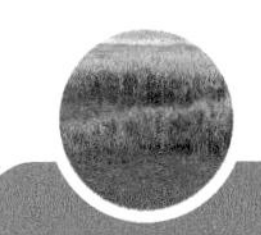

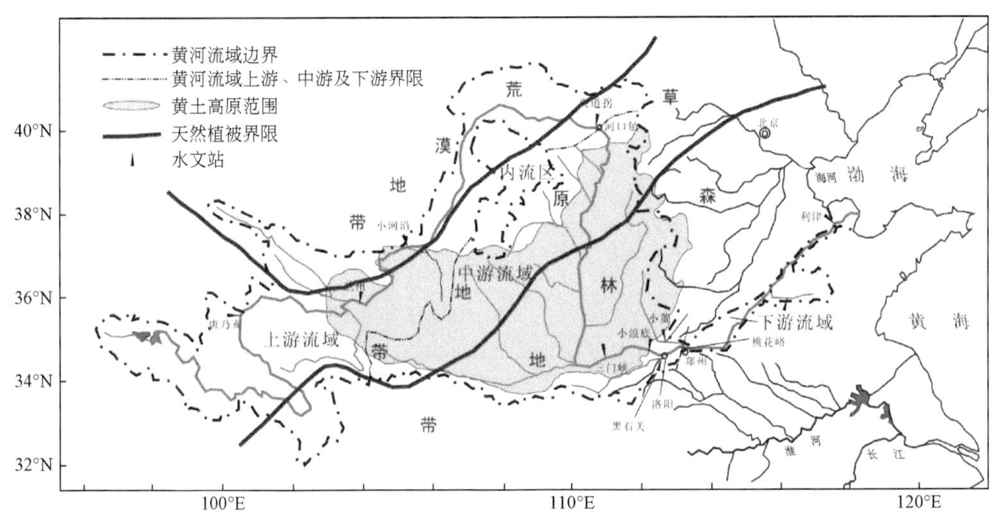

图 3.5　黄河流域黄土高原分布及历史时期天然植被分带（引自文焕然和陈桥驿，1982）

表 3.1　黄河干流水文状况表（引自 Xue et al., 2018）

水文站	控制面积 /10^4km^2	输水量 /10^8 m^3	输沙量 /10^8 t	输沙量变化 /10^8 t	含沙量 /（kg/m^3）	实测时间	输沙模数 /（t/km^2）
唐乃亥	12.20	204.3	0.109		0.54	1956 ~ 1968	104.1
兰州	22.26	341.42	1.197	+1.088	3.51	1952 ~ 1968	537.7
小河沿	25.41	339.65	2.139	+0.942	6.30	1952 ~ 1968	841.8
头道拐	36.79	263.15	1.764	−0.375	6.70	1952 ~ 1968	446.9
	36.79	244	1.52		6.23	1950 ~ 1959	413.2
小浪底 + 黑石关 + 小董	72.57	492	18.1	+16.58	36.8	1950 ~ 1959	2494.1
利津	75.22	464	13.22	−4.88	28.5	1950 ~ 1959	1754.9

注：黑石关站位于黄河支流伊洛河近河口处，小董站位于黄河支流沁河近河口处。伊洛河和沁河在黄河中游末端注入黄河。小浪底 + 黑石关 + 小董的水文资料代表进入黄河下游的水文数据

深沟切割呈“V”字形，谷顶宽度可达 100m 左右，沟谷深度多在 60 ～ 80m。当地出现邻村男女青年谈恋爱盼相见，每天远距离望见容易，谈心却难，只好以唱歌的形式抒发情感：“咱们见个面面容易哎呀拉话话的难。一个在那山上哟一个在那沟，咱们拉不上个话话哎哟招一招个手。”这段陕北民歌歌词是黄土高原地表破碎、深沟切割的真实写照（图 3.6）。在侵蚀严重的地方，沟谷延伸异常迅速。黄土高原的泾河上游有的地方沟谷每两年溯源侵蚀 1.5m。1947 年 6 月，8 小时内降雨 132mm，甚至出现沟头溯源侵蚀 10m 的现象。

图 3.6　黄土高原地貌

强烈侵蚀导致地表支离破碎，深沟纵横分布

20 世纪陕北曾经是我国最贫穷的地区之一。然而，黄河中游却是我国最为密集的原始社会遗址分布区之一，不仅仅是渭河平原和汾河平原如此，甚至陕北黄土高原也是如此。在那人口稀少且自由流动的年代，人们不会选择土地贫瘠、自然环境恶劣的黄土高原作为居住生活的场所，显然三千年以前那里的自然环境还是相当不错的。

黄土高原西北部的大部分处于温带草原地带，东南部位于森林地带（图 3.5）。《汉书·地理志》记载渭河上游“山多林木，民以板为室屋”，说明草原地带也有森林分布。直到战国时代黄土高原才开始变化，但草原和森林仍然基本完好，从秦汉开始多次向本区移民，农牧界线一再北移。草原和森林大规模地被栽培植被取代，使本区原来轻微的地质侵蚀变为强烈的土壤侵蚀，造成这一时期黄河下游的频繁水患。天然植被，特别是森林植被对于防止水土流失有着十分重要的意义。1958 年以前，流经黑龙江省伊春市的汤旺河从来没有发生水灾，但之后由于过度砍伐，1958 年以后出现洪水泛滥。可以说森林植被是最好的天然水库。

自汉代到 1644 年满清入关，中国人口长期徘徊在 5000 万至 1 亿之间，这样数量的人口已经使中原地区的大部分被栽培植被覆盖，但总体上还保留着一些天然植被。关于北宋农民起义的小说《水浒传》，描写林冲从当时的首府开封发配至沧州，以及在沧州的一些情况可见还有林木茂盛的野猪林。武松景阳冈打虎发生在今山东西部的平原地区阳谷县，说明在北宋时期在平原地区还保留有相当面积的天然植被。如今这些景象荡然无存。自 1644 年满清入关至 1911 年辛亥革命，中国人口从 1 亿增加到 4.5 亿。在农业社会靠什么养活增加的人口呢？主要靠开荒，增加耕地面积。这就进一步加大黄河流域土壤的侵蚀和入海泥沙数量。

开荒、扩大耕地面积对于其他河流来说也增加了水土流失和入海泥沙的数量，但对于黄河流域来说，问题严重得多。大多数情况下，基岩之上风化的松散沉积物厚度只有几十厘米至 1 米。在受到严重侵蚀后，绝大部分松散沉积物完全被侵蚀掉，导致石漠化。后续就没有多少松散沉积物被侵蚀了。但黄土高原却不同，由于厚度巨大，几乎可以源源不断地提供物质，因而黄河入海泥沙总趋势一直在增加。自 7000 年前至今，三角洲沉积速率增加，造陆速度加快。黄河每年输泥沙含量高达 14 亿～ 16 亿 t，黄河三角洲岸线以 1 ～ 2km/a 的速度向渤海推进，形成大片的新增陆地，也使得东营市的面积在不断增大。黄河三角洲如果每分钟新增 25m^2 新土地，那么一年新增大约 13.14km^2 新土地。

2. 人类对河道的控制（包括建设水库）对三角洲的影响

早在西周时期黄河流域已经开始建设堤防。黄河下游系统地建设堤防是从战国中期开始的，自此黄河两岸修建堤防几乎没有停止过。堤防的修建防止了河流泛滥成灾，但也将河水限制在堤坝内，河道日益抬高，使得黄河成为世界上有名的地上悬河。河水限制在河道内，在洪水期，高含沙量河水快速入海。

海水的密度是 1.03g/cm^3，在相同温度条件下淡水的密度小于海水。即便是河流入海的淡水含有一些悬浮的泥沙，其密度也小于海水，所以大多数河水入海后漂浮在海水上（图 3.7a）。枯水期的黄河河口水浅，常常仅为 1m 左右，入海河水与海水高度混合。

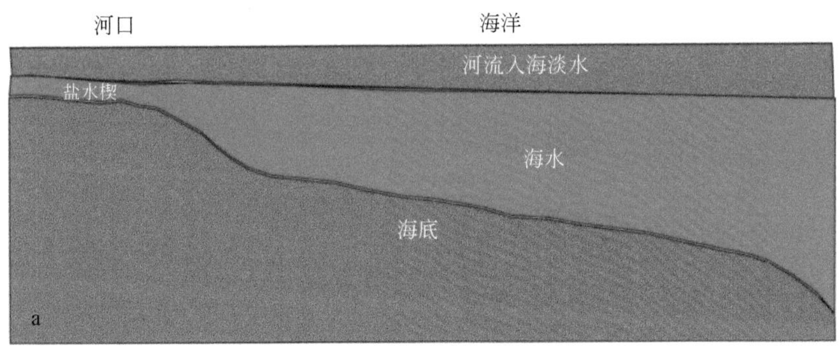

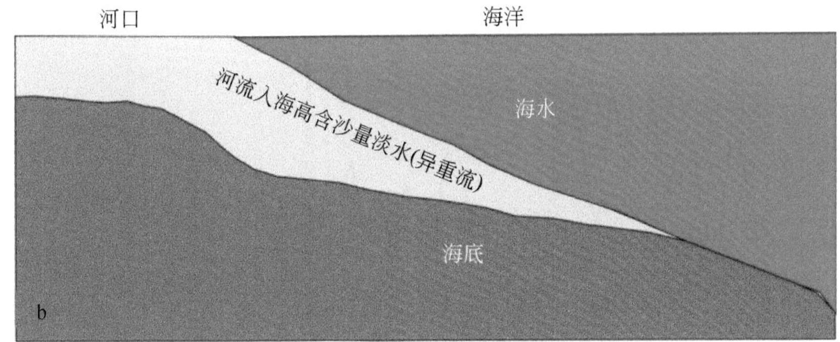

图 3.7　河流入海处的盐水楔和异重流模式图（改编自 Wright et al.，1988；Wang et al.，2010）

a. 大多数入海河水漂浮在海水之上，后者形成盐水楔；b. 高悬浮体浓度河水入海后，由于其密度大于海水密度，在海水之下形成异重流

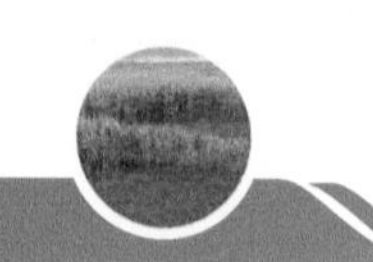

但在汛期不同，入海河水表层悬浮体含沙量可以超过 40 kg/m^3，底层浓度更高。含沙量很高的河水就比海水密度更高，而流入海水之下，形成异重流（图 3.7b）。由于异重流带来的泥沙物质比漂浮流带来的泥沙物质受到更大的海水阻力，沉积物沉积在更窄的范围内。异重流的形成和堤坝的修筑有密切关系。如果没有堤坝，汛期河水在下游平原泛滥，大量泥沙沉积在平原上，入海泥沙悬浮体含量大大减少，而不容易形成异重流。战国以前，黄土高原水土流失不严重，并且没有修筑大堤，可以推测，战国中期在黄河下游筑堤之前黄河水下三角洲出现异重流的机会很少。

近几十年来，在黄河长江干支流上建设了许多水库。这些水库在防洪、灌溉、保证水供应、改善航运和发电等方面都发挥了重大作用。但水库的建设拦储了大量泥沙，导致入海泥沙减少，三角洲的沉积速率降低（图 3.8，图 3.9）。小浪底水库位于黄河中游

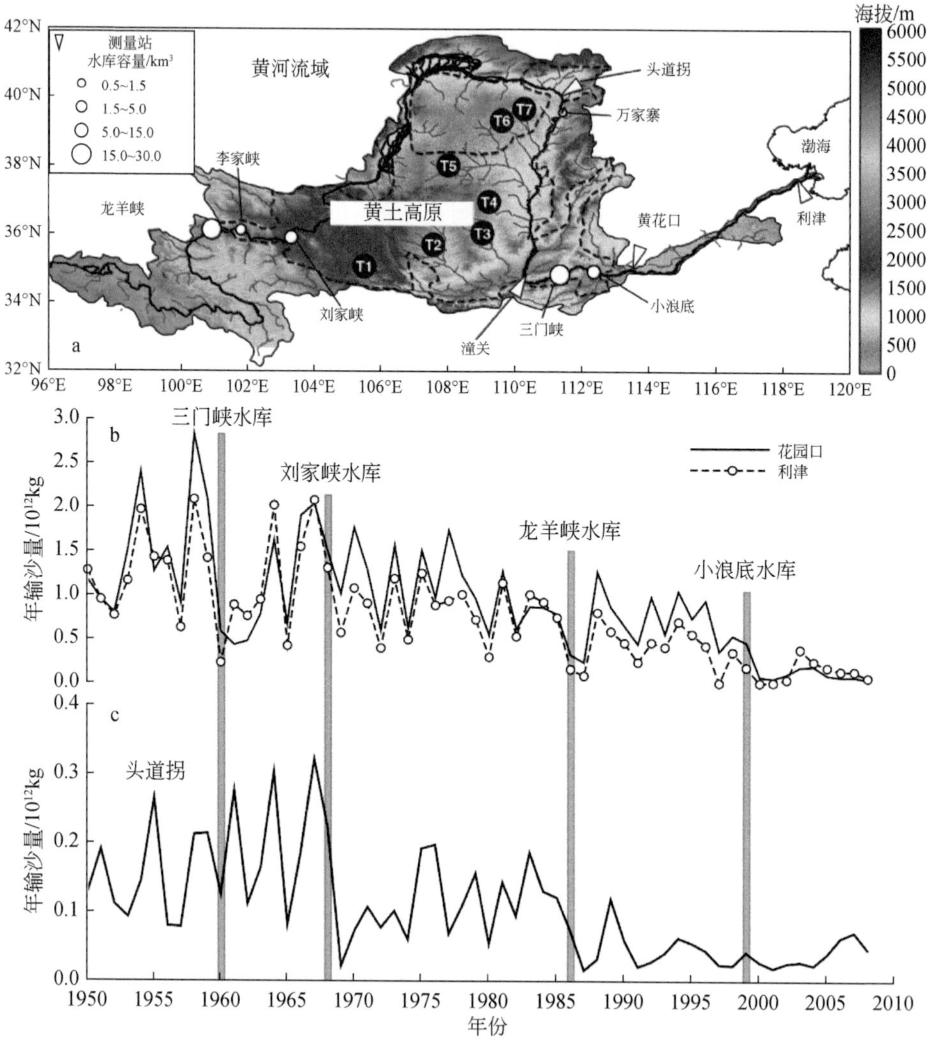

图 3.8　黄河流域地势和泥沙含量变化图（引自 Wang et al., 2011）

a. 黄河干流主要水库和水文站；b. 1960 ～ 2008 年在花园口和利津水文站年输沙量变化；c. 1960 ～ 2008 年在头道拐水文站年输沙量变化

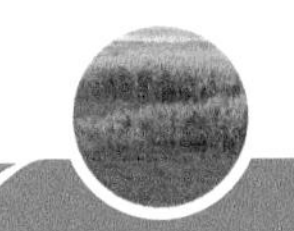

末端，控制黄河流域面积的 92.3%。由于黄河沉积物绝大部分来自黄土，粒度细、易悬浮，所以水库泄水排沙能够将相当一部分沉积在水库内的物质排向下游。由于黄河三角洲原来的沉积速率太大、造陆迅速，虽然黄河入海泥沙的减少导致三角洲沉积速率降低，但并没有造成负面影响。

长江三峡水库的修建也减少了长江的入海泥沙数量（图 3.9）。虽然泄水排沙可以排除部分淤积于水库内的沉积物，但三峡库区很长，长江上游河道（宜昌以上）沉积物较粗，三峡大坝建成以后，沉积物被拦储在狭长的水库内。大坝泄水排沙时，排出的泥沙是有限的。然而，三峡水库之下还有很大的集水面积（几乎是湖南和江西的全部，湖北的大部，以及安徽、江苏的一部分），长江下游江水含沙量不算低，入海的泥沙也不少（图 3.8，图 3.9），并没有发生三角洲海岸侵蚀现象。

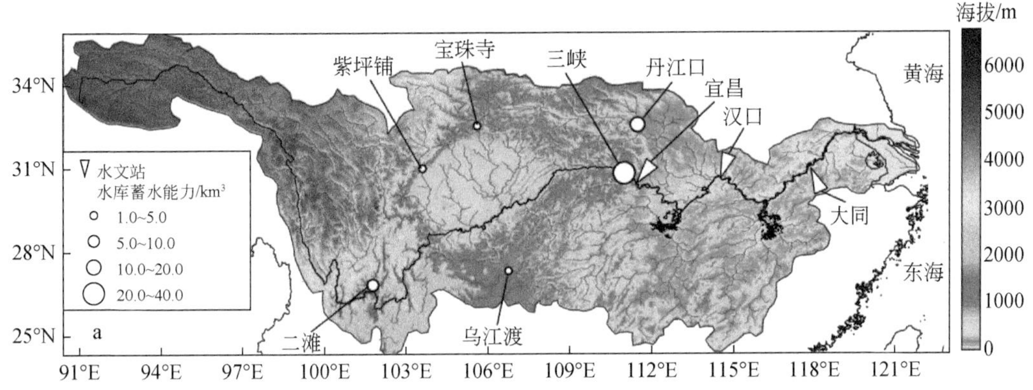

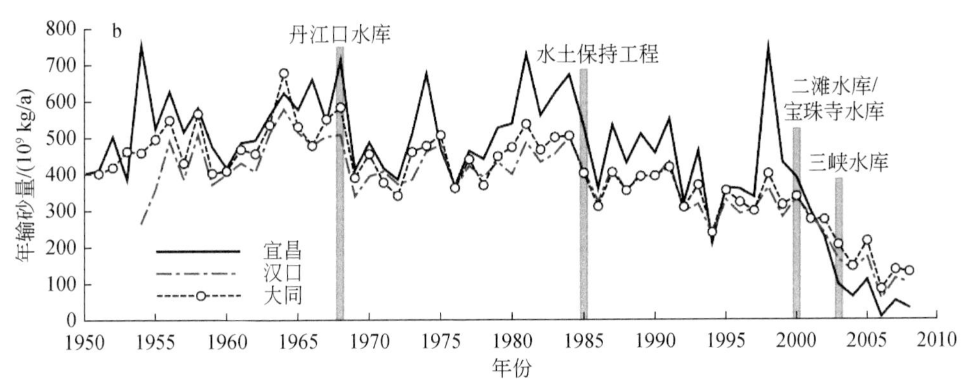

图 3.9　长江流域地势和泥沙含量变化图（引自 Wang et al., 2011）

a. 长江干、支流主要水库和水文站；b.1950 ～ 2008 年宜昌、汉口和大同水文站年输沙量变化与水库建设及水土保持工程的关系

埃及阿斯旺水坝位于开罗以南 900km，几乎控制了尼罗河的全部水量和输沙量。大坝于 1960 年开始修建，1970 年完工。对于防洪、灌溉、发电等都有重大的作用，但其负面效应也很明显。水库完工之前，尼罗河三角洲的耕地依靠自然泛滥，土地肥沃；水库建成后虽然保证了大旱年份的灌溉，但失去了泛滥沉积物的补充，土质肥力下降。入

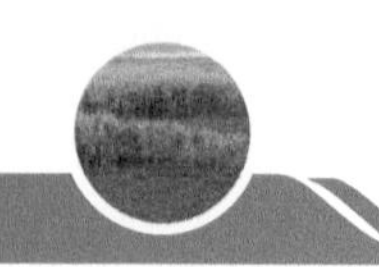

海沉积物大幅度减少，导致三角洲海岸明显的侵蚀后退和一些生态环境问题。

3. 人类用水对三角洲的影响

黄河主要流经干旱、半干旱和半湿润地区，以雨水补给为主，降水量较低，产水量少，年内降雨集中在 6 ～ 9 月，年平均径流量在我国注入太平洋的七大河流中居第五位。流域人均占有径流量相当于全国人均占有量的 30%，所以，黄河流域是我国的缺水地区，这决定了黄河水资源的先天不足。天然森林植被和草原植被的缺少，使地表对径流的滞留拦蓄能力很低，调节径流的能力很低，径流的变率增大，地下水资源贫乏。但黄河中下游又是中国主要农作物种植区之一，人口密度大，工农业比较发达。黄河本身水量并不丰富，但除了供给本流域用水外，还要向流域外供水，如郑州以北的人民胜利渠向新乡、安阳甚至天津供水（工农业用水和民用水），引黄济青干渠向青岛供水。这进一步加剧了流域两岸地区的生态环境恶化问题。

早在春秋战国时期已经出现用于灌溉的水利工程。但人类用水对黄河径流量的影响直至 20 世纪 60 年代还不是很大。70 年代起影响日益明显，1972 年黄河下游河段开始出现断流现象，断流天数越来越多，1997 年甚至断流长达 226 天。断流导致河道内淤积加重，河流入海泥沙减少，出海口三角洲海岸侵蚀。2002 年以来，由于小浪底水库调水调沙，这一现象明显地得到缓解。

4. 对分流河道的控制及海堤的修建

在三角洲上的河道称为分流河道。河水入海后受到海水的阻碍流速下降，直至最后变为零。流速的下降导致河流所带泥沙在河口外卸载，河口外淤高，引起溯源堆积，河水入海通道不畅。河水要保持正常的入海，从而形成多分流入海河道的现象以及洪水期分流河道的改道。由于黄河输沙量和含沙量都很高，分流河道改道十分频繁，1855 ～ 1996 年，共发生 7 次改道，形成 8 期分流（图 3.10）。其中 1855 ～ 1976 年的 7 期分流河道每期平均寿命只有 16 年。1976 年至今的河道已经运行超过 40 年，远超过 16 年这个平均值，这是人类改造自然控制的结果。

由于三角洲地区的人口和工农业设施越来越多，频繁的改道必将造成巨大的经济损失，不利于经济发展，稳定河道并延长分流河道寿命势在必行。在分流河道外侧建设河堤，强制河道在河堤所限制的范围内活动。其结果使得堤内的地面明显地高于堤外的地面。此外，可以通过疏浚河道来延长分流河道的寿命。

近年来在黄河三角洲修建了大量防潮堤（防波堤）。一个目的是防止风暴潮淹没土地，如河口以南地区；另一个目的是将潮间带或潮下带围垦成陆地，变潮间带或海区采油为陆地采油。将防潮堤（防波堤）修建在潮间带或潮下带，这个目的达到了，但也大大地改变了三角洲的面貌。现在的海岸线并不是自然的海岸线，许多地方是以堤坝作为海岸线。防潮堤（防波堤）修建后，堤外基部长期受到侵蚀，水深增加，潮间带和水下三角洲沉积－侵蚀发生变化。

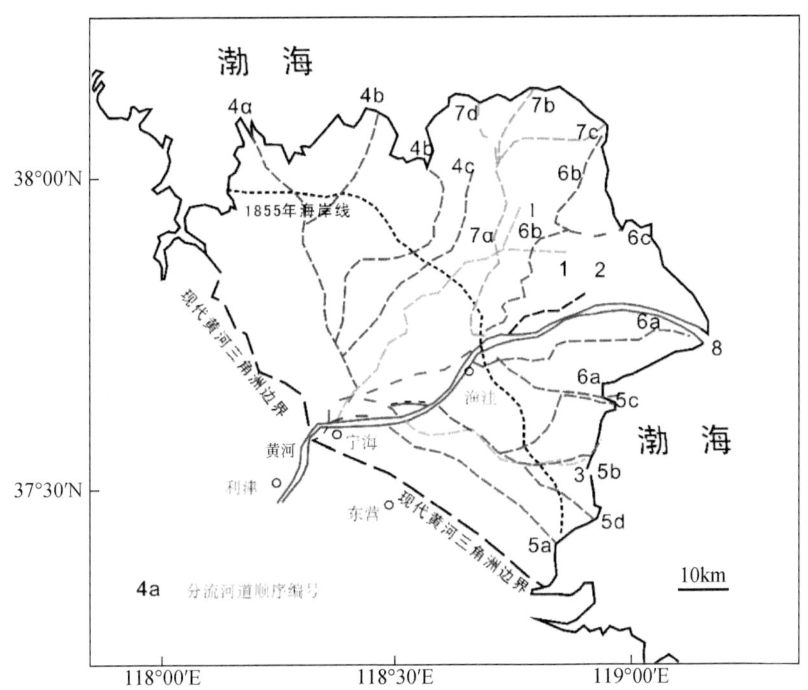

图 3.10　现代黄河三角洲上的分流河道 8 次变迁时间（据成国栋和薛春汀，1997）

1. 1855～1989 年；2. 1989～1897 年；3. 1897～1904 年；4. 1904～1929 年；4a. 1904～1917 年，4b. 1917～1926 年；4c. 1926～1929 年；5. 1929～1934 年；5a. 1929～1930 年，5b. 1930～1931 年，5c. 1931～1933 年，5d. 1933～1934 年；6. 1934～1938 年和 1947～1964 年；6a.1934～1938 年 和 1947～1953 年，6b. 1934～1938 年和 1947～1960 年，6c. 1960～1964 年；7. 1964～1976 年；7a. 1964～1976 年，7b. 1967～1972 年，7c. 1972～ 1974 年，7d. 1974～1976 年；8. 1976～1996 年

3.6　三角洲的形成促进了人类活动

大型滨海湿地的形成均是伴随着全新世三角洲向海进积过程形成的。在社会生产力低下的年代，三角洲地区经常河流泛滥，所以那里并不是人类理想的生存之地。但随着生产力的提高，三角洲地区逐渐成为人类的重要经济活动场所，从而威胁着滨海湿地的存在和健康功能。

1. 三角洲的淤积形成大面积的海岸湿地

三角洲地势平缓、水资源丰富，在三角洲上形成大面积的海岸湿地。湿地在净化水质、控制污染、涵养水源、保护生物多样性和维护生态平衡以及稳定海岸方面起着重要作用。近年来又成为人们旅游休闲度假的好去处，三角洲上的湿地常常临近大城市，起着不可替代的作用。

2. 三角洲的增长提供了大片的可耕地

河流带来的大量泥沙沉积在海岸浅水区，逐渐成陆，完成了由海向陆的转变，又经过人类的改造成为耕地。渤海水浅，平均深度只有 18m，加上黄河入海的大量泥沙及其他河流的入海泥沙，使得渤海周边容易淤积成陆，在渤海北岸形成辽河三角洲。在渤海南岸和西岸形成面积巨大的三角洲群体，包括滦河三角洲、黄河三角洲、古永定河 - 潮白河 - 大清河 - 子牙河三角洲和潍河 - 弥河三角洲，其中以黄河三角洲面积最大（图 3.11）。三角洲地势平坦，水源丰富，成为北方重要的水稻产区。辽宁的盘锦稻、天津的小站稻，都是我国水稻的优良品种。

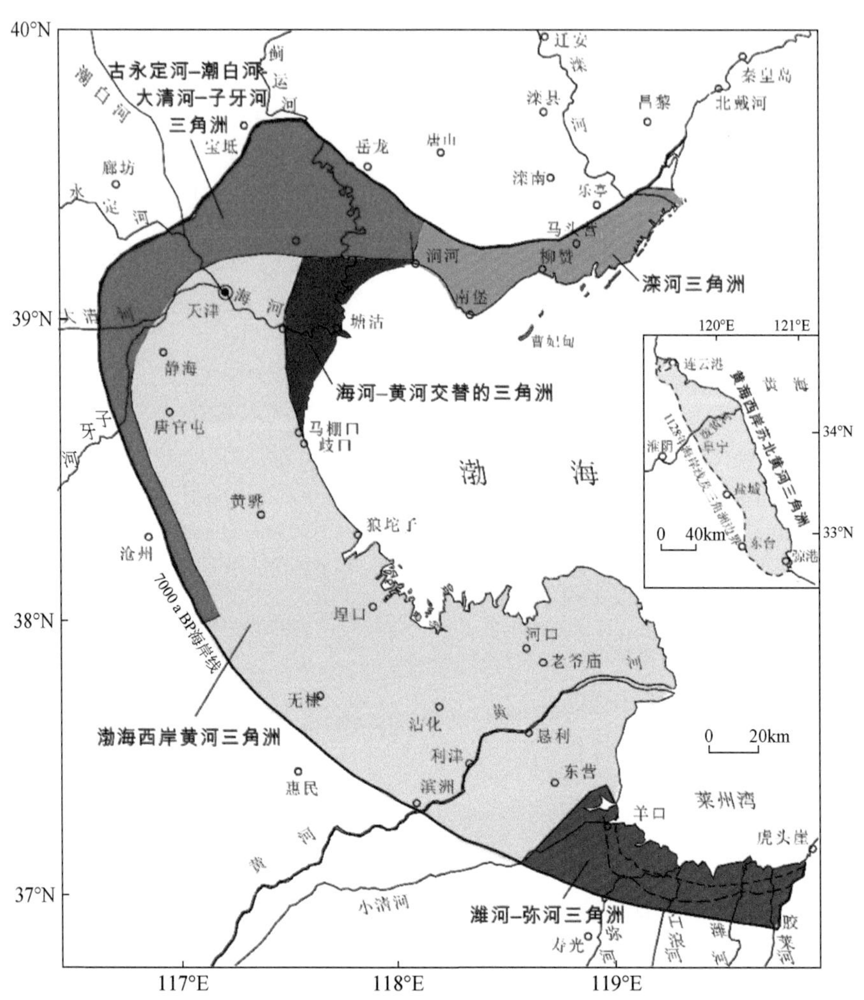

图 3.11　渤海西岸、南岸的三角洲群及黄海西岸的老黄河三角洲（1128 ～ 1855 年）（引自薛春汀，2009）

3. 三角洲上的河口港

在现代工业发展之前，水上运输是最重要的运输方式。它运量大、运输成本低。而河口港是天然的避风港，建港工程简单、造价成本低，在 20 世纪以前它是海港中最重要的类型，如英国的伦敦港、荷兰的鹿特丹港和阿姆斯特丹港、美国的纽约港和新奥尔良港、中国的广州港等。近百年来在非河口地区建设了许多大型海港，如大连港、秦皇

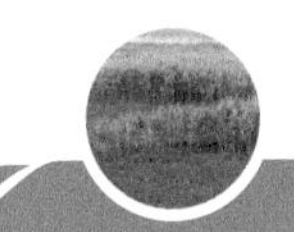

岛港、青岛港、连云港、上海洋山港和厦门港等港口，河口港的地位有所降低，但它依然是海港中的重要类型。河口港是内河运输与海洋运输的交汇点和转运站。所以在铁路和公路运输没有广泛应用之前，河口港的地位尤其重要。

广州从 3 世纪 30 年代起就成为海上丝绸之路的主港，唐宋时期成为中国第一大港，是世界著名的东方大港。明清两代，广州成为中国唯一的对外贸易大港。历史上不仅仅连接着西江、东江和北江的内河运输，甚至很长一段时间景德镇的瓷器通过江西省内的昌江、赣江，经陆路运输翻过江西、广东之间的界山，经北江运至广州，再运往海外。广州是世界海上交通史上唯一一个两千多年长盛不衰的大港，至今仍是世界上的重要港口。位于长江三角洲的上海是连接长江流域广阔腹地和海上运输的重要港口。由于明清时期的禁海政策，上海的开发比较晚。但 1840 年以后，迅速成为中国的第一大港。

位于莱茵河三角洲上的鹿特丹港是世界上最重要的港口之一。它不仅仅承担着荷兰的对外海上贸易，还通过莱茵河连接德国南部地区，是一个重要的内河、海上运输转运站。除河道两岸的码头外，又在河道旁兴建了不少人工港池供船舶停泊。由于莱茵河含沙量低，港池没有太多的淤积。

4. 三角洲上形成重要的经济、文化、科技和金融中心

三角洲地势平坦、水资源丰富、工农业发达，是重要的海港、内河运输和海洋运输的转运站。运输的发达带动了造船业和轻、重工业的发展。上海在一百多年的时间里迅速发展为特大型城市。上海附近地区并不产铁矿石，也不产炼焦用煤。但具有极为便利的交通条件，改革开放后，第一个大型钢铁企业（宝山钢铁公司）落户上海。我国的四个直辖市有两个（上海和天津）坐落在三角洲地区。广州这座大型城市也位于珠江三角洲。这些城市同时也是文化、教育、科技和金融中心。

5. 三角洲成为重要的能源基地

三角洲是海岸带最重要的沉积体。这些地区也是地质历史上重要的沉积盆地或重要的含油气盆地。我国的油田中有不少位于三角洲上，如辽河油田位于辽河三角洲、大港油田位于海河 - 黄河三角洲、胜利油田位于黄河三角洲上。国外许多著名三角洲，如美国密西西比河三角洲（鸟足形）、印度恒河三角洲（河口湾形）、非洲尼罗河三角洲（尖嘴形）、尼日尔河三角洲（弓形）和俄罗斯勒拿河三角洲（叶瓣状）等都发现了大中型油气田。

参 考 文 献

成国栋，薛春汀，1997. 黄河三角洲沉积地质学 . 北京：地质出版社 .

顾效源，鲁青原，叶思源，等，2016. 黄河三角洲进积与滨海湿地地质环境演替模式 . 地质论评，62(3): 172-182.

文焕然，陈桥驿，1982. 历史时期的植被变迁 // 谭其骧，史念海，陈桥驿 . 中国自然地理：历史自然地理 . 北京：科学出版社 .

薛春汀，2009. 7000 年来渤海西岸、南岸海岸线变迁 . 地理科学，29(2): 217-222.

张春生 , 刘忠保 , 施冬 , 等 , 2000. 扇三角洲形成过程及演变规律 . 沉积学报 , 18(4): 521-526.

Bhattacharya J P, 2006. Deltas//Posamentier H W, Walker R G. Facies models revisited. Tulsa: SEPM Special Publication.

Galloway W E, 1975. Process framework for describing the morphologic and stratigraphic evolution of deltaic depositional systems//Broussard M L. Deltas, Models for Exploration. Texas: Houston Geological Society.

Wang H, Bi N, Wang Y, et al., 2010. Tide-modulated hyperpycnal flows off the Huanghe (Yellow River) Mouth, China. Earth Surface Processes and Landforms, 35: 1315-1329.

Wang H, Saito Y, Zhang Y, et al., 2011. Recent changes of sediment flux to the western Pacific Ocean from major rivers in East and Southeast Asia. Earth-Science Reviews, 108: 80-100.

Wright L D, Wiseman W J, Bornhold B D, et al., 1988. Marine dispersal and deposition of Yellow River silts by gravity-driven underflows. Nature, 332: 629-632.

Xue C, Qin Y, Ye S, et al., 2018. Evolution of holocene ebb-tidal clinoform off the Shangdong Peninsula on East China Sea shelf. Earth-Science Reviews, 177: 478-496.

第4章 湿地功能

湿地具有生态功能、经济功能和社会功能。其功能在人类社会中发挥着重要的作用。从宏观来说，湿地具有巨大的生态、经济和社会三大功能。从科学层面上说，它能抵御洪水、调节径流、控制污染、消除毒物、净化水质，是自然环境中自净能力很强的区域之一，它对保护环境、维持生态平衡、保护生物多样性和调节气候等都起着重要的作用。

4.1 生态功能

湿地的生态功能主要体现在物质循环、生物多样性维护、调节河川径流和气候等方面。

一是保护生物和遗传多样性。湿地蕴藏着丰富的动植物资源，具有种类多、生物多样性丰富的特点，被称为生物超市和物质基因库。许多自然湿地为水生动物、水生植物、多种珍稀濒危野生动物，特别是水禽提供良好的栖息、迁徙、越冬和繁殖场所，对物种保存和保护物种多样性发挥着重要作用。同时，自然湿地为许多物种保存了基因特性，使得许多野生生物能在不受干扰的情况下生存和繁衍（图 4.1）。因此，湿地当之无愧地被称为生物超市和物种基因库。

图 4.1 江苏盐城滨海湿地丹顶鹤人工繁育种群回归自然

二是调蓄径洪水，补充地下水。湿地在削减洪峰、滞后洪水、调节河川径流、补给地下水和维持区域水平衡等方面的功能十分显著，是其他生态系统无法替代的。湿地是陆地上的天然蓄水库，还可以为地下蓄水层补充水源，有巨大的渗透能力和蓄水能力，常被称为“海绵体”和“绿色水库”（图 4.2）。湿地通过对水的吞吐调节，有效避免了干旱和洪涝灾害，服务于工农业生产和生活利用。

图 4.2 湿地是“绿色水库”

三是调节区域气候和固定二氧化碳。由于湿地环境中，微生物活动弱，土壤有机质分解释放二氧化碳过程十分缓慢，形成了富含有机质的湿地土壤和泥炭层，起到了固定碳的作用。湿地能吸收空气中的粉尘，起到净化空气的作用。湿地的水分蒸发和植被叶面的水分蒸腾，使得湿地和大气之间不断进行能量和物质交换，将降低周边区域温度、增大湿度、提高降水量，对周边地区的气候调节具有明显的作用。

四是降解污染和净化水质。含有生活污水和工业排放物的流水经过湿地时流速减慢，有利于水体污染物的沉淀和移除。湿地生长的多种植物、微生物通过物理过滤、生物吸收和化学合成与分解，可把人类排入湖泊、河流等湿地的有毒有害物质（如氮、磷、钾）和其他一些有机物质降解和转化为无毒无害甚至有益的物质。湿地在降解污染和净化水质上的强大功能使其被誉为名副其实的“地球之肾”。湿地中的部分挺水植物、浮水植物和沉水植物具有很强的清除污染物的能力，可有效吸收氮、磷、钾等并通过收割等途径将污染物移除出水体，起到净化水质的目的（图 4.3）。

五是防浪固岸。湿地中生长着多种多样的植物，这些湿地植被可以抵御海浪、台风和风暴的冲击力，防止对海岸的侵蚀，同时它们的根系可以固定、稳定堤岸和海岸，保护沿海工农业生产，像两广和海南海边的红树林就是一道防浪冲击的屏障。

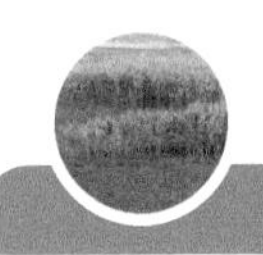

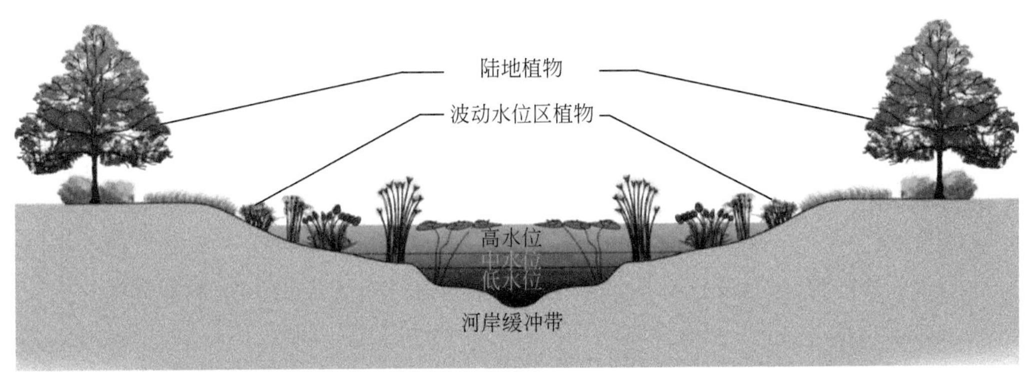

图 4.3　人工湿地生态处理

4.2　经济功能

一是提供丰富的动植物的产品。湿地提供的水稻、肉类、莲藕、菱角及浅海水域的一些鱼、虾、贝、藻类等是富有营养价值的副食品，其中有些动植物还可入药。有许多动植物还是发展轻工业的重要原料，如芦苇就是重要的造纸和编织的原料（图 4.4）。湿地还为改善经济物种提供基因材料，如通过野生稻杂交培养出高产、优质、抗病的新品种水稻（路洪彪等，2002；许睿，2019），通过筛选高生物量、抗病、耐盐的芦苇用于湿地修复（庄瑶，2011；许振伟等，2019）。

图 4.4　辽河三角洲湿地的芦苇用于造纸

二是提供水资源。湿地是人类发展工农业生产用水和城市生活用水的主要来源，是我国众多的沼泽、池塘、溪流、河川、湖泊和水库的水源地。

三是提供矿物资源。湿地中有各种矿砂和盐类资源。它可以为人类社会工业经济的发展提供包括食盐、天然碱、石膏、泥炭等多种工业原料，以及硼、锂等多种稀有金属矿产。我国一些重要油气田，大都分布在湿地区域，湿地的地下油气资源开发利用，在国民经济发展中意义重大。

四是能源和水运。湿地能够提供多种能源，通过航运、电能为人类文明和进步做出了巨大贡献。我国约有 10 万 km 内河航运，内陆水运承担了大约 30% 的货运量。

4.3　社会功能

湿地可为人类提供集聚场所、娱乐休闲场所、科研和教育场所。湿地具有自然观光、旅游、娱乐、休闲等美学方面的功能和巨大的景观价值（图 4.5）。湿地更是摄影爱好者和保护环境志愿者的聚集地。

图 4.5　湿地秀丽的自然风光

我国有许多重要的旅游风景区都分布在湿地地区或其周边。奇异秀丽的自然景色使其成为生态旅游和疗养的胜地。城市中的水体在美化环境，为居民提供休憩空间方面有着重要的社会效益。有些湿地还保留了具有宝贵历史价值的文化遗址，是历史文化研究的重要场所。湿地生态系统丰富的野生动植物群落和濒危物种等为教育和科学研究提供对象、材料和实验基地。

4.4 珊瑚礁湿地的独特功能

珊瑚礁是由造礁珊瑚产生的，以珊瑚骨骼为主骨架，辅以其他造礁及喜礁生物的骨骼和壳体，便形成了珊瑚礁，它是由生物作用产生的碳酸钙沉积而成的钙质堆积体。珊瑚虫是一种海洋中底栖固着生活的腔肠动物，在生长过程中吸收海水中的二氧化碳和钙后分泌出石灰石，将其作为自己生存的外壳。造礁珊瑚与单细胞虫黄藻共生，它所分泌的碳酸钙外骨骼经过世代的生长交替、不断积累堆积，最终生长到低潮线，形成岛屿和礁石，也就是所谓的珊瑚礁。

在所有海洋生态系统中，珊瑚礁具有最高的生产力和最丰富的生物多样性，因此也被称为“海洋中的热带雨林”。世界珊瑚礁主要分布在热带和亚热带海域，其总面积占全部海域的 0.1% ～ 0.5%，已记录的礁栖生物却占到海洋生物总数的 30%（Reaka-Kudla, 1997; 赵美霞等, 2006）。珊瑚礁生态系统中生存数千种的珊瑚藻、石珊瑚、海绵、马蹄类、瓣鳃类、多毛类、宝贝、甲壳动物、海龟、海参、海星、海胆和鱼类等，组成了生物多样性极高的顶级生物群落，共同构成了富有热带特色的独特珊瑚礁生态系统（图 4.6）。

图 4.6 珊瑚礁与鱼群

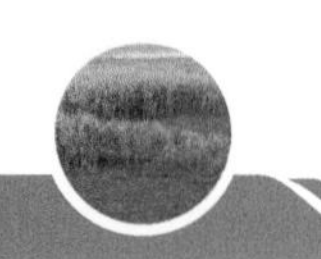

珊瑚礁生态系统为海洋生物提供了产卵、繁殖、栖息以及躲避敌害的场所，成为具有较高生态学价值的资源宝库。珊瑚礁及其邻近海域为当地居民提供食物来源，给人类生产生活提供巨大的便利，生活在珊瑚礁附近的人类已达2.75亿。珊瑚礁区还是潜水者休闲娱乐的好去处，许多供游客嬉戏玩耍的沙滩便是珊瑚礁产生的细沙形成的，依赖珊瑚礁发展旅游业而获得效益的国家和地区已近百个。珊瑚礁区的珊瑚、藻类和海绵等生物中，发现了抗癌和抗炎的成分，具有重要的药用价值。珊瑚礁能够保护海岸，为全球100多个国家和地区提供了长达15万km的海岸线保护，用来防止风浪的破坏和侵蚀。珊瑚礁区影响着热带海洋生物多样性的资源生产力，促进营养循环，维持着海洋生态平衡。

珊瑚礁生态系统虽拥有高生物多样性和高资源生产力，但也是海洋中最脆弱、最易受到干扰的生态系统。近些年来，掠夺性采集珊瑚礁资源、渔业的过度捕捞和破坏性捕捞、采挖珊瑚礁石做建筑原料、珊瑚礁石的非法贩卖与出口、海洋垃圾污染等现象导致珊瑚礁生态平衡被打破，生物多样性明显减少，生态功能退化严重（樊清华和汪冰，2017）。保护珊瑚礁及其生境已变得刻不容缓。

4.5 “海上森林”——红树林

在热带和亚热带海湾和河口区域，生长着一种特殊的植物群落——红树林。它们以自己独特的生存方式和繁殖能力在陆地与海洋交界的滩涂上发展壮大，无惧于海水的浸泡和台风的侵袭，有着“海上森林”和“海防卫士”的美誉（图4.7）。“海上森林”同陆地森林一样，也拥有很多生态系统服务功能，这些功能对生态环境和人类社会意

图4.7 位于广西茅尾海红树林自然保护区的红树林生态系统

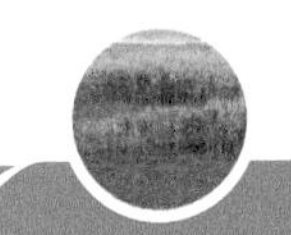

义重大。红树林在生产有机物、抗风消浪、造陆护堤、维护生物栖息地和生物多样性、净化污染物和营造生态旅游环境6个方面具有独特的生态系统服务功能（李庆芳等，2006）。

1. 生产有机物

由于红树林群落具有较高的光合效率、呼吸效率和生物归还率，所以该生态系统的生产力极高。在白天，红树林在阳光的照耀下，不断进行光合作用，利用太阳能把简单的无机物转化为复杂的有机物。这些有机物会以凋落物的形式供给生态系统中的消费者和分解者。在我国，红树林区域每年每公顷的凋落物总量为6310～12550kg（干重），体量非常大（林鹏，1997）。海岸带的生物多样性以及近海渔业的可持续性都依赖于红树林生态系统生产的有机物，联合国粮食及农业组织在20世纪80年代就指出了红树林对渔业的重要性。

2. 抗风消浪

在2004年的东南亚海啸中，红树林对沿海堤岸的保护作用引起了人们的注意，巨额的灾难损失因为红树林生态系统的抗风消浪作用得以避免。得益于红树林生物“盾牌”的作用，海岸地区遭受台风和暴风雨袭击的程度明显减轻。红树植物的根系极其发达（图4.8），支柱根、呼吸根、板状根、气生根和表面根在潮滩上交错纵横，是一个极其稳固的网络支持系统，使得潮滩上的摩擦力明显增加，潮水的流速明显减弱。红树林可以说是热带、亚热带海岸带防风抗浪的“绿色长城”。红树林生态系统具有抵御强台风危害

图4.8　红树林发达的根系

的能力，这减少了海堤的损坏，保护了堤内人民的生命和财产安全。

3. 造陆护堤

红树林交错纵横的根系不仅在防风抗浪的功能上作用突出，还起到了造陆护堤的作用。潮流中的悬浮颗粒由于红树林根系处水体流速的降低得以沉降，是土壤形成的主要物质来源。此外，红树林本身大量的地上和地下凋落物以及林中海洋生物的排泄物和遗骸都促使了红树林海岸带的淤积。相关研究表明，红树林滩地的淤积速度为附近光滩的2～3倍（林鹏，1993）。红树林植被的生长带来了海岸带淤积面积的不断增大，促进了地表高程的加积，从而缓解了海平面上升带给沿海区域的威胁。

4. 维护生物栖息地和生物多样性

红树林生态系统处于陆海交互的关键区域，为生存于其中的各级消费者提供了重要的栖息和觅食场所。相比于其他海岸水域生态系统，红树林生态系统的生物种类更加丰富多样。我国科学家对红树林生物多样性的研究表明，红树林生态系统至少发现55种大型藻类、96种浮游植物、26种浮游动物、300种底栖动物、142种昆虫、10种哺乳动物和7种爬行动物（林鹏，1997）。红树林生态系统是候鸟重要的越冬地和迁徙地，大批的候鸟在此休养生息、繁衍后代。红树林生态系统对于我们研究生物多样性保护和生物资源持续利用意义重大。

5. 净化污染物

红树林生态系统作为滨海湿地的重要组成部分，也具有“地球之肾”的功能，大量的污染物在这个区域得以净化，水体的质量得以提升，赤潮的现象逐渐减少。红树林对重金属、石油及生活污水等具有较强的耐性。红树植物可以吸收潮流和河流中过量的营养元素以及重金属元素，其中重金属主要被吸收到根、茎等部位。除了减轻水体的富营养化和重金属污染外，红树林生态系统的微生物能有效吸收或降解水体中的有机污染物、农药、泄漏原油等。

6. 营造生态旅游环境

红树林生态系统不仅具有巨大的生态价值，其经济价值也不容忽视。在我国，深圳福田红树林自然保护区、北海金海湾红树林生态旅游区和海南东寨港红树林自然保护区都是全国闻名的旅游景点，大量的科普工作者和旅游业从业者在这些红树林自然保护区中开展环境教育和旅游观光活动。以生态和环保为特色的红树林生态旅游吸引了大批国内外游客，游客在欣赏海底森林的美景和聆听海鸟清脆的鸣啼声的同时，也在不经意间学习了海洋地质和海洋生物的知识。最重要的是，通过对红树林区域的旅游开发，人们的环境保护意识有了极大的提升。

参考文献

樊清华，汗冰，2017. 海洋生态法下的海南珊瑚礁湿地保护立法初探 . 理论导报，(6): 58-60.

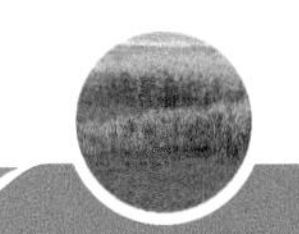

李庆芳，章家恩，刘金苓，等，2006. 红树林生态系统服务功能研究综述. 生态科学，25(5): 472-475.

林鹏，1993. 中国红树林论文集（Ⅱ）(1990 ~ 1992). 厦门：厦门大学出版社.

林鹏，1997. 中国红树林生态系统. 北京：科学出版社.

路洪彪，倪善君，张战，等，2002. 野生稻资源在水稻育种中的利用及展望. 北方水稻，(1): 13-15.

唐剑武，2019. 华东师大等发现滨海湿地碳汇功能或随海平面上升渐增. 中国科学报，2019-12-06, 第 3 版.

许睿，2019. 基于染色体置换系的普通野生稻 (O.rufipogon Griff.) 耐盐性 QTL 定位. 北京：中国农业科学院.

许振伟，宋慧佳，李明燕，等，2019. 不同生态型芦苇种群对盐胁迫的生长和光合特性. 生态学报，39(2): 542-549.

赵美霞，余克服，张乔民，2006. 珊瑚礁区的生物多样性及其生态功能. 生态学报，26(1): 186-194.

庄瑶，2011. 土壤盐度对芦苇形态特征的影响以及构造湿地中芦苇的应用潜力. 南京：南京大学.

Reaka-Kudla M L, 1997. The global biodiversity of coral reefs: a comparison with rainforests//Reaka-Kudla M L, Wilson E O. Biodiversity II: Understanding and Protecting Our Biological Resources. Washington D. C.: J. H. Press: 83-108.

第5章　湿地资源

湿地资源包括湿地面积、淡水，湿地生物——植物、植被，各类野生动物——水禽、鸟类，以及泥炭、矿物、旅游、休闲地等。

5.1　湿地植被

湿地植被是湿地生态系统的重要组成，湿地植被与人类生活密切相关。人们走进风光优美的湿地时，首先映入眼帘的是多姿多彩的自然植被景观（图5.1）。杭州西溪湿地丰富的植被种类构筑了独特的湿地风情。滨海湿地拥有多种珍稀异草（图5.2，表5.1）。

图5.1　美国南佛罗里达湿地奥基乔比湖的植物分布

图 5.2　滨海湿地部分常见植物

表 5.1　滨海湿地部分常见植物及其用途

植物	形态特征与分布	用途
荻	禾本科，多年生草本植物。匍匐根状茎，秆直立，高达 1.5m	荻是优良的防沙护坡植物。可用于环境保护、景观营造、生物质能源、制浆造纸、代替木材和塑料制品、纺织、药用
芦苇	禾本科芦苇属，多年水生或湿生的高大禾草，秆直立，根状茎十分发达。高可达 8m。具有较发达的通气组织	大部分植物组织均可入药，还可用于饲料、薪材、固堤造路。经过加工还可用于造纸、生物制剂、工艺品。净化污水能力强

续表

植物	形态特征与分布	用途
盐地碱蓬	藜科碱蓬属，一年生草本植物，高 20 ～ 80cm，茎直立，圆柱状。一般分布于海滨、湖边、荒漠等处的盐碱荒地上，其颜色随土壤含盐量而变化呈绿色或紫红色	观赏价值高，如盘锦的红海滩。盐地碱蓬含有蛋白质、膳食纤维、多糖、色素、黄酮类化合物等，籽粒含有丰富共轭亚油酸，具有较高的食用价值和药用价值（孙佳佳等，2018）
香蒲	香蒲科香蒲属，多年生水生或沼生草本。根状茎乳白色，地上茎光滑无毛。其穗状花序呈蜡烛状	其嫩芽可食用，根状茎能酿酒。花粉可入药，具有活血化瘀、止血镇痛功效。可用于编织草袋、草包、草席、坐垫等（顾晓涵，2014）
芦竹	禾本科芦竹属，多年生，具发达根状茎。秆粗大直立且坚韧，具有多数节。生于河岸道旁	是造纸和人造丝的原料，幼嫩枝叶是良好的饲料，秆可作为制管乐器中的簧片
杞柳	杨柳科柳属灌木，高 1 ～ 3m。叶近对生或对生，树皮灰绿色，枝条细而长，富有韧性，发条率高	杞柳皮可用于编织工艺品，具有防风固沙、保持水土、固堤护岸的作用（朱毅，2005）

湿地植被不仅能净化污水，还能为人类提供粮食、蔬菜，以及医药、纸张、人造纤维、手工艺品编制、饲料、肥料的原材料。具体来说，湿地植被可以分为食品类、药品类、轻工业类、手工业类、花卉类、环保类、绿肥类和种子资源类。例如，莲的莲子和藕这两个部位就是人类利用最多的食物。芦苇可用于造纸、建筑屋顶、制作手工艺品等。通过管理方案的开发和实施，芦苇造纸被认为是一个由湿地提供的生态系统的经济产品，并且可以看作是恢复、保护三角洲湿地的激励措施，如辽河三角洲湿地。

5.2　湿地泥炭

泥炭沼泽是指土壤层中发育有泥炭层的沼泽，一般将有机碳含量大于 12% 的土壤称为泥炭沼泽，是湿地资源的重要组成部分（图 5.3）。我国内蒙古、辽宁、青海等 11 个省（区、市）拥有面积较大的泥炭沼泽。据测算，我国若尔盖湿地面积为 80 万 hm^2，储存的泥炭高达 19 亿 t（国家林业和草原局，2017）。四川省石渠县长沙贡玛乡的扎加坝湿地拥有宝贵的保存完好的泥炭湿地，平均深度约 5m，至少 30 万 hm^2。贵州保存完好的泥炭湿地有清水河湿地和安龙沼泽湿地等。据有关部门统计，我国泥炭储量达 47 亿 t。

泥炭由水、矿物质和有机质三部分组成。泥炭是一种宝贵的天然矿产资源，其中高有机质丰度的泥炭可以看作是煤化程度最低的煤，所以又被称为草煤或草炭。泥炭既是一种能源，又是工业、农业等部门的原材料和化工原料。泥炭地松软质轻，排水透气性好，可用于盆栽培养土，是重要的生态资源和经济资源。

泥炭也是陆地生态系统中的重要碳库。湿地植物通过光合作用从大气中吸收了大量的二氧化碳。泥炭水分过于饱和的厌氧特性，导致堆积在湿地中的植物根、茎、叶和果实等残体分解释放二氧化碳的过程十分缓慢，从而有效固定了植物残存体中的大部分碳。

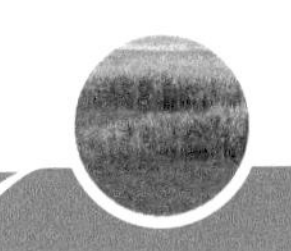

图 5.3 泥炭沼泽

由于泥炭沼泽可以吸收二氧化碳这种“温室气体”，因此有“碳吸收器”之称。

泥炭有机碳储量大、密度高，单位面积碳储量在各类陆地生态系统中最高，在调节区域环境、缓解全球气候变化方面具有重要作用。然而，泥炭沼泽湿地一旦面临排水干旱，被安全锁在泥炭中的巨量碳将以气体形式释放到大气中，泥炭就从碳汇变成碳源，从而加剧全球变暖进程。如果破坏 1hm^2 类似若尔盖这样的湿地，CO_2 排放量最高可达 1.5 万 t（国家林业和草原局，2017）。据统计，每年全球泥炭沼泽湿地由于排水引起的二氧化碳排放量约 20 亿 t，占全球人为活动二氧化碳排放总量的 6%。因此，摸清泥炭沼泽湿地碳库、保护好泥炭资源是我国履行国际公约的重要措施。

5.3 我国湿地资源概况

国家林业局 2014 年 1 月公布的第二次全国湿地资源调查结果（2009～2013 年）显示，我国湿地总面积为 5360.26 万 hm^2（另有水稻田面积 3005.70 万 hm^2 未计入），湿地面积占陆地面积比率（即湿地率）为 5.58%，与我国 1995 ～ 2003 年进行的全国首次湿地资源调查同口径比较，湿地面积减少了 339.63 万 hm^2，减少率为 8.82%。其中，自然湿地面积为 4667.47 万 hm^2，占全国湿地总面积的 87.08%，与全国首次湿地资源调查同口径比较，自然湿地面积减少了 337.62 万 hm^2，减少率为 9.38%。这说明 10 年间自然湿地面积减少近 10%（国家林业局，2014）。

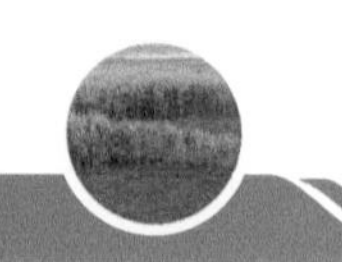

第二次全国湿地资源调查将湿地分为 5 类，其中近海与海岸湿地 579.59 万 hm^2、河流湿地 1055.21 万 hm^2、湖泊湿地 859.38 万 hm^2、沼泽湿地 2173.29 万 hm^2、人工湿地 674.59 万 hm^2。从分布情况看，青海、西藏、内蒙古、黑龙江 4 省区湿地面积均超过 500 万 hm^2，约占全国湿地面积的 50%。我国现有 577 个自然保护区、468 个湿地公园。受保护湿地面积 2324.32 万 hm^2。两次调查期间，受保护湿地面积增加了 525.94hm^2，湿地保护率由 30.49% 提高到 43.51%（国家林业局，2014）。

我国淡水资源主要分布在河流湿地、湖泊湿地、沼泽湿地和库塘湿地之中。湿地维持着约 2.7 万亿 t 淡水，保存了全国 96% 的可利用淡水资源，是淡水安全的生态保障。

我国湿地动植物资源丰富，据统计，湿地植被约有 101 科，高等植物中属濒危种类有 100 多种；海岸带湿地生物种类约有 8200 种，其中植物 5000 种、动物 3200 种；内陆湿地高等植物约 1548 种、高等动物 1500 多种；淡水鱼类 770 多种或亚种；湿地的鸟类繁多，在亚洲濒危鸟类 57 种中就有 31 种，全世界雁鸭类 166 种中就有 50 种，鹤类 15 种中就有 9 种。此外还有许多是属于跨国鸟类，在中国湿地中有的是世界某些鸟类唯一的越冬地或迁徙的必经之地，如在鄱阳湖越冬的白鹤占世界总数的 95% 以上。

5.4 滨海湿地资源价值估算案例分析

为了向社会和政府部门展示滨海湿地资源价值和保护的理由，呼吁保护湿地的重要意义，本节以辽河三角洲湿地为例，对其资源与功能开展了经济价值评估。结果显示：辽河三角洲湿地每公顷每年创造的价值 3 万多美元（表 5.2）。我们采用的三种估值方法包括：①基于市场的估价（market-based valuation，MBV）是根据当前市场价格和收集的相关统计数据来估计可销售服务。本评估案例所考虑的可销售的生态系统服务包括温室气体调节、废水处理、食品生产、原材料生产和娱乐，这些都是在商业市场上可“捕捉”的价值。②应用基本价值转移（basic value transfer，BVT）方法对商业市场中未完全捕捉到的生态系统服务进行价值赋值，如气候调节、干扰调节、水调节、供水和提供栖息地。BVT 方法是利用已发表的评估研究或相关数据估计一个地点的生态系统服务价值，并将这些信息转移到类似地点的生态系统服务价值，从而对非市场组成部分进行估价。③影子项目法（shadow project approac，SPA）被用来评估一个生态系统服务的价值，评估的基础是，如果所评估的服务不可用，更换或恢复该服务所需的费用。在本案例中，SPA 被用来评估造纸的价值，假设造纸材料来源是树木而不是芦苇，评估其所需消耗掉的树木价值。

本案例分析，评估了由辽河三角洲湿地提供的 10 个生态系统功能价值。其中的 5 个功能（固碳、森林替代、食品生产、造纸、旅游）是基于当前市场价格的估值。其余的 5 个功能（海岸的保护与侵蚀控制、提供灌溉水、蓄水、基因资源、栖息地与避难所）是通过 BVT 方法来评估的。辽河三角洲湿地各项资源或功能价值评估结果见表 5.2。其具体评估分述如下：

表 5.2 辽河三角洲湿地生态功能的年均产值

编号	内容	功能	参考出处	转化后的价值 /[美元 / (hm^2·a)]		
				1994 年	2007 年	2012 年
1	气体调节	碳汇	见本节“碳调节功能”章节	177	245	274
2	气候调节	保护森林	见本节“造纸功能”章节	1377	1905	2134
3	干扰调节 潮汐沼泽	保护海岸线 / 控制侵蚀防风暴	de Groot et al., 2012	1617	2238	2507
4	水调节	农业灌溉用水	de Groot et al., 2012	5155	7134	7990
5	水补给	泛滥区的地下水补给	de Groot et al., 2012	214	296	332
6	控制侵蚀	根系可以固定沉积物				
7	土壤形成	给土壤提供 N、P、C				
8	营养物循环	吸收和回收大量的营养物质				
9	废物处理	总含量（组分 +N+P）				
10	授粉作用	某些湿地物种的传粉功能				
11	生物防治	防治虫害				
12	栖息地 / 保护区	鱼 + 虾	de Groot et al., 2012	814	1127	1262
13	食品生产	水产由芦苇根制成的饮料	见本节“食品生产功能”章节	3174	4393	4920
14	原材料	生物数量，纸浆	见本节“造纸功能”章节	952	1317	1475
15	基因资源	为物种提供栖息地	de Groot et al., 2012	1311	1815	2033
16	娱乐	旅游	见本节“旅游价值”章节	6821	9440	10573
17	文化	风景价值在芦苇中拍摄电影				
总价值				21612	29910	33500

注：（1）1994 ～ 2012 年 CPI（consumer price index，消费者物价指数）为 1.55，2007 ～ 2012 年 CPI 为 1.12。
（2）基于 800km^2 芦苇湿地 1994 年、2007 年和 2012 年的年产值分别为 17.3 亿美元、23.9 亿美元和 26.8 亿美元

1. 造纸功能

湿地能够提供大量的原材料，并使原材料发挥出其用途。以辽河三角洲为例，芦苇是造纸的原料。2012 年，从芦苇中产生的价值可以达到 7.2 亿元，相当于 1.9 亿美元。这一估计是基于每年生产的 1.8×10^8kg 的纸是从干重为 4.0×10^8kg 的芦苇中得到的。因此，芦苇转化为纸的效率约为 45%，这与木材转化为牛皮纸的效率基本相同（Huntley et al.，2003）。2010 年和 2012 年纸浆的净利润均为 4 元 /kg。因此，在 2012 年，由芦苇产生的纸的价值为 1475 美元 /hm^2。

如果芦苇不被用来提供纸张生产的纸浆，那么其替代物将是树木。森林提供了许多有价值的生态系统功能。在中国和其他地方的森林砍伐现象已造成非常大的环境成本（Diamond，2005）。利用芦苇为纸张生产提供纸浆保护了森林。我们利用 SPA 来考虑由芦苇湿地提供的生态系统功能。对于本书的计算，我们使用的是一个热带雨林的生物量，大约为 13.82t/hm^2。每年有 4.0×10^8kg 的芦苇用来生产纸浆，其与约 2.9×10^4 hm^2 的热带雨林达到的结果是相同的。因此，通过利用芦苇而不是树来生产纸浆，每年节省了约 2.9×10^4 hm^2 的热带雨林。在 2007 年，由热带雨林提供的生态系统功能价值为 5264 美元 / hm^2（de Groot et al.，2012）。在 2012 年，在通胀率修正后，这一数字为 5887 美元 /hm^2。因此，影子工程法（shadow project approach）分析表明，通过芦苇造纸节约树木的价值为 2134 美元 /hm^2。

从造纸业中创造的就业机会也很显著。例如，在 2012 年，辽宁振兴生态造纸有限公司雇用了 1700 人，如果盘锦市新建立另一家造纸厂，预计会创造更多的就业机会。

2. 碳调节功能

每年 4.0×10^5t 干重的芦苇吸收地上生物产出的碳量为 1.8×10^5t。2013 年夏天的测量结果显示，地上生物量与地下生物量的比值为 1.03 ± 0.13。因此，地上每年产出 4.0×10^5t 的芦苇吸收的碳量为 3.7×10^5t，相当于每年从大气中固定的碳量为 1.3×10^6t。在这种情况下，我们用 MBV 来估算碳汇的价值，假定固碳的成本为 60 美元 /t（Stavins，1999），那么，每年这个生态系统功能的价值为 274 美元 /hm^2。

3. 食品生产功能

辽河三角洲的芦苇湿地的主要渔业资源是螃蟹。芦苇湿地螃蟹的边际价值为 2000 元 / 亩。因此，每年实际的价值约为 4920 美元 /hm^2。

4. 旅游价值

辽河三角洲湿地获得的旅游价值是非常大的。栈道已经被用来给游客提供道路（图 5.4），这些游客主要是来观光、看鸟和摄影，绘就人鸟和谐相处的画面。盘锦市与旅游相关的收入包括走栈道的门票、酒店和餐馆的收入。我们估计了由购买的栈道门票、食品消费和在当地酒店住宿创造的价值。2012 年，旅游带来的总收入为 10573 美元 / hm^2。

5. 废水处理功能

湿地可以分解和改造废水中的大部分有机物，它们可以通过收获生物来运移营养物质，并且通过反硝化作用运移氮。这些功能不会对生态系统的整体功能产生负面影响。2007 年，de Groot 等总结了湿地污水处理带来的年产值为 4197 美元 /hm^2（de Groot ct al.，2012）。目前由辽河三角洲芦苇湿地处理的唯一污水是纸浆厂废水。因为废水处理的成

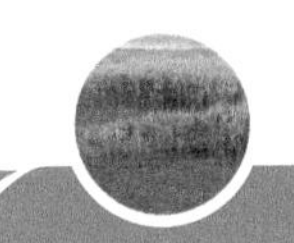

图 5.4　2012 年在辽河三角洲建设的从受潮汐作用位置（a）到扇顶芦苇湿地（b）的栈道

本是从芦苇生产纸浆的花费中带来的，因此，我们还没有包括芦苇湿地评估的产值。值得注意的是，由造纸所产生的废水是由芦苇湿地处理，因此不影响纸浆的边际价值。

6. 其他功能

由湿地提供的其他几个重要的价值是通过 BVT 方法评估的。这些功能包括以下几点：

（1）为稻田供应灌溉水。水稻是我国主要的农业作物，尤其是辽河三角洲。在 2007 年，我们估计了由 de Groot 等评估的这一功能的价值（de Groot et al.，2012）。对于沿海湿地来说，其价值约为 7134 美元 /（hm^2·a）。

（2）地下水补给。芦苇湿地位于三角洲扇顶的冲积平原上，因此其有很好的地下水补给。湿地有助于保持地下水位。我们估计了 2007 年由 de Groot 等评估的这一功能的价值（de Groot et al.，2012）。对于沿海湿地来说，其价值约为 296 美元 /（hm^2·a）。

（3）栖息地的避难所。辽河三角洲湿地为大量的物种提供了栖息地，其中包括一些珍稀濒危物种。常住人口生活和生育在这片湿地周围，候鸟把湿地作为休息和觅食的地方（Goverment Office of Panjin Chorography，1998）。我们估计了 2007 年由 de Groot 等评估的这一功能的价值（de Groot et al.，2012）。对于沿海湿地来说，其价值约为 1127 美元 /（hm^2·a）。

（4）基因资源。我们估计了 2007 年由 de Groot 等评估的这一功能的价值（de Groot et al.，2012）。对于沿海湿地来说，其价值约为 1815 美元 /（hm^2·a）。

如表 5.2 所示，基于 $800km^2$ 的芦苇湿地经济价值计算，2012 年，辽河三角洲湿地为当地人民提供的生态功能价值至少 26.8 亿美元（我们这里用“至少”二字，是因为在估算湿地价值时，由于缺少必要数据，有 7 项生态功能并未纳入计算）。值得注意的是，造纸和商业捕鱼的价值只占到生态功能总价值的 19%。从旅游方面获得的价值占到了生态功能总价值的 32%。该项研究揭示了旅游业创造的价值是显而易见的，是滨海湿地可持续发展的直接激励因素。上述生态系统这一价值评估结果揭示一个显而易见的道理：若当地政府想将湿地占地开发为其他的用途，那么新投资的项目创造的价值必须大于目前湿地的价值才有意义，然而，很难想象存在如此有价值的项目！让我们共同努力，从社会经济效益视角呼吁社会公众保护湿地的重要意义。

参考文献

顾晓涵, 2014. 水生植物香蒲的种质资源与园林应用 . 现代园艺, (12): 121-122.

国家林业局, 2014. 第二次全国湿地资源调查主要结果（2009—2013）.[2020-11-5]. http://www.forestry.gov.cn/main/65/20140128/758154.html.

国家林业局, 2017. 发展林业是应对气候变化的战略选择 . [2020-11-5]. http://www.forestry.gov.cn/main/326/20171226/1061125.html.

孙佳佳, 王瑞华, 戴华磊, 等, 2018. 盐地碱蓬现状研究进展 . 山东化工, 47(5): 71-72, 74.

朱毅, 2005. 杞柳品种特性与高产栽培技术 . 林业实用技术, (6): 16-17.

Diamond J, 2005. Collapse: How Societies Choose to Fail or Succeed. New York: Viking Penguin.

de Groot R, Brander L, van der Ploeg S, et al., 2012. Global estimates of the value of ecosystems and their services in monetary units. Ecosystem Services, 1: 50-61.

Goverment Office of Panjin Chorography, 1998. Panjin City Chorography (Agriculture Volume). Beijing: Chorography Press.

Huntley S K, Ellis D, Gilbert M, 2003. Significant increases in pulping efficiency in C4H-F5H-transformed poplars: Improved chemical savings and reduced environmental toxins. Journal of Agricultural and Food Chemistry, 51: 6178-6183.

Stavins R N, 1999. The costs of carbon sequestration: A revealed-preference approch. American Economic Review, 89: 994-1009.

第 6 章　我国湿地调查研究机构

目前湿地研究主要包括湿地的形成与演化、湿地的生态系统变化、湿地资源的开发利用、湿地保护与恢复及其可持续发展几大方向。主要内容包括：湿地的基本概念、分类及其分布特征，不同类型湿地的结构与功能；研究湿地的形成与演化、湿地的动态变化及其驱动因子，提出湿地生态系统的监测内容及评价指标体系；研究不同区域的湿地生态特征及资源利用状况与价值，提出湿地保护、修复和可持续利用与管理措施，包括湿地生态系统管理的理论基础和方法、湿地生态系统评价、湿地保护区建设与管理、退化湿地生态系统恢复及湿地资源的合理开发利用途径与模式等内容。

我国高校、中国科学院、自然资源部等拥有多个湿地研究机构，包括中国科学院湿地生态与环境重点实验室、河口海岸学国家重点实验室、滨海湿地生态系统教育部重点实验室、中国地质调查局滨海湿地生物地质重点实验室等。由于篇幅有限，下面将对一些主要的研究机构进行简单介绍。其他未在本书中介绍到的湿地研究机构或中心也在湿地领域做出了丰硕的研究成果，为生态文明建设做出了重要贡献。

6.1　中国科学院湿地生态与环境重点实验室

1. 实验室基本概况

中国科学院湿地生态与环境重点实验室成立于 1997 年，依托单位为中国科学院东北地理与农业生态研究所，2008 年进入中国科学院院级重点实验室序列。湿地科学是该研究所长期研究形成的优势领域和重点学科发展方向，围绕湿地生态学、湿地水文学、沼泽学、泥炭地学开展原始性科学创新，湿地关键物理、化学与生物过程，生态系统演变与环境效应、受损生态系统的恢复重建与生态保育、湿地水土优化调控与高效利用等关键科学问题开展深入研究，为我国生态保护、环境建设与农业发展提供重要的科学理论与相关的关键技术支撑。在湿地生态系统的理论、技术与方法研究等方面，均在国内外产生了重要影响。为我国湿地科学和环境科学领域培养了多名专门人才，为湿地科学理论体系的发展和国家生态安全保障、粮食安全与水安全保障做出了重要贡献。

该实验室负责组织重大科研课题的调研与申请，组织开展湿地基础理论研究，建立我国的湿地科学体系；掌握国内外湿地研究信息，开展国际交流与合作；建立我国湿地数据库；研究不同自然地区湿地资源开发、经济发展战略、生态环境及重大工程建设等方面的问题，提出对策，建立不同区域湿地合理开发、持续发展模式，为国家或地方政府决策提供科学依据。

《湿地科学》(*Wetland Science*)是由中国科学院东北地理与农业生态研究所主办，2003 年创刊的学术期刊（双月刊），主要刊登国内外有关研究湿地形成与演化规律，湿地发生发展规律，湿地演化过程，湿地环境、湿地生态、湿地保护与管理、湿地开发、湿地工程建设，湿地研究的理论与方法等创新性、前沿性和探索性的学术论文和研究成果。

2. 总体目标与学术方向

实验室面向湿地科学的国际前沿和国家需求，以流域为单元，以湿地系统形成、演化的关键物理、化学、生物过程研究为核心，开展湿地生态过程与功能、湿地修复与管理、湿地环境变化区域效应及资源可持续利用研究，揭示湿地复合生态系统中人与自然的相互作用关系，为发展湿地科学理论体系和保障国家生态安全、粮食安全与水安全做出重要贡献。

主要研究方向和研究内容如下。

研究方向 1：湿地系统关键物理、化学和生物过程。

以湿地水陆相互作用过程为主线，通过长期定位监测与实验研究，揭示湿地形成、发育和演化规律；明确湿地水循环规律及水文生态过程与作用机理；研究全球变化和人类活动扰动下湿地生物地球化学过程、生物多样性变化和生态适应性特征，揭示湿地生态系统主要生态过程对全球变化的影响与响应机理；研究湿地生态系统结构、过程与服务功能的关系。

研究方向 2：湿地修复与湿地管理。

研究多因子协同作用下湿地退化的过程与机制；研究食物网与功能群在湿地修复中的作用及湿地修复过程中的主要生态功能变化；提出退化湿地修复的理论及不同类型退化湿地修复的途径与关键技术，建立退化湿地修复过程监测与评价指标体系；研究湿地系统减缓和应对全球变化的对策及适应途径；进行流域湿地修复的多情景分析研究，提出以流域生态安全为目标的湿地优化管理模式。

研究方向 3：湿地环境变化区域效应与资源可持续利用。

通过野外定位观测、综合遥感 / 地理信息系统、模型模拟和同位素示踪等技术，高精度地研究湿地环境变化的区域环境效应及未来趋势，提出湿地生态服务功能和健康评价的指标体系；通过示范研究，探讨珍稀动植物资源及生物多样性保护途径，环境友好型湿地资源可持续利用的生态学原理及绿色产业模式，湿地开垦后农田的水土调控与增粮技术、盐碱化湿地综合治理技术；天然湿地保护与高效利用的农业生态工程模式。

6.2　河口海岸学国家重点实验室

河口海岸学国家重点实验室依托于华东师范大学，于 1989 年由国家计划委员会批准筹建，1995 年 12 月，通过国家验收并正式向国内外开放。著名的河口海岸学家、中国工程院院士陈吉余和中国科学院院士苏纪兰任实验室学术委员会顾问，中国科学院院士陈大可任实验室学术委员会主任，中国科学院院士吴立新、张经任学术委员会副主任，高抒为实验室主任。

实验室主要从事河口海岸的应用基础研究，研究方向为：河口演变规律与河口沉积动力学；海岸动力地貌与动力沉积过程；河口海岸生态与环境。实验室总体定位为：围绕我国沿海经济带，特别是三大河口三角洲地区发展对河口海岸研究的迫切需求，结合我国河口海岸的区域特色，瞄准河口海岸学科国际发展前沿，发挥实验室多学科交叉渗透和综合分析优势，利用高新技术手段，深入研究河口海岸地区的物理过程、化学过程、生物过程、地质过程以及这些过程间的相互作用和全球变化与人类活动对这些过程的影响，丰富和发展具有我国特色的河口海岸学科理论体系，同时为我国沿海地区资源开发、重大工程建设、环境保护及社会经济的可持续发展服务。

实验室主要从事河口海岸的应用基础研究，研究方向如下：

（1）河口演变规律与河口沉积动力学。着重于潮汐河口的水动力、泥沙动力、河槽演变、沉积过程、物质通量、界面过程及全球变化响应的研究，揭示自然和人类活动作用下各种河口过程的变化规律及其相互作用，为河口的综合开发和治理服务。

（2）海岸动力地貌与动力沉积过程。着重于淤泥质海岸在波、流作用下的泥沙运动特征、沉积过程及潮滩剖面塑造等研究，揭示细颗粒泥沙的运移规律、岸滩冲淤演变机制，为海岸工程和海岸资源的开发利用服务。

（3）河口海岸生态与环境。着重于河口海岸动力过程相应的生态学和生物地球化学研究，揭示在陆海交互作用下生态动力学特点及化学物质的迁移规律；阐明河口海岸湿地生态系统的结构、功能、演替与生物多样性，为河口海岸地区的生态环境保护和可持续发展服务。

实验室通过多学科交叉渗透和综合分析，深入研究各种时空尺度的河口海岸动力沉积和动力地貌过程及人类活动对自然环境与过程的影响，揭示河口海岸各地区自然要素和界面的相互作用与变化规律，发展河口海岸学科理论体系，同时为港口航道等工程建设、沿海资源开发、生态环境保护、规划管理等服务。

6.3　滨海湿地生态系统教育部重点实验室

滨海湿地生态系统教育部重点实验室（厦门大学）于 2007 年底获批建设、2008 年

7 月通过建设论证方案、2011 年 11 月通过教育部验收正式运行。实验室是建立在厦门大学著名生物学家金德祥、唐仲璋、林鹏等多位先驱几十年工作的基础上，以环境科学、海洋科学、水生生物学和动物学等国家重点学科和生态学国家“双一流”建设学科为依托的部级重点实验室。

实验室瞄准滨海湿地生态系统与全球变化的重大科学前沿，直面国家对沿海区域生态安全与环境保护的重大需求，立足基础研究和应用基础研究，以多学科交叉为基础、以技术创新为动力，主攻亚热带滨海湿地和海陆界面生态系统的结构、功能及环境修复。实验室借鉴国际化管理模式，科研和学术氛围浓厚。

实验室拥有一支以中国科学院院士、“长江学者奖励计划”特聘教授和国家杰出青年科学基金获得者等为学术带头人、以中青年科学家为中坚力量的科研队伍，固定人员 48 人。固定人员中，教授 28 人，副教授、助理教授 20 人。科研队伍中 95% 以上具有博士学位，其中中国科学院院士 1 人，“长江学者奖励计划”特聘教授 1 人，“闽江学者”特聘教授 1 人，厦门大学特聘教授 4 人，国家杰出青年科学基金获得者 3 人，国家“万人计划”科技创新领军人才 3 人，科技部中青年科技创新领军人才 2 人，国家级教学名师 1 人，国家优秀青年科学基金获得者 1 人，教育部新（跨）世纪优秀人才 7 人。

重点实验室主攻方向为亚热带滨海湿地生态系统的结构、功能及环境修复，具体为以下 3 个方向、6 个研究重点。

（1）红树林湿地生态系统结构与功能及其对全球变化的响应。

研究重点 1：红树林湿地生态系统重要物质循环过程及其驱动因子；

研究重点 2：滨海湿地生物多样性维持与生态适应。

（2）近岸生态系统过程、机理与效应。

研究重点 1：近岸生态系统结构、功能及其对全球变化的响应；

研究重点 2：生源要素的近岸生物地球化学过程与调控机制。

（3）滨海湿地典型污染物的生态毒理和修复。

研究重点 1：典型污染物的地球化学过程及生态毒理效应；

研究重点 2：海岸带污染治理与生态修复。

6.4 中国地质调查局滨海湿地生物地质重点实验室

中国地质调查局滨海湿地生物地质重点实验室（Key Laboratory of Coastal Wetland Biogeosciences，China Geologic Survey；KLCWB，CGS）于 2012 年由中国地质调查局批准建设，以青岛海洋地质研究所为依托单位，所属学科领域为矿产资源与环境。

实验室旨在围绕国际滨海湿地生物地质科学和技术发展前沿，特别是滨海湿地生物地质环境与生态资源研究的热点，突出国家中长期国民经济建设和中国地质调查局开发管理的需求，发展新的滨海湿地生物地质理论和技术方法，加强人才队伍和科技平台建设。以滨海湿地地质、环境、生态、资源为特色，重点开展我国滨海湿地地层层序、水动力

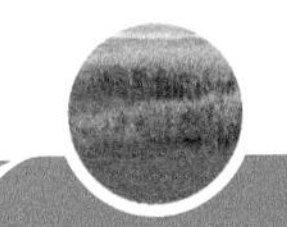

环境与沉积环境演化特征、生态地球化学过程、生态系统固碳功能评价、生态环境地质监测以及生态修复技术研究，加强人才队伍建设，整合资源，加快科技平台建设，使更多的科研骨干成为学术带头人。建立一支充满活力的滨海湿地生物地质与生态资源调查和研究的科技创新队伍，完善开放、流动、竞争、联合的运行机制。集中力量开展滨海湿地环境地质与生态资源调查和研究，引领中国地质调查局滨海湿地研究走向国际先进水平。为地质调查事业长远发展提供知识储备、技术储备和专业技术人才储备。

目前实验室的学科建设包括以下 4 个研究方向：

（1）滨海湿地地质环境演变。研究滨海湿地晚第四纪沉积环境演化历史与地层结构，探讨气候、海平面、沉积物供给与人类活动等因素对湿地沉积过程、地貌景观、生态环境的影响。

（2）滨海湿地生物地球化学与碳循环。研究以化学转化与传输为特征的滨海湿地系统生物地球化学过程，研究还原条件下含氢土壤或有机土壤和矿物土壤氧化还原物质的竞争过程与最终归宿。重点研究 N、S、Fe、Mg、C 和 P 等的循环及其对污染成分生物有效性的意义以及研究全球变化过程中滨海湿地对碳循环的响应与影响。

（3）滨海湿地生态水文地质。研究滨海湿地系统水体来源的组成与相互关系，研究滨海湿地水位与流速的时空变化过程，调查测试滨海湿地土壤各种水文地质参数以及植物生态水文参数等特征，构建滨海湿地系统生态水文模型并形成预测方案系统。

（4）滨海湿地生态环境地质监测与生态修复。该研究组将对滨海湿地系统泥沙（有机质）的加积与侵蚀进行监测，对滨海湿地系统地下水与地表水的水质与水量长期监测，对滨海湿地系统与碳有关的气体以及其他环境因子进行监测。利用水文工程手段对退化的湿地进行修复和保护，并研究其相应的生态水文修复技术方法。

2019 年，中国地质调查局滨海湿地生物地质重点实验室多年来在我国北方盐沼湿地建设的野外观测基地正式获批成为“自然资源部北方滨海盐沼湿地生态地质野外科学观测研究站”。

第 7 章　全球变化与湿地

全球变化是地球系统科学的核心问题，包括温室效应、海平面上升、海岸线变迁、气候干燥、降水量变化等自然环境变化，森林、草地、湿地、农田等生物量变化以及土地利用和覆盖变化、工业化、城市化等人类活动的生态效应。湿地作为一个动态系统而不断地发生着自然演变，除了自然因素造成变化外，人类的各种直接或间接的活动都在改变着湿地的生态环境过程。

7.1　湿地温室气体通量与全球变化

湿地生态系统对气候变化和人类活动较为敏感。气候变暖引起湿地水文和土壤温度升高，将影响湿地的能量平衡，进而导致湿地水位下降。湿地水位和积水面积的变化会影响湿地生态系统生物群落分布、温室气体排放通量变化，从而引起湿地生态退化现象（图 7.1）。湿地类型多样性决定了其排放的温室气体也出现多样性，其中对全球变化贡献较为突出的温室气体包括 CO_2、CH_4、CFC_S、N_2O。而滨海湿地温室气体主要是 CO_2 和 CH_4。天然湿地向大气排放的 CH_4 占总排放量的 15.30%，而其中高纬度地区泥炭沼泽占天然湿地排放量的 50% ～ 60%。

图 7.1　辽宁盘锦鸳鸯沟翅碱蓬湿地变化

a. 2013 年 6 月；b. 2016 年 7 月

滨海湿地作为陆地和海洋的过渡区域，严格的厌氧环境导致其在储存大量碳的同时

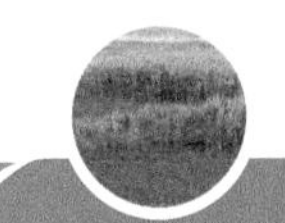

也排放 CO_2、CH_4 和 N_2O 等温室气体，而特殊的水文周期和植被状况使得滨海湿地的源汇功能与内陆湿地不同，在全球变化中发挥着重要的作用。然而，环境条件的恶劣、影响因素的复杂以及野外采样的困难，使得对滨海湿地温室气体排放通量的研究，相对于陆地生态系统比较缺乏。滨海湿地特殊的环境要素，如潮汐作用等自然因素，以互花米草为代表的外来物种和以土地利用变化为代表的人类活动等，都对滨海湿地温室气体通量产生影响。

我们根据 2012 年和 2013 年的植物生长季（4 月～ 11 月）利用静态箱法对辽河三角洲三种典型植被类型湿地（翅碱蓬湿地、芦苇湿地、稻田湿地）进行每月一次的系统呼吸通量和 CH_4 释放通量监测，同时测定了土壤含水量、土壤容重、土壤 5cm 处温度、箱内温度、土壤氧化还原电位、pH、地上部分生物量、气压、水样 HCO_3^- 浓度等环境影响因子，结合已有研究探讨影响辽河三角洲不同类型湿地系统呼吸 CO_2 通量的环境影响要素，通过估算辽河三角洲三种湿地的系统呼吸 CO_2 通量和 CH_4 释放量，评价各类型湿地的固碳能力和潜力。这项研究得出的主要结论是：①辽河三角洲翅碱蓬湿地系统呼吸 CO_2 通量与 CH_4 释放通量值域分别为 -3.921 ～ 934.831mg/(m^2·h)和 -0.105 ～ 0.775mg/（ m^2 · h ），各通量有明显的季节变化，呈现夏季高冬春低的特征，其通量值受各种环境因子制约，温度和水位的季节变化是决定翅碱蓬湿地呼吸通量的主要因素；②辽河三角洲芦苇湿地系统呼吸 CO_2 通量与 CH_4 释放通量值域分别为 37.229 ～ 3338.843mg/（ m^2 · h ）和 0.073 ～ 68.624mg/（ m^2 · h ），CH_4 释放通量表现出极大的空间异质性，在上三角洲平原区，不受潮汐影响的湿地区域，这两项温室气体通量高，而在受潮汐影响的区域，通常分布有翅碱蓬，其温室气体释放量显著降低，特别是 CH_4 的释放得到很好的抑制。若人为地营造潮汐水位可有效地抑制 CH_4 的产生；③辽河三角洲稻田湿地系统呼吸 CO_2 通量与 CH_4 释放通量的值域分别为 -1.674 ～ 1831.801mg/（ m^2 · h ）和 0.009 ～ 19.080mg/（ m^2 · h ），稻田灌水后相比于灌水前系统呼吸通量明显降低，水稻插秧后随着水稻植株的生长，系统呼吸通量和 CH_4 释放通量不断升高，至水稻成熟后各通量有降低的趋势，其主要环境控制因子为温度的季节变化和水稻的生长过程；④辽河三角洲翅碱蓬湿地的系统的 CO_2 呼吸通量主要来源于芦苇湿地、稻田湿地，CH_4 的释放也主要来源于芦苇湿地和稻田湿地，翅碱蓬湿地以较小的系统呼吸量和极小的 CH_4 释放通量（有时呈现出 CH_4 的吸收趋势）表现出良好的固碳能力，芦苇湿地和水稻田为明显的 CH_4 释放源。

我们在辽河三角洲的研究表明，中国沿海地区日益严重的湿地流失会引起生态系统大量的碳重新排放到大气中。基于 Landsat TM 数字图像将辽河三角洲湿地划分为 9 个景观类型，结合地面调查研究区，各地貌类型的土壤碳库分布在 0.58 ～ 9.75kg/m^2 之间，土壤上部 20cm 的碳库在 1991 年为 1935.92×10^4t，在 2011 年减少到 1863.87×10^4t。这些碳大量流失的主要原因是人类活动，如沿海筑坝和湿地的开发利用等。

这些研究成果不仅为滨海湿地全球变暖潜能的评估提供规范、连续、系统的监测数据，还为进一步评估中国滨海湿地源汇功能提供数据支撑，为减缓滨海湿地温室气体排放量提供重要的科学依据以及管理措施。

7.2　海岸带地面沉降

1. 地面沉降案例

2019 年 4 月 17 日，当选印度尼西亚总统的佐科宣布将要迁都，8 月 26 日，印度尼西亚政府正式宣布了迁都计划，决定把首都从爪哇岛的雅加达（面积 740km^2，人口 1200 万，加上周边卫星城市，居住人口超过 3000 万，这使得雅加达成为全球仅次于日本东京的第二大都会区）迁移至东加里曼丹省的北佩纳扬巴塞尔和库台卡塔内加拉县交界处，整个计划预计在 2024 年完成，耗资约 2340 亿元人民币。举世震惊之余，迁都背后的原因和动机值得深思。除了亚洲超大城市共有的“城市病”（巨量人口、交通拥堵和水质污染）外，迁都还有一个关键的原因：城市地面沉降和海水 / 河水泛滥。由于多年的地下水非法过度开采，雅加达城市地面平均沉降速率达到 5 ～ 10cm/a，累计最大年沉降量已达 4m。对于这座坐落在河口海岸带的都市圈来说，如今已有 40% 的区块高程处于海平面以下。无论是河水上涨还是海平面上升，整座城市都随时处于海水 / 河水泛滥甚至淹没威胁之下。有学者估算，如果不采取有效措施，按照目前全球海平面上升速率（平均为 3.2 ± 0.4mm/a），雅加达绝大部分地区可能在 2050 年之后被海水淹没。

2019 年 8 月，英国媒体曾报道雅加达是全世界地表下沉最快的城市，地质学家发现雅加达北部在过去 10 年已经沉降了 2.5m。其部分原因是人为开采地下水，但与海平面上升也有关。有专家分析，到 2025 年，雅加达甚至将有 27% 的地区会被倒灌的海水淹没；2050 年会增加到一半左右。有人甚至预测几十年后，海平面将到达雅加达总统府门前。

事实上，严峻的形势并不仅仅限于雅加达一地，在世界范围内地面沉降成了目前处于河口三角洲地区各大城市的一个共同隐患。美国气候中心发布科学报告指出，预计在 2050 年前，全球沿海各大城市都面临海平面上升带来的威胁。其中泰国、孟加拉、印度、越南、印度尼西亚等一些亚洲国家将有超过 1/10 的民众受到影响。据估计，1920 ～ 2000 年上海市由于地面沉降造成的直接和间接经济损失高达 2943.07 亿元（张维然等，2003）。虽然上海市采取了有效措施并在一定程度上控制了地面沉降，但地面沉降趋势仍在继续，计算模型估计 2001 ～ 2020 年上海市地面沉降灾害风险经济损失将达到 245.7 亿元（张维然和王仁涛，2005）。

2. 造成地面沉降的因素

从地质的角度解释，地面沉降又称为地面下沉或地陷，是指地下松散地层固结压缩，导致地壳表面标高降低的一种局部下降运动，通常表现为各种因素综合作用下形成的地面标高逐年下降。地面沉降通常被认为是一种缓慢但不可逆的地质灾害，分为区域性下沉和局部性下沉两种，沉降量级从每年毫米到每年厘米，甚至每年可达米。通常地面沉降一旦形成，便很难恢复。它不仅给沉降区带来众多直接性的危害，包括建筑物倾斜、地下管网损坏、堤坝或路面破裂等，而且间接的危害也不容忽视，比如水位的变化和地

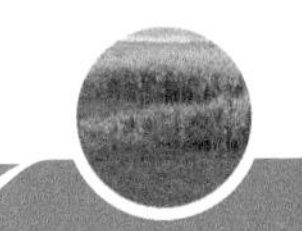

面标高的缺失，会诱发一系列其他环境地质灾害，包括风暴潮灾、湿地淹没、海岸侵蚀、海水入侵、洪涝与污染加剧等。

自然因素和人为因素造成了全球三角洲地区的地面沉降。由于三角洲为河流入海沉积物的快速堆积体，自然沉降和沉积物压实造成地面沉降较为明显；另外随着城市的扩张，人类活动的加剧，各种因素导致的地面沉降问题近些年来逐渐引起人们的重视。

自然因素包括地质构造下沉、冰川融化后的板块均衡运动、地震或火山活动、松散沉积物自然固结以及滨海湿地区有机碳的分解等。滨海湿地是伴随着河口三角洲进积而形成，通常位于构造沉降盆地内，基底通常表现为继承性的缓慢下沉。如现代黄河三角洲位于济阳凹陷区，第四纪以来地质构造沉降速率约为 2mm/a。在构造断层处沉降速率通常更快，如美国密西西比河三角洲沿米丘德断层地区，1969 ～ 1971 年构造下沉平均速率达 16.9mm/a。地震或火山活动则通常会造成突然性的地面下沉，如 1969 年渤海中部里氏 7.4 级的地震，造成黄河三角洲局部地区平均约 15cm 的下沉，而黄河大堤约有 256m 长的堤坝出现 20 ～ 30cm 的下陷。

此外，三角洲沉积物载荷的自然压实作用也可引起显著的地面沉降。压实作用分为深层地层压实和浅层地层压实。深层沉积物压实量通常很低，如密西西比河三角洲地区中更新世地层（埋深约 100m）沉积物压实造成地层下降平均速率仅 0.16 ～ 0.22mm/a。虽然如此，深层沉积物的压实作用也可能会造成意想不到的结果。湄公河三角洲中部地区由于深部地下水超采，造成了埋深 200 ～ 500m 上新统—中新统黏土层被严重压实，导致砷（As）元素进入深层地下水中，结果该地区约有 900 口井中砷离子含量超出安全可饮用范围。浅层沉积物的压实作用，特别是全新世地层中泥炭层以及软土层（粉砂质黏土、黏土质粉砂等）成为自然压实最活跃的因素。

工程地质实验显示：黄河三角洲中全新世软土沉积物是自重压实沉降的主要贡献层，其占到沉积物压实沉降总量的 65%（谭晋钰等，2014）。意大利波河三角洲地区自然压实造成的地面沉降平均速率为 1 ～ 15mm/a，且越新沉积的区域软土层越厚，平均沉降速率通常也越快。密西西比河三角洲泥炭压实量平均速率为 5 ～ 10mm/a，是该地区地面沉降的主导因素。湿地中的泥炭不仅容易被压实，其（生物）氧化作用也能发挥“压实”的作用。莱茵河－马斯河三角洲地区全新世浅表泥炭层非常发育，平均有 2 ～ 4.5m 厚，泥炭开采导致暴露空气中，造成氧化分解作用，近 1000 年来局部地区下沉深度累计达到 4m，近 10 多年来的沉降速率可达到 140mm/a。在美国西海岸就出现很多类似的案例，有很多湿地由于氧化分解，丧失高程后，被开敞水面所取代，导致湿地的消亡。特别重要的是分布于冰盖外围远端地区，还存在由于冰川融化后，通过跷跷板效应引起的下沉。

人为因素造成海岸带地区地面沉降主要包括城市工程建设与开发利用地下流体资源（地下水、石油、天然气等）有关的固结沉降等。海岸带三角洲地区土地肥沃，水资源丰富，因此城市群和经济圈大多分布于此。位于长江三角洲地区的重要城市上海市区沉降速率约为 10mm/a，而由于工程建设（高层建筑）导致的沉降约占 40%；1976 ～ 2006 年黄河三角洲东营市区由于城市的扩张，地面沉降平均速率约为 2.42mm/a，而 2007 ～ 2010 年东城区的工程建设导致地面沉降平均速率最高可达 19mm/a 左右。加拿大弗雷泽河三角

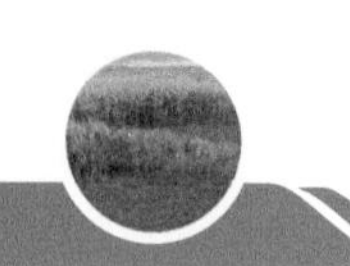

洲地区温哥华市区由于人工建筑的增加，2002 ～ 2006 年地面沉降速率从 1 ～ 2mm/a 上升到了 3 ～ 8mm/a。

当然，人类活动中地下流体资源的开发利用通常被认为是城市或区域地面沉降的罪魁祸首。除了书中提到的印度尼西亚首都雅加达外，上海市，江苏省的苏州、无锡、常州地区，浙江省的杭州、嘉兴、湖州等地已经形成了三个区域性沉降中心，最大累计沉降量分别达到 2.63m、1.08m、0.82m（截至 2001 年），沉降区域面积合计达到 26830km^2；黄河三角洲南侧的广饶地区，地下水开采导致沉降漏斗中心区平均沉降速率为 10 ～ 25mm/a，最大值达到 70mm/a；湄公河三角洲地区由于地下水的超采，区域平均下沉速率约 1.6cm/a，而严重的区域，如越南胡志明市下沉速率高达 4cm/a；希腊北部的加利科斯河三角洲地区由于经济发展，地下水使用的急剧增加，1995 ～ 2001 年最高的沉降速率达到了 4.5cm/a。除了地下水之外，地下油气资源的开发对地面沉降也有很重要的影响。现代黄河三角洲地区胜利油田开采区在 2000 年之前最高的沉降速率达到 33.2mm/a；意大利波河三角洲天然气开采区 1950 ～ 1957 年累计沉降量达到 3m 左右，最大沉降速率约 300mm/a。

3. 地面沉降的监测方法与应对措施

很明显，不同的海岸带三角洲地面沉降的原因不尽相同，因此在应对地面沉降这一世界性问题时，首先需要弄清楚研究区域的地面沉降情况。监测地面沉降的方法，通常采用三种方法，即传统的监测、全球定位系统（global positioning system，GPS）监测、合成孔径雷达干涉测量（interferometric synthetic aperture radar，InSAR）监测（图 7.2）。传统的应用小规模的地面沉降测量方法包括水准测量、基岩标和分层标测量。对于大规模的区域地面沉降监测采用先进的 GPS 进行全方位测量，其主要借助于人造地球卫星进行三边测量定位。1996 年美国地质调查局在圣克拉山谷河谷建起了地面沉降监测网，确定地面高程的变化情况，而且为与将来的监测结果进行比较建立了基准值。2000 年以来中国地质调查局结合长江三角洲地区经济社会发展的需要，建立了长江三角洲地区地面沉降监测网络，由 20 座分层标、5 座基岩标和 102 个一级 GPS 监测点、740 个二级 GPS 监测点构成的监测系统，结合 1 等、2 等水准测量可以实现对长江三角洲江南地区 3 万 km^2 的地面沉降等地质灾害进行有效的时空监测。

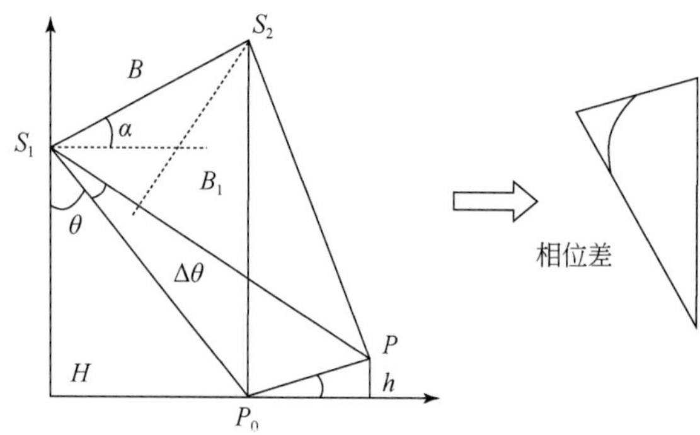

图 7.2　InSAR 的成像几何关系（修改自陈基炜，2001）

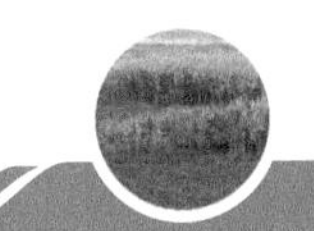

虽然传统的大地测量技术和 GPS 技术都可以较高精度地监测地表形变，但只能在相对较小的范围内开展工作。以上方法在大面积地表形变监测中都存在劳动强度大、监测费用高、布点离散且难以进行全面的地表形变监测等不足。合成孔径雷达（synthetic aperture radar，SAR）是一种高分辨率的二维成像雷达，但缺乏获取地面目标三维信息和监测目标微小形变的能力。InSAR 技术是将两个不同轨道位置或不同时间获得的地面同一景观的复图像对，根据地面各点在两幅复图像中的相位差，得出各点在两次成像中微波的路程差，从而获得地面目标的三维信息（毛建旭等，2003）。InSAR 技术以其全天时、全天候、大覆盖、高分辨率和高精度以及周期观测等特点成为空间对地观测的有效手段，监测精度高达毫米级（陈基炜，2001；张拴宏和纪占胜，2004）。InSAR 技术已在全球诸多三角洲地区地面沉降监测中取得了较好的结果，是目前大范围区域地面沉降或位移变形调查的主流方法，尤其与传统的大地测量和 GPS 监测点进行配合校准后所得数据（Massonnet et al.，1997；侯建国和初禹，2014）。

利用湄公河三角洲 18 个地区 79 个水文井相关资料计算出的该区域平均沉降速率为 1.6cm/a，与同时利用 InSAR 技术分析的 2006 ～ 2010 年的数据资料分析的结果（平均沉降速率为 1 ～ 4cm/a）基本吻合（Erban et al., 2014）。针对复杂地貌气候条件下（气候潮湿及植被茂盛等），传统的 InSAR 技术分析中存在时空去相干严重且大气与轨道误差严重影响监测精度的问题，目前提出了差分合成孔径雷达干涉测量（differential interferometric synthetic aperture radar，D-InSAR）、多时相合成孔径雷达干涉测量（multi-temporal interferometric synthetic aperture radar，MT-InSAR）、永久散射体技术（permanent scatters interferometric synthetic aperture radar, PS InSAR）、短基线集技术（small baseline subset，SBAS）等，以上在监测复杂地貌地区地面沉降方面具有很好的优势，也在黄河三角洲、珠江三角洲及尼罗河三角洲等地区得到相应有效的应用。

弄清楚研究区域的地面沉降情况以及分析造成该区域地面沉降的原因后，我们便可以对症下药：如果是自然因素占主导，则尽量想办法减缓或避开沉降区；如果是人工因素占主导，则需要政府和社会进行有效控制。日本东京局部地区在 1900 ～ 1970 年累计地面沉降达到 4m，其中，1968 年下沉速率达到了 24cm/a，鉴于此，当地政府严格控制地下水开采，规定饮用水均从河流汲取，至 2006 年下沉速率下降到 1cm/a，近些年来沉降幅度几乎为 0。湄南河三角洲的曼谷，每天地下水消耗量 $1.2\times10^6\text{m}^3$，1980 年地面最大沉降速率为 12cm/a（Phien-wej et al., 2006），之后政府通过增加开采地下水税，取缔非法偷采，使得地下水消耗量降低到每天 $0.8\times10^6\text{m}^3$，曼谷地面沉降速率减小到 2 ～ 3cm/a。我国的长江三角洲核心区上海市通过控制市区地下水开采，进行部分人工回填以及迁移开采点等措施，20 世纪 90 年代便将地面沉降速率控制在 10mm/a 以内。

海岸带是我国重要经济发展和人口聚居地区，分布有 70% 的大中城市，拥有约 38% 的人口以及 60% 以上的 GDP。海岸带地区同时是我国江河入海处，三角洲发育，湿地广泛分布。由于三角洲地区土地肥沃，自然资源与水资源丰富，因此城市群和经济圈大多分布于此。在如今全球变暖的趋势下，有学者估计 21 世纪末全球海平面平均上升速率为 3 ～ 10mm/a，到 2100 年海平面上升可能达到 24 ～ 80cm。如果相对我国主要海岸带三

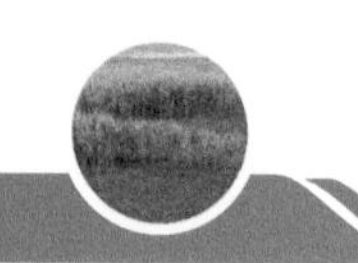

角洲地区的沉积速率，那么海平面在 21 世纪末可能超过 1m。海岸带这 1m 的高程缺失意味着大量的海岸带土地被淹没、海水入侵、风暴潮灾、海岸侵蚀以及洪涝与污染加剧，造成损失将难以估量。因此，在加强海岸带地区地面沉降监测的同时，进行不同时段各种地质灾害的模拟，对政府部门决策和社会整体防控有非常迫切且重要的现实意义。

7.3　滨海湿地碳汇功能与海平面上升

据《中国科学报》2019 年 12 月 6 日报道，华东师范大学唐剑武团队与中外机构合作，利用滨海湿地碳沉积数据和美国湿地调查数据，系统估算了当前美国国家尺度上的滨海湿地固碳能力（Wang et al.，2019）。同时，利用气候模型预测数据以及全球未来滨海湿地面积的模拟数据，建立了固碳速率与气候因子的经验模型，并对未来 80 年的滨海湿地碳汇功能做了模拟预测。

研究结果发现，不同滨海湿地类型，如盐沼湿地、红树林等的碳埋藏速率变化不显著，然而滨海湿地的地域分布对湿地碳埋藏速率有显著影响（Wang et al.，2019）。总体上，这些滨海湿地的沉积速率随海平面上升而上升。滨海湿地的平均固碳速率为 162g/(a·m^2)，相当于 1hm^2 湿地可以吸收 1 辆普通汽车 1 年的碳排放量，从而使湿地在垂直方向上逐年上升，能够大体抵消海平面上升（每年 2mm 左右）的影响。

Wang 等（2019）同时利用气候模型进行模拟，结果表明，不同气候变化情景下这些滨海湿地的总固碳速率均呈现增加的趋势。在未来低、中和高碳排放模型情景下，滨海湿地整体的碳累计速率都呈上升趋势，最低上升比例为 30%，在高碳排放模式下其固碳能力甚至会翻倍。他们认为滨海湿地固碳能力对气候变化呈显著的负反馈作用，即随着未来气候变化及海平面上升速率的加剧，滨海湿地的固碳及地表加积速率也会加大。保护和修复滨海湿地，增加其强大的固碳功能，既能够保护海岸生态环境，又能固碳排放，抵御气候变化，是减缓全球变暖的途径之一。

7.4　滨海湿地应对气候变暖发挥大作用

“这个冬天不太冷啊”是人们在这几年冬天的切身感受。“暖冬”已成为我们这个时代的流行语，全球气候变暖这一现象也逐渐走进普通大众的视野。人们发现全球变暖导致了冰川消融、海平面上升、全球降水量重新分配等，而这些正直接或间接地影响着我们的生活。

人类活动其实是全球气候变暖的“罪魁祸首”。从 18 世纪 60 年代欧洲工业革命以来，我们人类开始大量使用化石燃料，如石油、煤炭等。化石燃料的燃烧会把大量的二氧化碳等温室气体排放到大气中，大气的“温室效应”逐渐加大，气候就变得越来越温暖。想象一下，如果我们在炎炎夏日里把车停在太阳底下，会明显感觉到车里的温度比

外面高出很多，这是因为汽车玻璃让太阳光进入车内，同时又阻挡车内的热量向外散发。包围地球的大气层就好像汽车玻璃，使地球表面始终维持着一定的温度，但二氧化碳这样的温室气体多了也不行，地球就要“发烧了”。

二氧化碳增多引起的气候变暖到底有多严重呢？ 1901 ～ 2016 年，我们赖以生存的地球平均表面气温升高了大约 1.0℃。科学家预计，到 21 世纪末，全球地表温度可能再上升 0.3 ～ 4.8℃。这将引发的可不仅仅是天气变热了这一个后果。政府间气候变化专门委员会（Intergovernmental Panel on Climate Change，IPCC）在 2013 年发布的“第五次气候变化评估报告”指出，如果未来气温与工业化前相比升高 2℃，由此产生的海平面抬升、旱涝灾害、生态功能退化、食品（饮水）安全、疾病流行等问题，将造成全球经济年均损失 0.2% ～ 2.0%，还有可能导致族群矛盾、社会动荡，甚至威胁到人类自身生存。

1993 年以来全球海平面显著上升，每年平均升高 3.1mm。1980 ～ 2018 年，我国沿海海平面波动上升，每年平均上升 3.3mm，高于同期全球平均水平。假如全球平均气温升高 1.5℃，到 2100 年全球平均海平面将升高 26 ～ 77cm。如果发生百年一遇的风暴潮，我国沿海淹没影响面积可能达 10 万 km^2，淹没的区域主要位于长江三角洲、环渤海和珠江三角洲等我国的主要经济区，将对我国的经济产生极其严重的影响。如果全球温度升高 2℃，那么预计 21 世纪末海平面还要多升高 10cm，那时将多淹没约 500 万人居住的土地。

正当人类为如何减少二氧化碳排放忙得焦头烂额的时候，自然界中有一个生态系统正在极为高效地帮助我们抵御全球气候变暖，它就是滨海湿地。

滨海湿地是指陆地生态系统和海洋生态系统的交错过渡地带（图 7.3）。按国际《湿地公约》的定义，滨海湿地的下限为海平面以下 6m 处，科学家常常把滨海湿地的下限定在大型海藻的生长区外缘，上限为大潮线之上与内河流域相连的淡水或半咸水湖沼以及海水上溯未能抵达的入海河的地方。

图 7.3　滨海湿地

据中国地质调查局湿地研究团队统计，2017 年中国滨海湿地总面积约为 8.2 万 km^2，占全国湿地面积的 15% 左右，分布于东部沿海 11 个省（区、市）和港澳台地区。滨海湿地主要分为盐沼湿地、红树林湿地、海草床湿地以及珊瑚礁湿地四种类型。滨海湿地以杭州湾为界，杭州湾以北除山东半岛、辽东半岛的部分地区为岩石性海滩外，多为砂质和淤泥质海滩，由黄渤海滨海湿地、江苏滨海湿地和长江口湿地等组成，主要发育的是盐沼湿地类型，部分地区分布有海草床湿地；杭州湾以南则红树林湿地、珊瑚礁湿地、海草床湿地分布较为广泛。

滨海湿地的盐沼、红树林、海草等高等植物通过光合作用吸收大气中的二氧化碳和光能，生成碳水化合物。同时，植物的呼吸作用分解碳水化合物，提供能量供植物生长和繁衍需求。死亡的植物由微生物分解为二氧化碳和其他有机物和无机物，其剩余部分形成有机碳固定在土壤中，形成惰性碳而长期封存于土壤中。虽然滨海湿地像森林等其他系统一样也存在呼吸作用和分解作用，但是由于其被海水周期性覆盖，长时间处于厌氧环境，抑制了有机质的分解过程，从而使得大量植物残体能够较长期的保存，总光合作用远远大于总分解作用，因此滨海湿地的净吸收碳的能力明显强于我们熟知的陆地森林系统。有科学家研究发现，盐沼湿地和红树林湿地固定碳的能力是森林的 40 多倍，海草能达到 25 倍以上。随着海平面上升，珊瑚虫死亡后其礁体被埋藏后可直接转换成石灰岩永久固定下来，珊瑚礁的固碳作用也是非常巨大的。

一块面积 0.25km^2 的盐沼湿地每年可吸收大约 2.8 万 L 汽油燃烧排放的二氧化碳。全球滨海湿地分布面积大约 20.3 万 km^2，每年碳的固定量大约是 45000 万 t。

另外，我们在辽河三角洲滨海湿地野外监测发现，有盐沼湿地典型植被芦苇和翅碱蓬覆盖的区域，地表不断上升，上升的幅度与海平面变化基本持平，也就是说虽然气候变暖引起冰川消融导致海平面上升，但滨海湿地通过自身凋落物的积累和捕获周围泥沙等方式有效阻碍了由于海平面上升出现的海水入侵陆地的过程。

此外，滨海湿地的植被也为我国沿海抵御风暴潮、海水入侵、台风等这些由于全球气候变化在不断加剧的海洋灾害。湿地中生长着多种多样的植物，这些湿地植被可以抵御海浪、台风和风暴的冲击力，防止对海岸的侵蚀，同时它们的根系可以固定、稳定堤岸和海岸，保护沿海工农业生产。如果没有湿地，海岸和河流堤岸就会遭到海浪的破坏。有科学家做过实验，50m 宽的红树林带，可使 1m 高的波浪减至 0.3m 以下，其对潮水流动的阻碍，使红树林内水流速度仅为附近潮沟的 1/10。我国夏季东南沿海台风盛行，红树林对防风护堤作用明显，可使建筑物、农作物等免受强风的破坏。

由此可见，滨海湿地俨如一名海岸战士，时刻战斗在抵御气候变暖的第一线，为维护沿海居民生命财产安全提供了一道天然生态屏障。

改革开放以来，我国沿海地区经济发展迅速，人地矛盾日益紧张，滨海湿地保护通常让位于经济开发。交通建港要围填海、渔民养殖要用海、企业生产要排污……滨海湿地成为首当其冲的牺牲对象。沿海地区的过度开发导致我国滨海湿地面积锐减、水质明显下降、生态功能退化、污染加剧、生物多样性遭到破坏。在过去 50 年中，我国已损失了 53% 的温带滨海湿地、73% 的红树林和 80% 的珊瑚礁，人类活动正在严重伤害着保护我们家园的海岸战士。

国家已经意识到这个问题的严重性，2018 年 7 月 25 日，《国务院关于加强滨海湿地保护严格管控围填海的通知》（国发〔2018〕24 号），紧急叫停对滨海湿地破坏力最大的围填海活动。但滨海湿地保护之路依然还很遥远，不仅需要国家和政府的努力，更需要我们普通公众的积极参与。让我们携手并进，共同保护好我们的海岸防卫墙。

7.5 海水酸化的影响

自工业革命开始至今，化石燃料燃烧和森林砍伐已产生超过 5000 亿 t CO_2 排放量。现今大气中的 CO_2 含量是 80 万年前甚至更长时间以来的最高水平。而不为众人所知的是，CO_2 排放也在对海洋造成改变。过去 200 年里，人类排放的 CO_2 中有 30% 被海洋吸收。如今，海水仍在以每小时百万吨左右的速度吸收 CO_2。

虽然海洋从大气中吸走 1t CO_2，造成全球气候变化的 CO_2 就少了 1t，但对海底生灵来说就是威胁或灾难。有科学家把海洋酸化称作与气候变暖破坏力相当的“同级别杀手”。正常海水呈弱碱性，海面表层 pH 为 8.2 左右。目前，CO_2 排放导致这一水域的 pH 降低了 0.1，由于 pH 与里氏震级一样按对数计算，所以即便是数值上的细微改变，也会引起巨大变化。pH 下降 0.1，意味着酸度提高了 30%。如果保持现在的势头，到 2100 年海洋表层 pH 将下降至 7.8 左右，到那时海水的酸度将比 1800 年高出 150%。

海水的酸化可导致无数的后果，如改变海水中 Fe 和 N 等关键营养元素的含量；造成水体吸收和消灭低频声波的功能降低 40%，导致海洋某些区域噪声变大。此外，海水酸化还会干扰某些物种的繁殖，阻碍另一些物种利用碳酸钙形成外壳和坚硬骨骼的发育过程。美国国家海洋与大气管理局（National Oceanic and Atmospheric Administration，NOAA）海洋生物学家 Nina Bednarsek 和同事于 2011 年采集了美国西海岸的翼足类动物，并利用扫描电子显微镜检查了这些动物的外壳，发现超过一半的壳都有溶解的迹象。

珊瑚礁是由珊瑚聚集生长而形成的湿地，包括珊瑚岛及其有珊瑚生长的海域，属于滨海湿地的一个重要类型。2008 年，150 多名顶尖研究员联合发表一份报告称：海水酸化可能在几十年内对海洋生物群落、食物链、生物多样性及渔业造成严重影响，特别是海洋暖水区的珊瑚处境最危险。海洋酸化问题专家肯·卡尔代拉说：“大约有 25% 的海洋生物物种，其一生中起码有部分时间是在珊瑚礁群中度过的。”他认为，“珊瑚搭建起生态系统的架构，如果珊瑚没了，那么海洋整个生态系统也就没了。”

参考文献

陈基炜, 2001. 应用遥感卫星雷达干涉测量进行城市地面沉降研究. 测绘通报, 8: 13-15.

侯建国, 初禹, 2014. 合成孔径雷达差分干涉测量技术在城市地面沉降监测中的应用. 测绘工程, 23(8): 40-44.

毛建旭, 王耀南, 夏耶, 2003. 合成孔径雷达干涉成像技术及其应用. 系统工程与电子技术, 25(1): 7-10.

谭晋钰, 黄海军, 刘艳霞, 2014. 黄河三角洲沉积物压实固结及其对地面沉降贡献估算. 海洋地质与第四纪地质, 34(5): 33-38.

张拴宏, 纪占胜, 2004. 合成孔径雷达干涉测量 (InSAR) 在地面形变监测中的应用. 中国地质灾害与防治学报, 15(1): 112-117.

张维然，王仁涛，2005. 2001～2020年上海市地面沉降灾害经济损失评估．水科学进展，16(6): 870-874.

张维然，段正梁，曾正强，等，2003. 1921～2000年上海市地面沉降灾害经济损失评估．同济大学学报(自然科学版), 31(6): 743-748.

Erban L E, Gorelick S M, Zebker H A, 2014. Groundwater extraction, land subsidence, and sea-level rise in the Mekong Delta. Vietnam. Environmental Research Letters, 9: 084010.

Massonnet D, Holzer T, Vadon H, et al., 1997. Land subsidence caused by the East Mesa Geothermal Field, California, observed using SAR interferometry. Geophysical Research Letters, 24(8): 901-904.

Phien-wej N, Giao P H, Nutalaya P, 2006. Land subsidence in Bangkok, Thailand. Engineering Geology, 82: 187-201.

Wang F, Lu X, Sanders C J, et al., 2019. Author Correction: Tidal wetland resilience to sea level rise increases their carbon sequestration capacity in United States. Nature Communications, 10(1): 5733.

第 8 章　湿地修复体系

在人类活动和全球变化的双重影响下，滨海盐沼湿地生态系统屡遭破坏，退化面积不断扩大，生态服务功能下降，面临的形势相当严峻。开展盐沼湿地系统碳在生态系统各层圈间的循环及其控制因素研究，实施退化盐沼湿地生态修复工程建设，依据科学方法探索以增汇固碳为目的的生态修复技术，将为“大力推进生态文明建设”、扩大盐沼湿地面积、提高生态服务功能价值等国家重要战略指标提供科技支撑，具有重要的现实意义。

8.1　湿地修复现状

湿地生态修复，是指利用大自然的自我修复能力，通过生态技术或生态工程对退化或消失的湿地进行修复或重建，再现干扰前的结构和功能，以及相关的物理、化学和生物学特性，使其发挥应有的作用（崔保山和刘兴土，1999；李丽和石月珍，2004；任宪友，2004；刘强和叶思源，2009）。针对滨海湿地生态系统面临的严峻问题，国内外学者开展了大量湿地生态修复方面的研究与实践工作。

一些欧美国家早在 20 世纪六七十年代就开始了滨海湿地退化与保护、湿地生态系统的恢复与重建研究工作。尤其美国，该项工作开展得较早。1977 年美国政府颁布了第一部专门的湿地保护法规，该法规规定联邦政府的首要目的是保护湿地，而且应为实现该目的提供基金。在随后十几年，美国国家环境保护局（Environmental Protection Agency，EPA）开展清洁湖泊项目（CLP），有 313 个湿地修复研究项目得到政府资助，包括控制污水的排放、恢复计划实施的可行性研究、恢复项目实施的反应评价、湖泊分类和湖泊营养状况分类等。在 1990 年左右，美国国家研究委员会（NRC）、美国国家环境保护局（EPA）、美国水科学技术部的水域生态系统恢复委员会（CRAM）和农业部等多个部门联合提出了庞大的湿地修复计划，旨在 2010 年前恢复受损河流流域 64 万 km^2、湖泊 67 万 hm^2、其他湿地 400 万 hm^2（崔保山和刘兴土，1999）。1995 年，美国政府投资了 6.85 亿美元的湿地项目，其目的是重建佛罗里达州大沼泽地的湿地生态环境（Toth et al.，1995）。

其他国家，如英国（Pethick，2002）、丹麦、澳大利亚、荷兰、瑞典和瑞士等，都纷纷采取了相应的计划或措施进行退化湿地的修复工程，如丹麦政府在 20 世纪 90 年代对日德兰半岛的斯凯恩河（Skjern）进行修复，修复计划包括恢复历史水文条件、恢复河

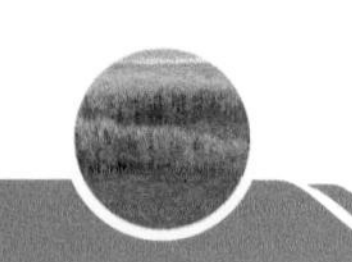

道自然走势和原有形状、修复河滨湿地、移除河流上的堤坝、恢复洪泛平原、重新挖掘河道、恢复生物栖息地等。欧洲共同体国家、英国、北欧等国家和地区分别对工业革命以来大气污染（酸雨等）胁迫下的生态系统退化、大面积采矿地以及欧石楠灌丛地、寒温带针叶林采伐迹地的生态恢复进行了研究，并开展了大量的恢复实验研究。1993 年，200 多位学者聚集在英国谢菲尔德大学讨论了湿地恢复问题。为更好地进行湿地的开发、保护以及科研，科学家就如何恢复和评价已退化和正在退化的湿地进行了广泛交流，特别在沼泽湿地的恢复研究上发表了许多新的见解。纵观现有的文献，目前有关滨海盐沼湿地修复研究可概括为：在分析滨海盐沼湿地的退化原因、探索湿地演化的影响因素的基础上选择相应的修复（创建）技术（图 8.1）。

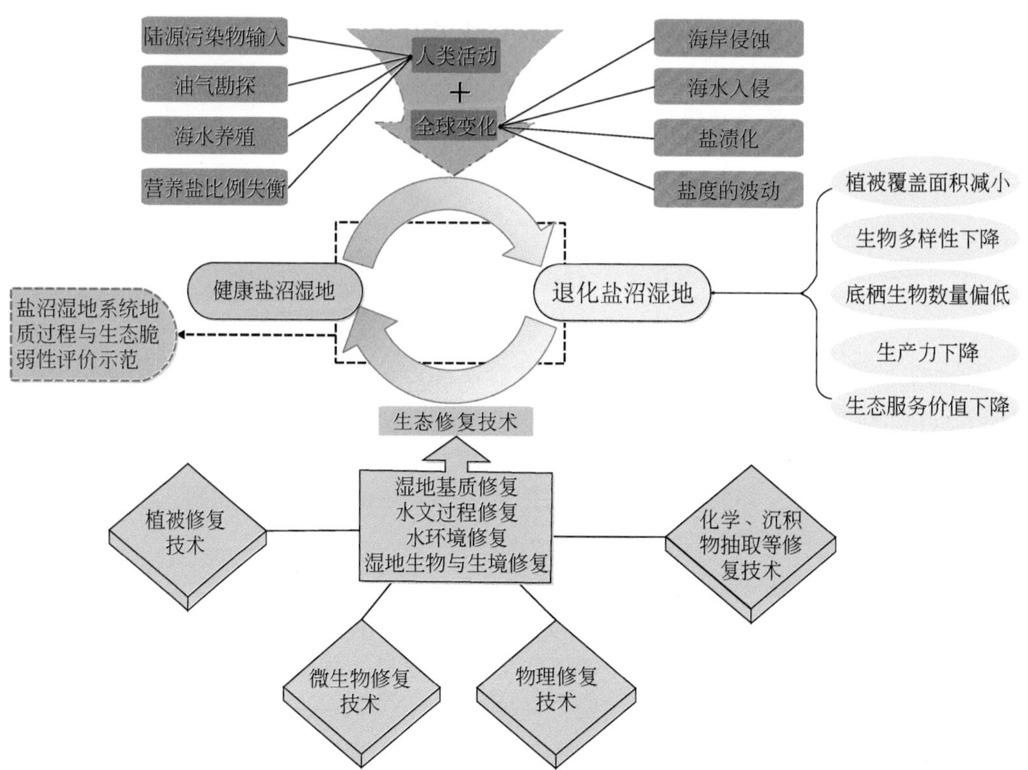

图 8.1　滨海盐沼湿地退化成因、影响和生态修复技术

我国对湿地恢复的研究开展得比较晚。20 世纪 70 年代，中国科学院水生生物研究所首次利用水域生态系统藻菌共生的氧化塘生态工程技术，使污染严重的湖北鸭儿湖地区水相和陆相环境得到很大的改善，推动了我国湿地恢复研究的开展。此后，对江苏太湖、安徽巢湖、武汉东湖以及沿海滩涂等湿地的恢复研究逐渐开展起来。在过去的十多年中，各科研单位和大专院校对我国的湿地现状及变化趋势、生态系统退化的防治对策、资源的持续利用等做了大量工作，且主要侧重于湖泊的恢复（李丽和石月珍，2004），对滨海盐沼湿地、河口湿地等领域研究相对较少。可以预见，今后的发展及关注焦点必然会转移到河流、沼泽、河口湾等湿地上，只有这样，才能推动我国湿地恢复研究的全面发

展（李丽和石月珍，2004）。

近年来，国内湿地恢复研究的规模和力度不断扩大，关注度也在扩大（秦峰等，2013）。但总体而言，由于湿地生态修复技术产生历史较短，理论和实践积累尚显不足，其发展还面临较多的理论和应用问题，人们对生态系统的退化机理、退化状态评估还不十分清楚，对恢复的途径选择、时间界定和目标认识等还存有分歧，湿地生态恢复还存在极大的不确定性，恢复技术尚不能满足实践需要等。未来湿地生态修复有可能在修复生态学理论构建、生态系统地质环境演化和退化机理研究、生态恢复技术和方法研究、生态恢复定量化和模型化研究、生态恢复与全球变化研究等方向继续取得突破性进展。

8.2　湿地修复技术

就修复技术而言，目前常见的修复技术为植被修复和微生物修复，此外还包括：物理修复技术、化学修复技术、氧化塘技术；点源、非点源控制技术；土地处理（包括湿地处理）技术；光化学处理技术；沉积物抽取技术；先锋物种引入技术等（崔保山和刘兴士，1999）（图 8.1）。由于早期使用的理化修复措施成本高，并且会对生态环境产生负面影响，近几十年来，生物修复措施在各国不断取得重大突破，逐渐发展起来。其中最重要、最常用的技术就是植被修复，因为植被对湿地具有综合性的修复作用，主要包括水质修复、食物链修复、驳岸修复、农业面源污染修复、生物多样性修复等方面（周小春，2013）。

就不同阶段修复对象而言，可分为湿地基质恢复（崔丽娟等，2011a）、水文过程恢复、水环境恢复、湿地生物与生境恢复 4 个方面，每个方面对应着不同的修复技术，对此，国内外科学家均进行了大量的研究（崔丽娟等，2011b）。其中基质是湿地生态系统发育和存在的载体，稳定的基质是保证湿地生态系统正常演替与发展的基础，盐沼湿地基质修复研究是当今世界湿地科学关注的重要问题之一（崔丽娟等，2011a）。基质修复技术包括湿地基质改良、湿地污染基质清除、湿地基质再造等相关技术。其中湿地基质改良是通过物理、化学和生物的方法对退化基质的结构、功能进行恢复，对基质团粒结构、pH 等理化性质进行改良及对基质养分、有机质等营养状况的改善，促使退化基质基本恢复到原有状态甚至超过原有状态。

基质改良技术分为物理改良、化学改良和生物改良 3 种措施；当基质中污染积累过多时，人工清除的方式对湿地恢复具有积极的作用。进行基质清除的主要目的是清除基质中的污染物，改善湿地水体底层氧化还原条件，为各类湿地水生生物，尤其是底栖动物、沉水植物等提供良好的基质。湿地基质再造是在地形恢复的基础上，再造一层人工基质，使基质的理化性质发生改变，达到湿地生物繁殖、生长和栖息的要求。

恢复湿地的第一步是识别和改善影响湿地的因素。需要恢复的地方是一个受到扰动较多的地方，包括扰动的大小、强度和频率，可以指示恢复湿地所需要的步骤和程度。影响因素可能是物理的、化学的和生物的（表 8.1）。物理因素包括水的来源来确定水文

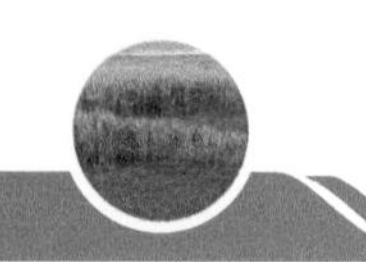

情况。化学因素包括影响水化学成分和水的质量。生物因素包括一些外来引入和入侵具有聚集性和杂草性的物种，这些物种改变了生态系统的结构和功能以及生态系统对外界所提供的服务。

表 8.1　湿地恢复改善过程中的影响因素

改良措施	影响因素	例子
物理	水文（深度、持续时间、淹没频率、土壤饱和度、洪水淹没的时间和季节）	促进排水的沟渠 限制水流的堤坝 填充物的清除
化学	水的质量	营养物质（氮、磷）、沉积物、含盐量 其他污染物
生物	外来物种入侵 放牧	芦苇、蝴蝶兰、香蒲等 饲养的家畜

这些影响因素可能来自本地或者异地。本地的影响因素通常与湿地水文变化有关。水文，包括淹没水的频率、深度、持续时间以及季节性，是湿地正常健康运行的基础。如果不首先重新认识水文，所有的修复工程都会失败。重新认识水文包括堵塞和充填的沟渠，并且需要把这些堵塞物移开。有时修建堤坝会改变水文，包括将湿地与水源隔开的海堤坝。其他本地的影响因素包括放牧和影响植物群落的造林活动。矛盾的是，为了维持某些湿地物种丰度可能需要放牧或者割草来维持。本节将简要介绍湿地基底改造技术、湿地水文调控技术、湿地植物修复技术这几个主要修复技术。

1. 湿地基底改造技术

基质对湿地功能的正常发挥非常重要，也是支撑有根植被的基本介质，湿地修复区的基底恢复是通过采取工程措施，维护基底的稳定性，稳定湿地面积，并对湿地的地形、地貌进行改造。湿地修复区建设主要利用挖掘机将基底不平的区块进行高洼地整平，改造湿地建设区的地形、地貌，改变动植物生长的水、光、热、养分等生态因子，创造有利于湿地植被生长的环境条件和演替空间。下面介绍两种经典的滨海湿地基底改造技术。

一是生态岛建设，在选取的滨海湿地生态修复区用挖泥机堆成大小不一的生态小岛，增加局地高程，种植芦苇、翅碱蓬等水生植被，将裸露的区域进行植被覆盖，为植食性鸟类提供觅食场地等，恢复湿地生态功能。

二是类似于生态岛建设原理，在湿地修复区四周挖宽 4m，深 1.2m 的环沟（图 8.2a ～ c），用于修复区的降盐排碱。如中国地质调查局青岛海洋地质研究所在辽河三角洲开展的湿地修复或创建工程，就是在修复区四周同时修上宽为 1.5m，下宽为 3m 的堤坝用以分隔高水位和低水位两种工程处理，并且为了达到研究的目的，还在示范区内部修建宽 0.5m，高 0.5m 的小堤坝分隔不同收割处理单元，分别设置秋季收割、不收割和焚烧三种形式的田间工程。

另外，为了方便示范区的观测，还可建设进入每个单元的木栈道，并且在湿地修复

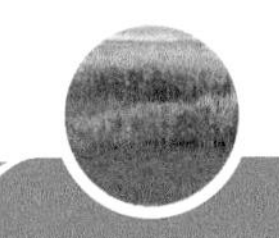

后，分别在设置好的位置开展水文井建设施工，水文井的钻探工作可参看相关的规范说明，在此不再赘述。水文井设计井深为 15 ～ 20m，共 4 眼，每周进行一次水位、电导率、水温、盐度、总固形物等数据监测（图 8.2d）。

图 8.2　湿地修复示范区工程建设与监测

a. 示范区修复前；b. 去盐碱环沟建设施工现场；c. 研究人员修建进入示范区的木栈道；d. 示范区定期水文监测

2. 湿地水文调控技术

水是维系湿地生态系统稳定和健康的决定性因子。湿地是敏感的水文系统，湿地水文条件在维护湿地结构和功能以及确定物种组成等方面是需要考虑的重要因素。水文调控包括湿地水文条件的恢复和湿地水环境质量的改善。在盐沼湿地水文过程恢复中，对湿地进行水文控制的部分包括堤坝和土地工事、沟渠和水道、水流和水位控制设施等。这些设施的建设有利于创建良好的土壤和水环境，为持续发展湿地植物和吸引野生物种创造条件。

实际工作中可能在修复区域会有部分配套的水利工程设施，但一般区内基底不平，造成湿地水量分配不均，加之土壤盐分较重，致使植被退化严重。因此，应当在利用现有的水利工程配套设施的基础上，对高低不平的区域进行机械平整，对修复区进行直接供水，使拟修复湿地表面建立均匀水层，降低湿地土壤盐分，也为湿地生物修复创造条件。湿地水环境质量改善技术包括污水处理技术、水体营养盐控制技术等，需要加强上游输

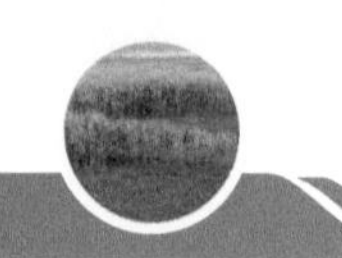

入河流的生态建设，严格控制水源的水质。

3. 湿地植物修复技术

植物修复法是一种经济、有效且非破坏性的修复技术。常见方法是引进一些对于恢复生态系统功能十分重要的物种以及一些特定群落的重要物种。而其他组成整个意向群落生物多样性的物种让它们自己定殖。种植相关的问题取决于修复决策者的倾向。可以将湿地植物修复的具体方法分为人工播种法和移植法。针对滨海湿地退化严重、生物量显著降低、生态系统结构和功能明显下降等问题，在所选区内生境修复的基础上，通过对退化的植被（如芦苇、翅碱蓬）湿地等实施植株定向选育、种群植建技术措施，进行湿地生物修复。

例如，在辽河三角洲地区，为了增汇固碳，通过环境胁迫、定向培育等方式，从当地备选芦苇种资源中，筛选耐盐性强、生物生长量高、纤维素品质好的芦苇种植材料，通过实验室栽培进行验证分析，将选育的优良芦苇植株通过扦插根状茎的方式进行芦苇湿地示范区植被修复。示范区芦苇植被修复后，要适时排灌水，满足芦苇各个生长发育时期的需水要求，根据水源和水质条件变化规律，合理利用水资源，调节土壤的水分、养分、盐分和温度，为芦苇生长创造良好的生态条件。加入氮或磷用来促进植被的生长，由此让它们在该区域快速定殖。有时利用有机质（表层土、泥炭、堆肥、诸如紫花苜蓿绿色肥料，或者生物炭）来改善土壤物理性质（孔隙度），提高其肥力以及支持异养活动。根据辽河三角洲当地的气候条件，在苇苗生长初期 4 月中旬至 5 月初以浅水灌溉为主，保持 5cm 水层，5 月中旬到 6 月下旬灌 15cm 左右的水层，7 月上旬开始排水，7 月中旬灌水，7 月末到 8 月末保持水层 15cm 左右，9 月上旬排干，以此满足芦苇生态需水的要求，促进芦苇群落的健康生长。同时做好病虫害防治工作。图 8.3 为芦苇示范区修复前后对比图。

图 8.3　芦苇示范区修复前（a）后（b）对比图

8.3　湿地修复工程持续监控的重要性

实施退化湿地生态修复工程建设，依据科学方法探索实用的生态修复技术，不仅具

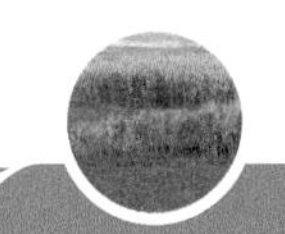

有直接经济价值，如促进当地养蟹、养鱼、大米种植等经济产业，为人们提供各种食品；还具有间接经济价值，如调节气候、涵养水源、调节径流、蓄洪抗旱、维持生物物种及其遗传多样性、保护土壤肥力、净化污水、改善环境，从而维持生物圈的平衡稳定，并为人类提供自然环境娱乐、美学、文化科学、教育、精神和文化的价值等。

湿地植被一旦重建，将不可避免地需要努力维持该修复区域处于期望状态。生物多样性是许多湿地重建的常规目标，然而需要时刻警惕外来物种的入侵。新的定殖者可能在一个修复区域占据主导，从而改变能量流动和营养循环，导致一个可替代的稳定状态，如固氮入侵植物显著地改变了氮循环（许浩等，2018）。此外，在湿地，芦苇和香蒲通过它们极高的地上生物量和凋落物产量改变了碳氮循环（Windham and Ehrenfeld，2008；Larkin et al.，2012）。可以说，保持物种多样性是当今湿地修复和修复生态学面临的最大挑战之一。

需要在修复前后对修复区域进行监控，以确定其是否成功。群落结构和生态系统功能的一些属性需要经过许多年才能建立。在理想情况下，需要在修复前后进行监控，用于衡量修复速度。使用与退化湿地相同类型且完整、功能齐全的天然湿地作为参照湿地，来衡量退化湿地是否或以多快的速度恢复成一个功能良好的湿地是非常有用的（Brinson and Rheinhardt，1996）。理想情况下，对多个参照湿地进行监测，以考虑由随机事件（如扰动和定殖）引起的自然生态系统固有的时空异变性（Clewell and Rieger，1997）。这种自然的变迁应该被认识、接受，并纳入湿地保护和监测方案中。此外，还有必要定期评估已修复的湿地，为日后的修复工程提供参考资料。这也有助于我们获悉哪些修复措施有效，哪些无效，以及做什么有助于未来修复项目的成功（Clewell and Rieger，1997）。Rey Benayas 等（2009）认为生态修复显著改善了修复湿地的生物多样性和生态系统服务，但仍低于参考湿地。一项综合世界范围内 621 个修复湿地的元分析表明，修复湿地与自然参照湿地相比，其生物群落组成（植物群落）平均低 26%，土壤固碳平均低 23%（Moreno-Mateos et al.，2012）。在该分析中，面积较大（>100hm^2）以及温带和热带区域的修复湿地相较于小面积和寒冷气候带的湿地具有更快的恢复速度。与地表水、河流和潮汐湿地有着紧密联系的湿地，比受降水驱动的洼地湿地修复速度更快。

正如 Mitsch（2005）所指出的，在开展湿地修复工程之前，我们需要更多的研究，包括考虑：①湿地本身的运行原理和机制；②事先进行评估湿地能否被修复；③如果湿地具有可修复性，那么最佳的修复和创建方法是什么。如何实现对修复过程的长期实时监控，从而对生态修复机理和修复机制开展系统分析和科学研究，是目前湿地生态修复存在的难点之一。以美国针对密西西比河三角洲的湿地资源采取的措施为例，为保护该区湿地资源，美国针对墨西哥湾和密西西比河口湿地进行长达 15 年的动态监测研究。该研究不但具有定时、定量的特点，而且能周期性地采集系统的数据。目前国际上已经开发了多种长期监测技术和手段，如湿地遥感、SAR 技术、湿地环境参数长期监测技术、湿地植被野外实地定点定时调查、杆形地表高程监测系统（rSETs）等，并进行了长期数据库的建设工作。国际湿地遥感监测研究表现出监测范围扩大、监测手段更新、监测时间增长的特点。相对而言，我国目前类似的长期调查和监测工作开展得较少，这必将影响对湿地生态修复机理和修复机制开展跟踪性的长期研究。

目前我国部分大学和科研院所虽然对湿地生态修复开展了一定的研究，但是存在研究数据和成果共享程度低、技术推广和普及面不广、湿地保护和修复科技知识宣传力度不足等问题。社会公众对滨海湿地的生态功能、经济价值和保护意义仍缺乏完善了解，有待进一步加强科普知识宣传，从而调动社会各界力量来开展更有效的湿地保护和修复工作。

尽管目前我国滨海湿地生态修复理论研究和工程技术相对某些发达国家还有一定的差距，在湿地生态修复科技知识普及和保护法制体系等方面仍有待完善，但我国政府部门和科研工作者都已充分认识到了滨海湿地在全球变化和气候调控中的重要作用，近年来一直在加强该方面的投入和调研工作。可以预见，未来滨海湿地生态修复有可能在修复生态学理论构建、生态系统地质环境演化和退化机理研究、生态恢复技术和方法研究、生态恢复定量化和模型化研究、生态恢复与全球变化研究等方向继续取得突破性进展，进而遏制当前日益严重的滨海湿地退化趋势，实现滨海湿地可持续发展与利用。

参考文献

崔保山, 刘兴土, 1999. 湿地恢复研究综述. 地球科学进展, 14(4): 45-51.

崔丽娟, 张曼胤, 李伟, 2011a. 湿地基质恢复研究. 世界林业研究, 24(3): 11-15.

崔丽娟, 张曼胤, 张岩, 2011b. 湿地恢复研究现状及前瞻. 世界林业研究, 24(2): 5-9.

李丽, 石月珍, 2004. 我国湿地现状及恢复研究. 水利科技与经济, 10(1): 34-36.

刘强, 叶思源, 2009. 湿地创建和恢复设计的理论与实践. 海洋地质动态, 25(5): 10-14.

秦峰, 李玉梅, 杨小华, 2013. 2001～2010 年我国湿地恢复研究的文献计量学分析. 安徽农业科学, 41(2): 904-906.

任宪友, 2004. 两湖平原湿地系统稳定性评价与生态恢复设计. 上海: 华东师范大学.

许浩, 胡朝臣, 许士麒, 2018. 外来植物入侵对土壤氮有效性的影响. 植物生态学报, 42(11): 1120-1130.

周小春, 2013. 植被在湿地修复中的应用. 安徽林业科技, (2): 11-14.

Brinson M M, Rheinhardt R, 1996. The role of reference wetlands in functional assessment and mitigation. Ecological Applications, 6(1): 69-76.

Clewell A, Rieger J P, 1997. What practitioners need from restoration ecologists. Restoration Ecology, 5(4): 350-354.

Larkin D J, Lishawa S C, Tuchman N C, et al., 2012. Appropriation of nitrogen by the invasive cattail Typha × glauca. Aquatic Botany, 100: 62-66.

Mitsch W J, 2005. Wetland Creation, Restoration and Consercation:The State of the Science. Amsterdam: Elsevier.

Moreno-Mateos D, Power M E, Comin F A, et al., 2012. Structural and functional loss in restored ecosystems. PLOS Biology, 10: e1001247.

Pethick J, 2002. Estuarine and tidal wetland restoration in the United Kingdom: Policy versus practice. Restoration Ecology, 10(3): 431-437.

Rey Benayas J M, Newton A C, Diaz A, et al., 2009. Enhancement of biodiversity and ecosystem services by ecological restoration: A meta-analysis. Science, 325: 1121-1124.

Toth L A, Arrington D A, Brady M A, et al., 1995. Conceptual evaluation of factors potentially affecting restoration of habitat structure within the channelized kissimmee river ecosystem. Restoration Ecology, 3(3): 160-180.

Windham L, Ehrenfeld J G, 2008. Net impact of a plant invasion on nitrogen-cycling processes within a brackish tidal marsh. Ecological Applications, 13(4): 883-897.

第 9 章　湿地保护对策

人类的开发活动对湿地的威胁和破坏，导致湿地退化、功能消失和面积缩小。为实施生态保护修复工程，使我国湿地得以保护和持续发展，2019 年 1 月 18 日，国家林业和草原局首次发布《中国国际重要湿地生态状况白皮书》。

9.1　我国湿地生态状况

中国自 1992 年加入《湿地公约》以来，国家林业局成立了“湿地公约履行办公室”，负责推动湿地保护和执行管理工作。截至 2017 年，已认定国际重要湿地 57 处，其中内地 56 处、香港 1 处。对内地 56 处国际重要湿地的监测和评估显示，湿地面积 320.18 万 hm^2，自然湿地面积 300.10 万 hm^2。湿地类型包括内陆湿地 41 处，近海与海岸湿地 15 处；分布有湿地植物约 2114 种，湿地植被覆盖面积达 173.94 万 hm^2；分布有湿地鸟类约 240 种。据中国地质调查局 2018 年统计结果，我国分布有大小不等的湿地 1337 个，其面积高达 50 万 km^2，据 2017 年 CPI 计算，我国重要国际湿地每年的生态服务价值可高达 13 万亿元，其中海岸带湿地评估估值最高，约 5 万亿元。

2019 年 1 月 18 日，我国在海南省海口市五源河国家湿地公园举行世界湿地日主场宣传活动。国家林业和草原局首次发布《中国国际重要湿地生态状况白皮书》（简称《白皮书》）。

《白皮书》的数据显示，我国国际重要湿地土地（水域）类别整体处于稳定状态，没有发生明显的变化。通过实施生态保护和修复工程，黄河三角洲、江苏盐城滨海湿地生态状况明显好转。

《白皮书》指出，国际重要湿地面临的主要威胁有农业、牧业和渔业等人类生产生活，基础设施建设和旅游开发活动，工业污水和农业面源污染等环境污染，近海与海岸类型国际重要湿地的主要外来物种入侵等。上海崇明东滩为治理互花米草入侵提供了样板。

2019 年 1 月 6 日，据新华社报道，我国科研人员在新一期美国《科学进展》（*Science Advances*）杂志上发表的研究论文显示，2006 ～ 2017 年中国内陆地表水质量明显改善，主要污染指标大幅下降，这得益于自 2001 年以来大力推进水污染防治工作。

中国科学院等机构研究人员分析了 2003 ～ 2017 年中国内陆地表水的质量及污染治理情况。化学需氧量和氨氮浓度是衡量水污染状况的两个重要指标。研究结果显示，在这 15 年间，这两个指标在全国范围的年平均值分别下降了 63% 和 78%。跨区域比较显示，

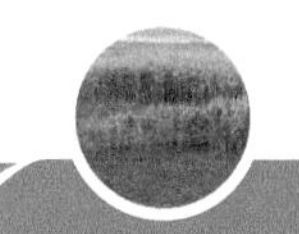

水污染状况在各地区间有明显差异。总体而言，北方地区的内陆地表水质量相对较差，南方大部分内陆地表水的水质相对较好。

然而，我国湿地保护还面临着湿地面积减少、功能减退、受开发活动威胁压力持续增大、保护空缺较多等问题，亟待加强管理和制定湿地保护法规和相关条例。近 30 年来，我国湿地自然保护区湿地面积总体呈下降趋势，总净减少量为 8152.47km^2。目前，保护效果优良的自然保护区主要分布在松花江湿地区；而保护效果较差的自然保护区主要分布在长江湿地区、滨海湿地区、三江源湿地区和西南诸河湿地区。根据保护成效和生态压力评估结果，列出了中国国家级湿地自然保护区的“优先排行榜”，包括湖南东洞庭湖在内的 22 个上榜保护区大多已处于非常危险的境地。

在 2019 年世界湿地日中国主场宣传活动上，国家林业和草原局副局长李春良表示，“中国政府高度重视湿地应对气候变化工作，把增加湿地碳汇、推进绿色低碳发展作为生态文明建设的重要组成部分，将湿地保护纳入国家应对气候变化战略。”

9.2　绿水青山就是金山银山

学习贯彻习近平“绿水青山就是金山银山”的生态理念与价值思想，建立健全自然资源价值评价与实现体系。

自然资源具有资产保值、增值的功能。自然资源部及所属各省（区、市）管理部门要深化自然资源有偿使用制度改革，建立全民所有自然资源资产统计登记制度，推进全民所有自然资源资产调查评价、核算、审计等工作，全面系统、科学准确地摸清自然资源资产家底，加强对自然资源资产数量、质量及价值量等方面的动态监测，重点编制自然资源资产负债表，加强领导干部自然资源资产离任审计，推进国有自然资源资产统一监管。

改进完善全民所有自然资源资产划拨、出让、租赁、作价出资政策，合理配置全民所有自然资源资产；加强自然资源资产价值评估管理，依法收缴相关资产收益；结合生态产品价值实现进程，探索新时代自然资源资产生态价值实现的路径与模式。让各地的绿水青山变成金山银山，成为民众脱贫致富的幸福之路。

2019 年第 23 个世界湿地日的主题是“湿地与气候变化”，彰显了湿地在改善地球生态环境质量、调节气候变化和改善人类生存环境等方面具有非常重要的作用。“山水林田湖草生命共同体”的生态系统思想，是建立健全自然资源修复体系的重要基础。生态系统是多样性与整体性的统一，要重视各类自然资源间的关联性，特别是水、土、气、生及能源和矿产间的两两关系及多边关系。生态是各种自然要素相互依存而实现循环的自然链条，是统一的自然系统；以资源－环境－生态的关联性，按照生态系统的整体性、系统性及其内在规律，统筹考虑自然要素，维护山水林田湖草生命共同体的整体生态平衡。重点建立集农田、草地、森林、水域等于一体的自然资源系统修复系统，以持续地、有效地增加自然资源的可利用性，支撑社会经济的持续发展。

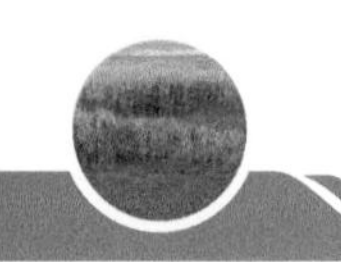

9.3 湿地保护及修复的对策及建议

国家林业和草原局将采取有力措施，加强湿地保护管理。一是要完善湿地保护规划，修订完善《2002—2030 年全国湿地保护工程规划》；二是突出用制度管人、管事，推进湿地保护的制度建设；三是强化依法“治湿”，制订出台全国湿地保护条例；四是着眼湿地生态系统功能的提升，实施湿地生态修复工程；五是强调科学“管湿”，提升湿地保护管理的科技支撑水平；六是加强宣传教育，提高全民族的湿地保护意识，在全社会形成珍惜湿地、爱护湿地、保护湿地，呵护好人类家园的“地球之肾”。

2019 年度《中国国际重要湿地生态状况》白皮书表示，中国将强化国际重要湿地监管，加强科研监测体系建设，完善年度监测机制，实施湿地生态补偿，逐步实现国际重要湿地的精准保护和管理。同时，加大宣传教育力度，提高社会公众对湿地保护的意识和营造全社会支持湿地保护的氛围。

滨海湿地的修复与保护必须坚持的一条基本路线是顺应自然的保护与修复，即充分了解滨海湿地独特的地质条件及地质发展历史，在认识自然和顺应自然的基础上，进行保护与修复工作。在地球系统科学思想的指导下，因势利导，化弊为利，开发与治理相结合，实现人与自然的和谐共存。

1. 做好流域治理与关键地质遗迹保护工作

滨海湿地的保护和修复关键要素包括水、沉积物及生态系统。将滨海湿地保护和修复提升到流域的尺度，坚持源汇结合，陆海统筹。研究流域水以及沉积物等对滨海湿地的影响，从根上有效开展湿地的综合治理。流域水质水量对湿地保护和生态系统的维持非常重要，而输入泥沙充足，则对海岸带稳定和湿地发育也不可或缺。

滨海湿地水沙的运移是区域性的，因此滨海湿地的保护也不仅仅只关注沿海一线，而是考虑做好流域的治理工作。以江苏盐城滨海湿地为例，我们应该考虑将淮河恢复到 1128 年以前的状态，即恢复淮河主要从苏北入海的历史。这样做的好处有两点：其一可有效缓解射阳河口以北的侵蚀问题；其二可持续输入淡水，维持近海及湿地的生境健康。应该指出，江苏盐城滨海湿地地区形成的辐射状潮流沙脊，是世界上独一无二的地质体，同时对盐城海岸的泥沙向外运移有阻拦作用，一定程度上对海岸的稳定有积极作用，因此需坚决控制在潮流沙脊上建设如港口等海岸工程。

2. 做好湿地所在社区的管理

滨海湿地的治理和修复，归根到底是人的治理和社区的治理。人类活动对自然滨海湿地的影响在近 30 年来与日俱增，要治理和修复湿地显然需要从人的管理和社区的管理着手。采取补贴政策，科学引导退渔退田还湿，逐步减少区域高强度开发对自然湿地的不利影响，同时倡导低强度开发利用、生态养殖及特色旅游等方式来减少对当地老百姓的经济影响。生态保护，责任到户，是在湿地保护与区域经济发展相互协调的基础上完

成的，符合“以人为本”的管理原则，是湿地保护和修复的真正精髓所在。

3. 坚持产学研结合，全面提升湿地科学研究水平和科普工作

以江苏盐城滨海湿地为例，加强该地区滨海湿地保护和修复工作，需坚持产学研结合，全面提升湿地科学的研究，成立湿地研究机构，汇聚国内外优秀团队，形成产学研一体化研究中心。在科学研究方面：一方面建立长期监测网站，适时服务；另一方面对关系到湿地稳定性的热点科学问题深入调查研究，主要建议关注的重点研究如下：

（1）对 2010 年以来海岸线的监测；

（2）潮流沙脊演化、形成机制及动态监测研究；

（3）区域水文过程演化控制因素，区别是人类过程还是自然过程；

（4）退渔还湿后湿地生态服务功能（如固碳）的演化趋势监测与研究；

（5）气候变化对湿地生态服务功能的演化以及未来湿地保护管理对策研究等。

同时，加强滨海湿地科普教育工作，不仅能提高当地群众的保护意识，同时争创建立人和湿地和谐的湿地社区和示范基地，成为全国湿地治理的典范，将“绿水青山”变成真正的“金山银山”。科研工作和科普工作的协同开展，不仅能为滨海湿地保护和修复出谋划策，同时也能为政策的实施保驾护航，以此加大江苏盐城和沿海地区其他滨海湿地在国家层面甚至国际层面上的影响力，创造更高的人文价值和社会价值。

第 10 章　世界、中国十大湿地公园

湿地是全球价值最高的生态系统。据联合国环境规划署 2002 年发布的权威研究数据表明，$1hm^2$ 湿地生态系统每年创造的价值高达 1.4 万美元，是热带雨林的 7 倍或农田生态系统的 160 倍。湿地公园必须具备其独特的自然生态环境，独有的动植物物种和与众不同的湿地自然景观。

10.1　世界十大湿地公园

1. 巴西潘塔纳尔湿地

潘塔纳尔湿地（Pantanal Wetland）位于南美洲巴西马托格罗索州及南马托格罗索州之间，是世界上最大的湿地，地势平坦而略有坡度，有着蜿蜒的河流（图 10.1）。湿地大部分位于巴西西部，但也延伸到玻利维亚和巴拉圭境内，总面积达 24.2 万 km^2，在雨季时会泛滥，超过 80% 的面积被水淹没，是全球最丰富的水生植物集中地。虽然这块湿地与邻近的亚马孙雨林相比显得相形见绌，但实际上两者都是生机勃勃的热带区。

图 10.1　航拍干旱季节时巴西潘塔纳尔湿地的潟湖

2. 刚果曼多比湿地

曼多比湿地（Ngiri-Tumba-Maindombe Wetland）位于刚果盆地的中心，非常靠近赤道，面积 61056km²，是比利时的 2 倍，范围可延伸至 65695km² 外被河流与湖泊环绕的雨林湿地。曼多比湿地保护区位于通巴湖（Lake Tumba）与泰勒湖（Lake Télé）之间，包含了非洲最大的内陆淡水水域，是非洲最重要的湿地之一，也是《湿地公约》之下最大的国际湿地保护区。

3. 新加坡双溪布洛湿地公园

双溪布洛湿地公园（Sungei Buloh Wetland Park）坐落于新加坡西北部，在这片占地 87hm² 的沼泽地区，游客可以观赏到独特的候鸟群，每当冬天到来，候鸟群由远至西伯利亚的北国飞向南半球温暖的澳大利亚，这里就成了它们漫长跋涉旅途的驿站。湿地种类包含红树林、潮泥滩、池塘和次生森林，是一种典型的海洋湿地。双溪布洛湿地保护区于 1989 年被政府列为自然公园，园内还设有一间艺术馆，并开设了绘画课，游客可尽情体验自然山水间的艺术创作（图 10.2）。

图 10.2　新加坡双溪布洛湿地公园

4. 南非伊斯曼加利索湿地公园

伊斯曼加利索湿地公园（iSimangaliso Wetland Park）是南非第一个世界自然遗产，位于南非东海岸，总面积 23.96 万 hm²。其广阔的湿地、沙丘、海滩和珊瑚礁均闻名于世，并拥有自然界体积最庞大的动物群。该公园是世界上唯一一个让古老的陆生哺乳动物（犀

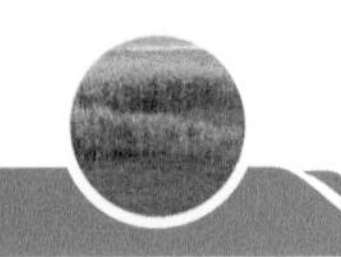

牛）和大型陆生哺乳动物（大象）生活在一起，并与最古老的鱼（腔棘鱼）和最大的海洋哺乳动物（鲸）分享同一个生态系统的地方。1999 年被联合国教科文组织列为世界自然遗产。

5. 法国卡玛格湿地公园

卡玛格湿地（Camargue Wetland）是国家级自然保护区，位于法国东南部罗讷河三角洲的边缘，其三分之一区域是湖泊或沼泽。该公园是欧洲主要国家和地区的候鸟迁徙越冬栖息地，以观看火烈鸟、卡玛格马（又称白色的海之马）和卡玛格公牛最为有名，被誉为欧洲赏鸟的最佳境地之一。湿地内的盐水池塘是欧洲为数不多的大火烈鸟栖息地之一。

6. 爱沙尼亚维鲁湿地拉赫马森林公园

维鲁湿地（Viru Wetland）位于爱沙尼亚首都塔林东北 70km 处，公园深处。其独特的地理环境使得它成为各种动植物栖息的乐园。天然形成的湖泊吸引了众多旅游爱好者，那里仍处于原始自然状态，森林、沼泽、湖泊、河流几百年来按照自身速度演变，极少有人为干涉，如此珍贵的自然景观得以保存下来。

7. 美国大沼泽地国家公园

大沼泽地国家公园（Everglades National Park）位于美国佛罗里达州南部尖角位置，其面积达 1.1 万 km^2，被称为“美国最神秘的地方”。公园内拥有多种自然环境，包括被莎草覆盖的沼泽地、被河水淹没的森林及海滨的红树林等（图 10.3）。大沼泽还拥有北

图 10.3 航拍美国大沼泽地国家公园水域分布

美洲最丰富的动植物资源，其中鸟类就超过 350 种，著名的大型动物有美洲豹、短吻鳄、白尾鹿、海牛等，是美国本土最大的亚热带野生动物保护基地。河水流经该地区向南缓慢地流到与西南部墨西哥湾和南部佛罗里达湾相连的红树林沼泽。沼泽地向东延伸到包括迈阿密都会区在内的狭窄沙洲附近，向西与大赛普里斯沼泽汇流。

8. 印度喀拉拉邦水乡湿地

喀拉拉邦水乡湿地位于印度半岛西南角的喀拉拉邦（Kerala），与阿拉伯海处于同一海平面，连接着众多潟湖和湖泊。人造运河和天然运河连接的五大湖汇集了 40 多条河流以及无数的支流流过喀拉拉邦，多数向西流入阿拉伯海。运河将许多村庄连接起来，长达 900km 以上的迷宫般的水道特别适合航运，至今仍是当地人的主要运输方式（图 10.4）。

图 10.4　印度喀拉拉邦水乡湿地渔民在撒网捕鱼

9. 博茨瓦纳奥卡万戈三角洲

奥卡万戈三角洲（Okavango Delta），又称奥卡万戈沼泽，位于非洲博茨瓦纳北部，面积约 1.5 万 km^2，是世界上最大的内陆三角洲，由奥卡万戈河注入卡拉哈里沙漠而形成大部分水通过蒸发和蒸腾作用而流失（图 10.5）。水除了用于灌溉外，其余流入恩加米湖。据考证在万年前几乎干涸，莫雷米动物保护区占奥卡万戈三角洲的 20% 左右，保护区内有各种各样的野生动物，如大象、野牛、长颈鹿、狮子、豹、野狗、胡狼，还有各种羚羊、和各种水鸟类。

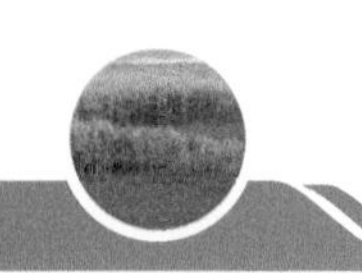

图 10.5　博茨瓦纳奥卡万戈三角洲

10. 澳大利亚卡卡杜国家公园

卡卡杜国家公园（Kakadu National Park）于 1981 年列入世界遗产名录，是澳大利亚最大的国家公园，面积 131.6 万 hm^2，约占瑞士面积的一半，拥有冲积平原、低洼地带和高原等多种地貌。该公园提供了观赏野生动物的最佳机会之一，淡水鳄鱼和咸水鳄鱼大部分时间都栖息在河流和水潭的岸边，但也可以看到它们漂浮在水面上或在水中游泳。卡卡杜国家公园最闻名的地标之一是黄水水潭（Yellow Water Billabong），该地方是鳄鱼、野马、水牛、候鸟和其他野生生物的家园。

10.2　中国十大湿地公园

1. 扎龙湿地公园

扎龙湿地位于黑龙江省嫩江平原的乌裕尔河下游，1992 年被列入“世界重要湿地名录”。占地面积 21 万 hm^2，是北极鸟类迁徙到东南亚经过的主要路线。区内湖泊星罗棋布，水质清纯、苇草肥美、沼泽湿地生态保持良好，被誉为鸟类和水禽的“天然乐园”（图 10.6）。区内鸟类 248 种，主要保护动物是鹤类。最佳观赏时间为 4 ～ 5 月或 8 ～ 9 月。

2. 青海湖鸟岛湿地公园

青海湖鸟岛地处青海湖的西北部，面积 0.8km^2，因岛上栖息着数以十万计的候鸟而得名，被誉为“鸟的王国”。西边小岛叫海西山，又叫小西山，地形似驼峰。东边的大

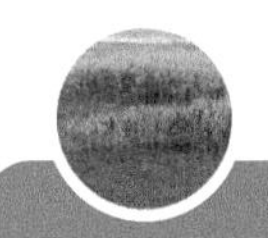

岛叫海西皮，是鸬鹚鸟的王国。该岛是中国八大鸟类保护区之首，亚洲特有的鸟禽繁殖场所，国家级自然保护区。产卵季节岛上和湖边可见遍地铺满鸟蛋（图 10.7）。最佳观赏时间为 5 月～ 7 月或 11 月至翌年 2 月。

图 10.6　鹤类在黑龙江扎龙湿地公园觅食

图 10.7　青海湖鸟岛湿地公园海西山上的候鸟

3. 巴音布鲁克湿地公园

巴音布鲁克湿地位于天山南麓，由大小珠勒图斯两个高位山间盆地和山区丘陵草场组成，总面积约 2.3 万 km^2，海拔 2000 ～ 2500m。这里雪峰环抱，风景秀美。我国唯一

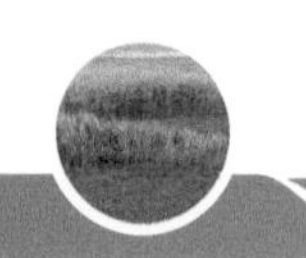

的天鹅保护区“天鹅湖”就在此地（图 10.8）。在雪峰花卉的美景中，天鹅翩然起舞，童话仙境也不过如此。该地区水源补给以冰雪融水和降雨混合为主，部分地区有地下水补给，形成了大量的沼泽草地和湖泊。最佳观赏时间为 5 月～ 10 月。

图 10.8　巴音布鲁克湿地公园

远处为天山雪山

4. 三江平原湿地公园

三江平原湿地由松花江、黑龙江、乌苏里江汇流冲积而成。三江平原湿地属低冲积平原沼泽地，地形的不同构成了丰富多彩的湿地景观，是国内目前唯一保持着原始面貌的淡水湿地，中国黑土湿地之王，堪称北方沼泽地的典型代表，全球罕见（图 10.9）。

图 10.9　三江平原湿地公园

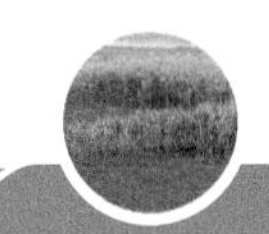

最佳观赏时间为春夏时节。

5. 盘锦湿地公园

盘锦湿地面积 31.5 万 hm^2，被誉为“盘锦之肾”。其独特景观为世界第一芦苇荡、天下奇观红海滩。这里芦苇苍翠，芦苇似海，如诗如画，同时能欣赏到亚洲最大的湿地红海滩（翅碱蓬）（图 10.10）。最佳观赏时间为 9 月～ 10 月中旬。

图 10.10　盘锦湿地公园红海滩景观

6. 西溪湿地公园

西溪湿地公园位于杭州市内，总面积约 11.5km^2，约 70% 的面积为河港、池塘、湖漾、沼泽等水域，是一个集城市湿地、农耕湿地、文化湿地于一体的国家湿地公园，被称为“杭州之肾”，为国家 5A 级旅游景区（图 10.11）。最佳观赏时间为春、夏、秋三季。

7. 若尔盖国家湿地公园

若尔盖国家湿地公园位于青藏高原东部，最高峰海拔 3697m，是世界上面积最大、海拔最高、保存最完好的高原泥炭沼泽湿地，被赞为“中国最美的湿地”（图 10.12）。花湖是该公园的精华景点，位于热尔大坝草原腹地。花湖水草有 1m 高，种类很多，点缀在湖里，美如仙境。最佳观赏时间为 7 月～ 8 月。

8. 向海湿地公园

向海湿地公园位于内蒙古科尔沁大草原东部边陲，总面积 10.67 万 hm^2。素有“东有长白、西有向海”的美誉，是以观赏中国西部草原原始特色的沼泽、鸟兽、黄榆、苇荡、杏树林和捕鱼等自然景观为主的风景区。最佳观赏时间为 8 月～ 10 月。

图 10.11　航拍西溪湿地公园景色

图 10.12　若尔盖国家湿地公园景色

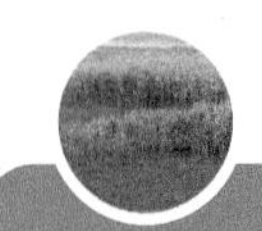

9. 鄱阳湖湿地公园

江西鄱阳湖湿地公园集湖泊、河流、草洲、泥滩、岛屿、泛滥地、池塘等湿地为主体景观，地处“泽国芳草碧，梅黄烟雨”中的湿润季风型气候，是南方著名的湿地鱼米之乡。最佳观赏时间为 11 月至翌年 3 月。

10. 东寨港红树林湿地公园

东寨港红树林湿地位于海南省海口市，是目前我国面积最大的一片沿滩涂森林，是一道天然防御浪潮冲击的屏障，是我国最美的海南八大海岸线之一。保护区内的红树林分布在整个海岸浅滩上，被誉为“海上森林公园”。最佳观赏时间为 11 月至翌年 4 月。

下篇

实践篇

第 11 章　我国滨海湿地的现状与变化

过去几十年来，随着气候变化和人类活动影响的加剧，滨海湿地生态系统发生了显著的变化。20 世纪 90 年代以来我国滨海湿地以每年 2 万多公顷的速度减少，已累计丧失 57%，黄海南部和东海沿岸湿地生态服务功能已下降 30% ～ 90%。与此同时，大面积湿地水资源系统结构发生改变，引起湿地水资源数量减少和质量降低，导致湿地生态功能退化，已影响和危及区域生态安全和社会经济可持续发展。

为全面了解我国滨海湿地的现状和变化，中国地质调查局青岛海洋地质研究所叶思源领导的湿地团队承担全国典型滨海湿地调查任务（2017 年 3 月～ 2018 年 12 月），系统总结了我国滨海湿地 1975 年、2000 年和 2017 年三个时段的湿地分布状况，将 2017 年湿地分布现状与 1975 年湿地分布做比较，编制出 1975 ～ 2017 年湿地强度变化图，并以这部分退化湿地作为下一步修复的目标。

调查报告还进一步分析了 8 个列入国际湿地名录的湿地在 1995 年、2000 年、2005 年、2010 年、2015 年的变化情况，并提出 8 个湿地修复建议及相应图件，最后经分析研究提出加强湿地保护与修复治理的对策建议。

11.1　我国滨海湿地概况

我国滨海湿地类型多样，主要包括浅海水域、潮下水生层、珊瑚礁、海草床、岩石性海岸、潮间沙石海滩、潮间淤泥海滩、潮间盐水沼泽、红树林沼泽、三角洲湿地、海岸性咸水湖、海岸性淡水湖、河口水域等类型。为方便研究和统计面积，本书对以上十多种滨海湿地类型，按照生态环境的差异进行了归纳合并，并添加海岸带人工湿地类型，在本书中主要分为天然湿地（潮间淤泥海滩、红树林沼泽和潮间盐水沼泽等）、浅海湿地（潮下带 6m 等深线以内，包括海草床和珊瑚礁等）、河湖湿地（海岸性咸水湖、海岸性淡水湖等）、沙石海滩（岩石性海岸和潮间沙石海滩）和人工湿地（水稻田、盐田和养殖池等）（表 11.1）。

我国滨海湿地（未包含港澳台地区）主要分布在东部及南部沿海的 11 个省（区、市）内（附图 4.1），以杭州湾为界，分为南、北 2 个部分。杭州湾以北的滨海湿地，主要由辽河三角洲滨海湿地、黄河三角洲滨海湿地、江苏盐城滨海湿地以及长江三角洲滨海湿地组成，且以盐沼湿地和滩涂湿地为主，同时浅海湿地范围较广。杭州湾以南的滨海湿地主要分布在河口及海湾附近，包括钱塘江 – 杭州湾、晋江口 – 泉州湾、珠江口河口湾

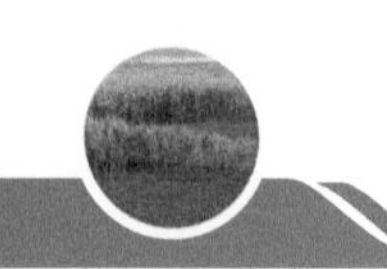

和北部湾等地区。河口和海湾的淤泥质海滩分布红树林湿地，从海南省至福建省北部沿海滩涂均有分布，主要包括福建漳江口红树林湿地、广东湛江红树林湿地、广西山口红树林湿地和海南东寨港红树林湿地等。西沙群岛、中沙群岛、南沙群岛及海南沿海分布热带珊瑚礁湿地。人工湿地则主要分布在我国沿海潮滩附近，与人类开发海岸活动密切相关。

表 11.1　全国滨海湿地分类和本书分类方式

<table>
<tr><th>常见滨海湿地分类</th><th>本书分类</th></tr>
<tr><td>浅海水域</td><td rowspan="4">浅海湿地</td></tr>
<tr><td>潮下水生层</td></tr>
<tr><td>珊瑚礁</td></tr>
<tr><td>海草床</td></tr>
<tr><td>岩石性海岸</td><td rowspan="2">沙石海滩</td></tr>
<tr><td>潮间沙石海滩</td></tr>
<tr><td>潮间淤泥海滩</td><td rowspan="4">天然湿地</td></tr>
<tr><td>潮间盐水沼泽</td></tr>
<tr><td>红树林沼泽</td></tr>
<tr><td>三角洲湿地</td></tr>
<tr><td>海岸性咸水湖</td><td rowspan="5">河湖湿地</td></tr>
<tr><td>海岸性淡水湖</td></tr>
<tr><td>河口水域</td></tr>
<tr><td>海岸带河流</td></tr>
<tr><td>人工沟渠</td></tr>
<tr><td>水稻田</td><td rowspan="3">人工湿地</td></tr>
<tr><td>养殖池</td></tr>
<tr><td>盐田</td></tr>
</table>

20 世纪 50 年代以来，我国滨海湿地资源逐步从单一开发利用发展为农、林、牧、副、渔、盐等多种经营的综合开发利用模式。1979 年改革开放后，沿海地区因地制宜地发展海洋经济，发挥了各自滨海湿地的资源优势。滨海湿地资源为沿海经济的繁荣做出了贡献，同时对沿海地区的可持续发展具有重要的意义。

然而，自 20 世纪 50 年代以来，随着人类生产活动和全球气候变化的双重影响，我国已损失滨海湿地约 50%；天然红树林面积减少约 73%；珊瑚礁约 80% 被破坏（张

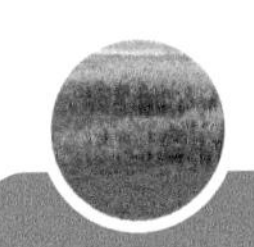

晓龙等，2005）。最新评估显示：28 个滨海湿地区段中，辽东湾滨海湿地、莱州湾滨海湿地、杭州湾滨海湿地、珠江口滨海湿地 4 个区段属严重退化；14 个区段属中度退化；10 个区段属轻度退化。从自然角度来看，以基岩为主的滨海湿地区段退化程度较轻，粉砂淤泥质为主的区段退化程度相对较严重；从经济角度来看，相对欠发达区域的滨海湿地退化程度较轻，相对较为发达的区域又缺乏相应的自然保护措施的退化程度较为严重，特别是一些工业集聚明显、规模较大的经济区域的滨海湿地退化程度尤为严重。

11.2　研究的新认识

全国 1975 年、2000 年以及 2017 年三期次滨海湿地类型和面积统计如图 11.1 ～图 11.3，整体变化强度见表 11.2，1975 ～ 2017 年天然湿地变化图见附图 4.2。

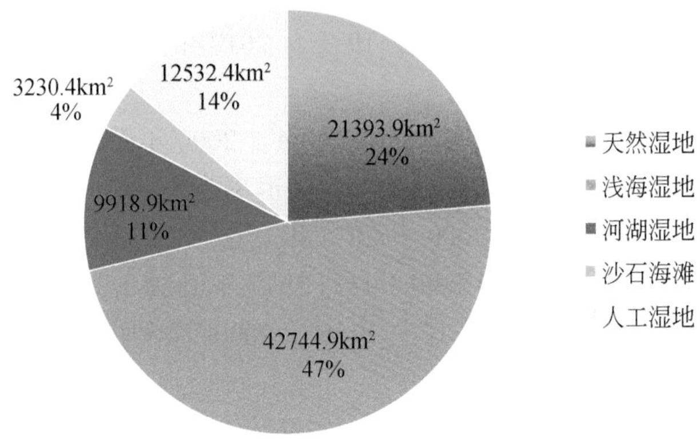

图 11.1　1975 年全国各滨海湿地类型面积及占比

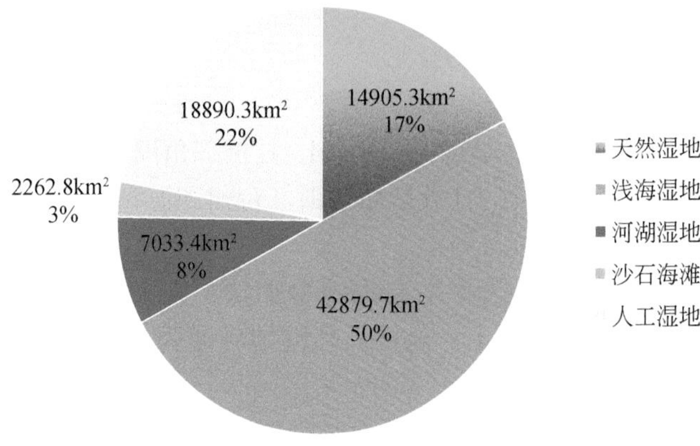

图 11.2　2000 年全国各滨海湿地类型面积及占比

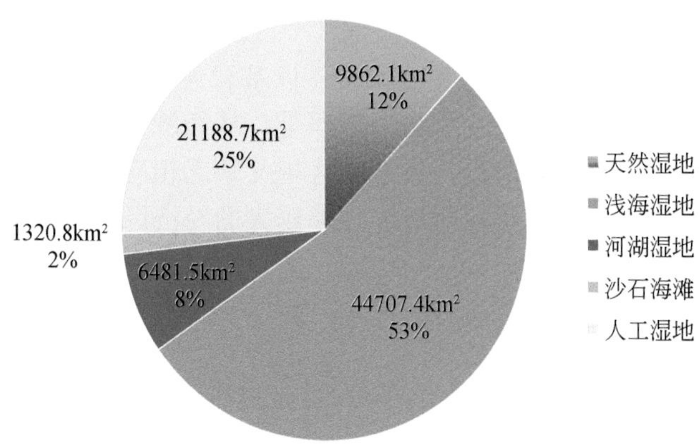

图 11.3 2017 年全国各滨海湿地类型面积及占比

（1）全国滨海湿地总面积（不含港澳台地区，下同）1975 年为 89820.5km^2，2000 年为 85971.5km^2，2017 年为 83560.5km^2，1975 ～ 2017 年湿地总面积呈逐渐减少趋势，衰退率为 7.0%，整体变化不大。

（2）全国天然湿地 1975 年面积约 21393.9km^2，2000 年面积为 14905.3km^2，2017 年面积仅为 9862.1km^2。1975 ～ 2017 年天然湿地衰退率为 53.9%，整体为严重退化，其中 1975 ～ 2000 年衰退率为 30.3%，2000 ～ 2017 年衰退率为 33.8%。人工湿地 1975 年面积为 12532.4km^2，2000 年增加到 18890.3km^2，2017 年继续增加到 21188.7km^2。人工湿地 1975 ～ 2017 年增加率为 69.1%，其中 1975 ～ 2000 年增加率为 50.7%，2000 ～ 2017 年增加率为 12.2%。

（3）根据各省（区、市）统计结果（表 11.2），1975 ～ 2017 年，除上海天然湿地面积增加了 471.7% 外，其余省（区、市）均出现明显下滑，其中以河北最为明显，衰退率高达 84.0%，其次为天津和浙江，分别为 75.7% 和 75.4%，广西和海南衰退率最低，分别为 20.1% 和 24.2%。人工湿地从 1975 ～ 2017 年增加率最高的是广西（2297.6%），其次为山东（470.9%）和广东（361.9%）。

（4）分岸线区段来看，1975 ～ 2017 年辽东湾、渤海湾、苏北平原、杭州湾、台州湾 - 温州湾及雷州湾天然湿地面积衰退问题突出。辽河三角洲、滦河三角洲、天津大港、河北黄骅、山东黄河口、莱州湾、江苏盐城、浙江台州和温州、湛江等地天然湿地衰退面积最大，达到 500 ～ 1500km^2。

（5）2000 年以来，天然滨海湿地衰退速率加快，人工湿地增加速率有所减缓，说明在总体湿地面积略降的情况下，全国天然湿地转变为人工湿地的高潮主要发生在 1975 ～ 2000 年。

（6）从自然角度来看，以基岩为主的地区段通常退化程度较轻粉砂淤泥质为主的区段退化程度相对较严重；从经济角度来看，相对欠发达区域的天然湿地退化程度较轻，相对较为发达的区域又缺乏相应的自然保护措施的退化程度较为严重，特别是一些工业

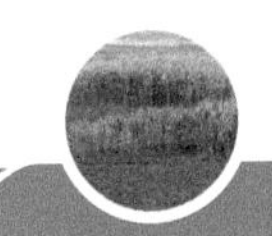

集聚明显、规模较大的经济区域的天然湿地退化尤为严重。

表 11.2　全国及各省（区、市）1975 年、2000 年和 2017 年滨海湿地变化强度一览表

区域	总湿地面积衰退率*/%			天然湿地衰退率*/%			人工湿地增加率*/%		
	1975 ～ 2000 年	2000 ～ 2017 年	1975 ～ 2017 年	1975 ～ 2000 年	2000 ～ 2017 年	1975 ～ 2017 年	1975 ～ 2000 年	2000 ～ 2017 年	1975 ～ 2017 年
全国	4.3	2.8	7.0	30.3	33.8	53.9	50.7	12.2	69.1
辽宁	10.3	17.0	25.5	44.6	37.4	65.3	35.6	−21.0	7.1
河北	−3.7	−12.2	−16.3	66.0	53.0	84.0	92.6	52.5	193.8
天津	9.7	−3.8	6.2	63.4	33.5	75.7	35.4	−3.7	30.4
山东	−13.5	−1.8	−15.6	22.8	54.7	65.1	313.4	38.1	470.9
江苏	−7.2	10.7	4.3	20.6	28.1	42.9	125.6	1.8	129.8
上海	−1.0	1.0	0.0	−159.6	−120.2	−471.7	268.6	−55.5	64.2
浙江	37.8	−6.3	33.9	42.6	57.1	75.4	−76.2	53.7	−63.4
福建	−5.0	7.9	3.3	2.5	52.6	53.8	249.6	−18.3	185.7
广东	−6.8	0.8	−6.0	36.4	39.6	61.6	361.5	0.1	361.9
广西	5.1	−20.0	−13.8	15.5	5.4	20.1	724.9	190.7	2297.6
海南	3.2	11.7	14.5	26.4	−3.0	24.2	483.2	−66.2	96.8

* 负值反映结果与标题部分相反，如衰退率为负值，则反映为增加率

（7）1975 ～ 2000 年，大规模的海水养殖和盐田等，天然湿地转变成渔盐业用地是天然湿地衰退的最主要因素。2000 年之后，天然湿地被围垦成港口、堤坝、建筑用地以及农业用地（非人工湿地）也是天然湿地衰退的主要原因之一。

（8）受海平面上升、地面沉降和全球气候变化的多重影响，天然湿地逐渐转为浅海湿地或者浅海环境，由植被覆盖的天然湿地变成了海咸水永久覆盖的环境。在我国大河三角洲地区，如上海地区，天然湿地面积还在不断增加，这与长江三角洲不断向海进积，导致天然湿地面积不断增加有关系。

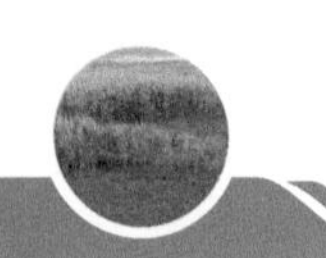

11.3　我国八个典型滨海湿地

1. 辽河三角洲湿地（辽宁双台河口湿地）

辽宁双台河口湿地位于辽宁省渤海辽东湾北辽河的入海口处，总面积约 2630km^2，是世界上生态系统保存完整的滨海湿地之一，也是东亚—澳大利亚水禽迁徙的中转站，在国际湿地和生物多样性研究与保护中拥有重要地位，有“鸟类的国际机场”的美誉。1988 年，经国务院批准晋升为国家级自然保护区，1996 年加入东亚及澳大利西亚涉禽迁徙航道保护区网络，2002 年被纳入东北亚鹤类保护网络，2005 年被列入《国际重要湿地名录》。该湿地动、植物资源十分丰富，有鱼类 45 种，有 250 多种鸟类在这里繁衍生息，其中国家一类保护鸟类 4 种，二类保护鸟类 27 种，包括黑嘴鸥、黑脸琵鹭、丹顶鹤、东方白鹳、大天鹅等珍稀水禽。主要植物有翅碱蓬、芦苇等，其中翅碱蓬由于嫣红似火，被誉为“红地毯”（图 11.4）；芦苇更是享誉中外，有“世界第一大苇田”之称。2015 年辽河三角洲湿地类型如图 11.5 所示。

图 11.4　辽河三角洲湿地红海滩（翅碱蓬）景观

对辽河三角洲湿地的编图，揭示了区域上湿地的变化（表 11.3，图 11.6）。1995 年天然湿地为 1356km^2，而后天然湿地的面积有持续减少的趋势，2000 年、2005 年、2010 年天然湿地面积分别为 1120km^2、1078km^2、1105km^2，2015 年减少至 1104km^2，

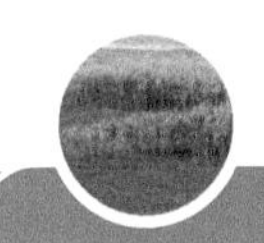

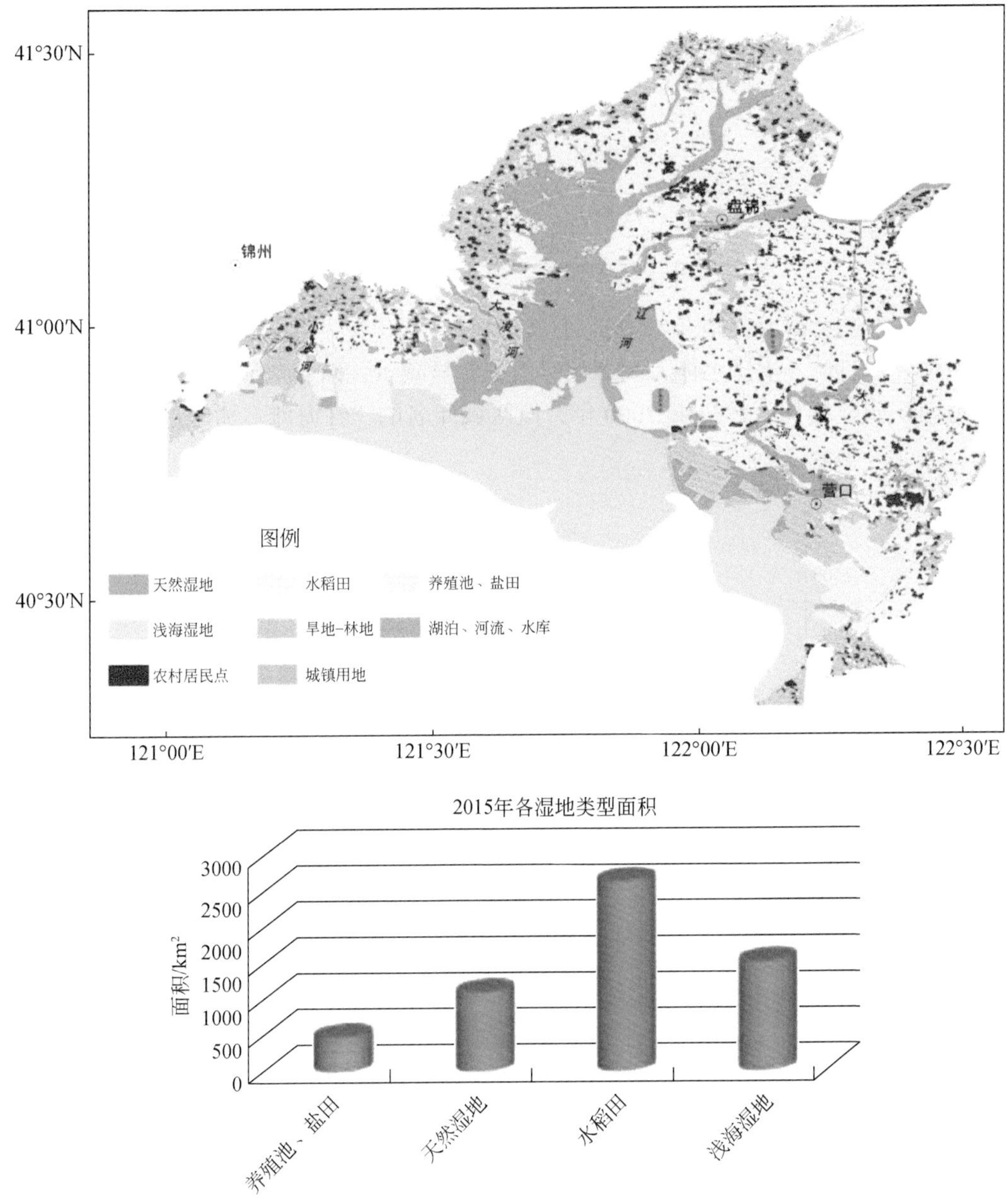

图 11.5　2015 年辽河三角洲湿地类型分布图

20 年来减少 19%。另外，1995 ～ 2015 年，养殖池、盐田等人工湿地面积稳步增加，从 1995 年的 388km^2，增加至 2010 年的 528km^2，2015 年时养殖池、盐田面积有所减少，为 487km^2，总体增加了 129%。天然湿地的减少和人工湿地的增加趋势明显（图 11.5）。水稻田有明显的增加，1995 ～ 2015 年，面积由 2118km^2 增加到 2641km^2，增加了约 24.69%。浅海湿地面积则保持稳定。

表 11.3　1995 ～ 2015 年辽宁双台河口湿地各类湿地面积　（单位：km^2）

类型	1995 年	2000 年	2005 年	2010 年	2015 年
养殖池、盐田	388	435	451	528	487
天然湿地	1356	1120	1078	1105	1104
水稻田	2118	2888	2824	2678	2641
浅海湿地	1699	1858	1859	1681	1520

遥感调查结果显示，20 年来双台河口湿地景观变化较显著，大量天然湿地变为人工湿地，永久性河流、沼泽水体、高潮裸滩面积明显减少，而养殖池、盐田、水稻田等人工湿地面积明显增加。1986 ～ 2000 年，该区域闻名的“红海滩－翅碱蓬滩涂”景观在

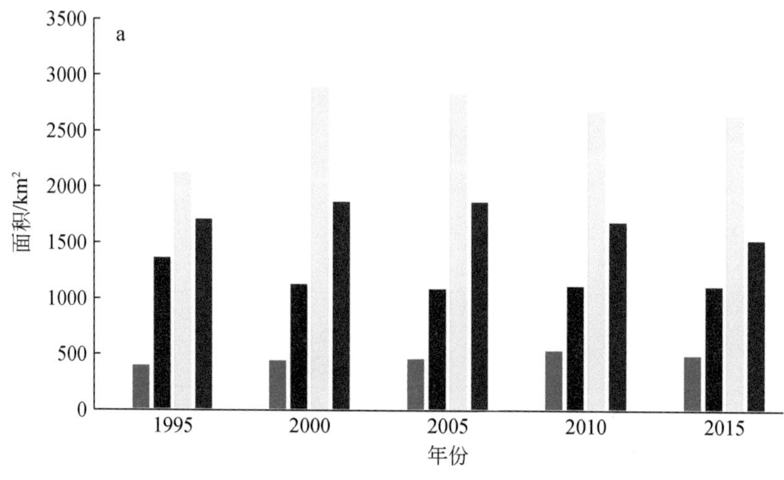

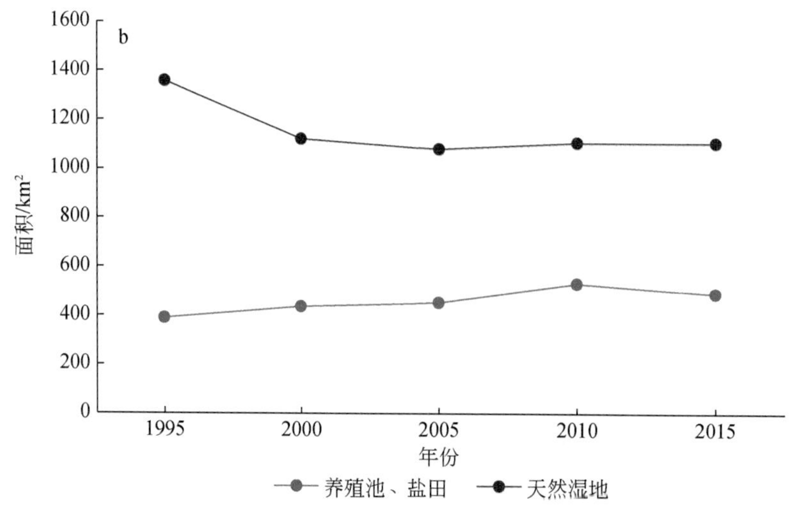

图 11.6　辽河三角洲湿地类型变化趋势图

a.1995 ～ 2015 年四种湿地类型变化趋势图；b.1995 ～ 2015 年养殖池、盐田，天然湿地变化趋势对照图

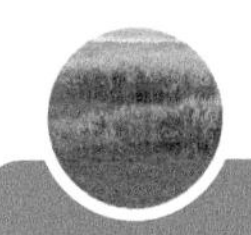

20 年来出现了严重的退化现象，天然湿地减少率达 30.6%；其中滩涂面积由 501.5km^2 减少为 236.4km^2，减少率高达 52.9%。双台河口湿地天然芦苇湿地面积从 1987 年的 604km^2 减少为 2002 年的 240km^2，15 年间减少了 60.3%，芦苇滨海湿地丧失幅度高于全国平均水平。水稻田－虾蟹池面积则呈现增加趋势，年际增加率约为 4.45%。

造成该区滨海湿地退化的原因包含自然因素和人为因素两方面。前者包含改造盐田、养虾养蟹、修建水库、陆源污染物输入、海水养殖、油气勘探、石油溢油污染、旅游景点开发等人类经济开发活动；后者包括盐度的波动、海岸侵蚀、风暴潮等自然灾害、海（咸）水入侵与盐渍化、海平面上升等自然条件变化。湿地退化导致该区生态环境多样性降低，水体氮磷比例失衡，生物群落结构异常，近岸生态系统多处于不健康状态，并有继续恶化的趋势。

2. 黄河三角洲湿地

黄河三角洲湿地是世界上暖温带保存最广阔、最完善、最年轻的湿地生态系统，位于山东省东北部的渤海之滨——山东省东营市，即 36°55′ ~ 38°12′N，118°07′ ~ 119°15′E 之间，于 2013 年 10 月被正式列入《国际重要湿地名录》。该区总面积 4810km^2，包括 2290km^2 的三角洲湿地、1680km^2 的浅海水域和 840km^2 的潮间泥滩。黄河每年向海延伸平均达 22km, 平均造陆 32.4km^2，从而使黄河三角洲湿地的面积在逐年增大，成为世界上新土地面积自然增长最快的地区之一。区内植被覆盖率高达 53.7%，形成了中国沿海最大的海滩植被，含各类植物 393 种。其中有国家二级保护植物野大豆，天然柳林 6.75km^2，天然苇荡 330km^2，天然柽柳林 81.26km^2。人工刺槐林 56.03km^2，与自然保护区周边地区的人工刺槐林连接成一片黄河三角洲湿地（图 11.7）。2015 年黄河三角洲湿地类型如图 11.8 所示。

图 11.7　黄河三角洲湿地芦苇景观

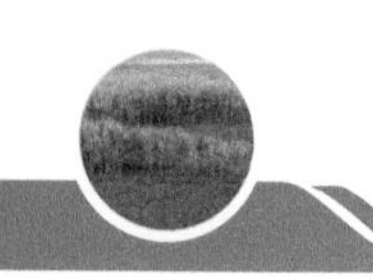

黄河三角洲湿地编图揭示该区域湿地面积的变化（表 11.4，图 11.9）。1995 年天然湿地为 1925km^2，而后天然湿地的面积持续减少，2000 年、2005 年、2010 年天然湿地面积分别为 1555km^2、1175km^2、933km^2，2015 年减少至 678km^2，20 年来减少 65%。然而，1995 ～ 2015 年，养殖池、盐田等人工湿地面积稳步增加，从 1995 年的 123km^2，增加至 2015 年的 599km^2，增加了 387%。天然湿地的减少，人工湿地的增加，这种对应的趋势非常明显，显示两者有高度相关性。水稻田在统计的四类湿地类型中占的比例最小，但是在 1995 ～ 2000 年有大幅增加，但 2000 年之后又有所减少。浅海湿地保持稳定。

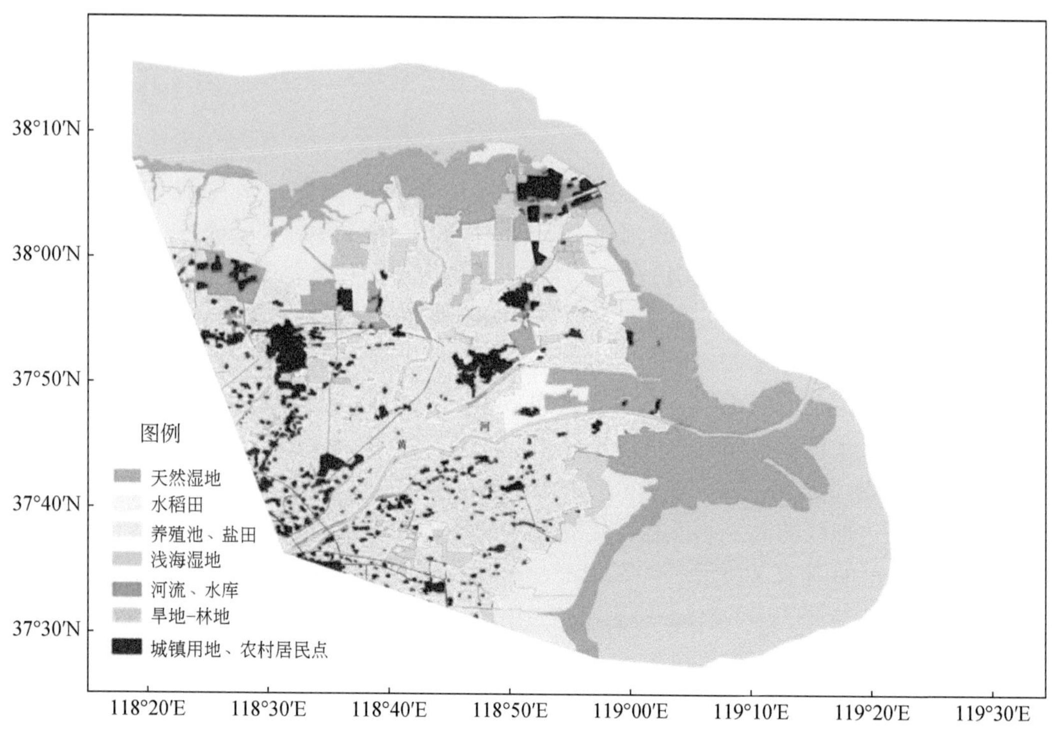

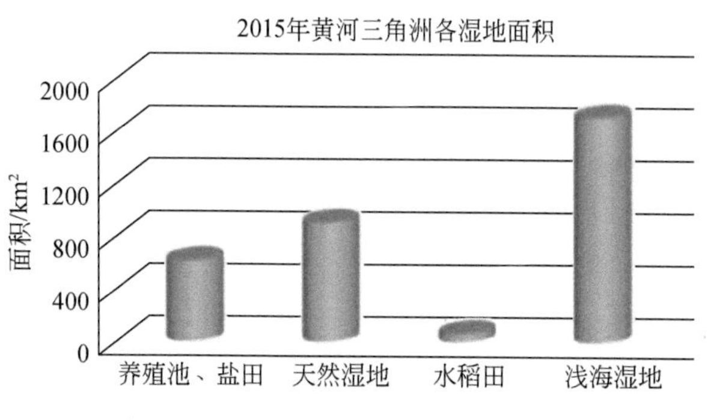

图 11.8　2015 年黄河三角洲湿地类型图

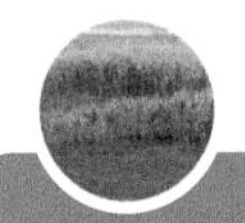

表 11.4　1995 ~ 2015 年黄河三角洲湿地各类湿地面积　（单位：km^2）

类型	1995 年	2000 年	2005 年	2010 年	2015 年
养殖池、盐田	123	181	256	490	599
天然湿地	1925	1555	1175	933	678
水稻田	54	93	92	67	67
浅海湿地	1596	1640	1747	1683	1715

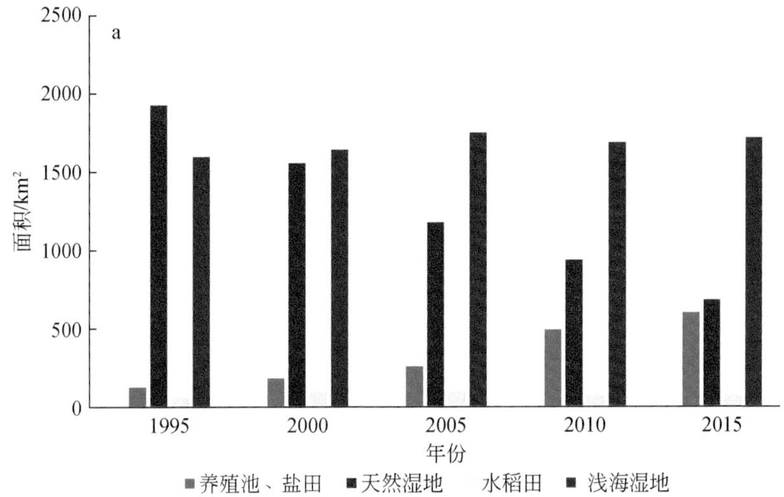

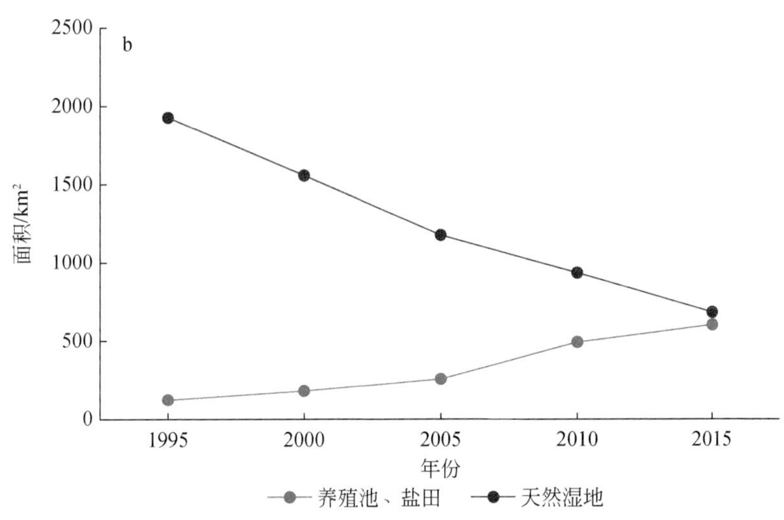

图 11.9　黄河三角洲湿地类型变化趋势图

a. 1995 ~ 2015 年四种湿地类型变化趋势图；b. 1995 ~ 2015 年养殖池、盐田，天然湿地变化趋势对照图

另外，1976 ~ 2008 年，黄河三角洲总湿地面积总体呈下降趋势，由 1976 年的 1176.3km^2 变化到 2008 年的 1076.4km^2，共减少 99.9km^2，减少率为 8.5%，其中，天然湿地面积呈现显著下降趋势，由 1976 年的 1170.4km^2 变化到 2008 年的 649.3km^2，共减少 521.1km^2，减少了 44.5%；人工湿地面积呈现增加趋势，1976 年的 5.9582km^2 变化到

2008 年的 427.1km²，增加了 70.7 倍，约 421.2km²。

改革开放以来对黄河三角洲的开发日益加剧，特别是自 1983 年东营建市以来，区域人口不断增加，农业垦荒、城市建设、水产养殖、油田开发等活动对于湿地扰动较为明显，同时黄河来水来沙呈减少趋势（图 11.10），湿地淡水资源不足，使得湿地破碎化明显。2000 年之后开展了有关湿地生态恢复工程建设，民众湿地保护意识不断增强。尤其自 2008 年以来结合黄河调水调沙进行的湿地生态补水，对于黄河河口湿地生态恢复起到了积极的效果。

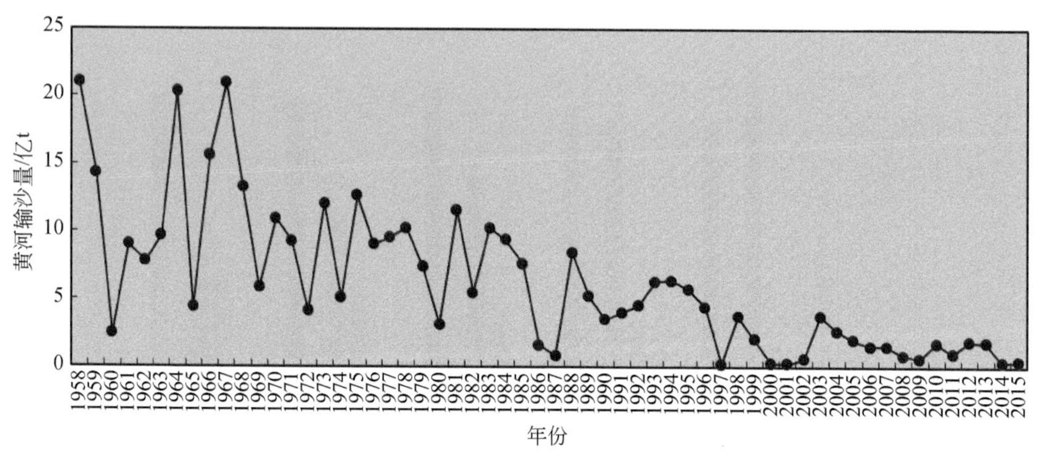

图 11.10　黄河来水来沙变化趋势（据刘慰和王随继，2019）

3. 江苏盐城滨海湿地

江苏盐城滨海湿地沿海滩涂面积占江苏省滩涂总面积的 75%，占全国的 1/7，被列入世界重点湿地保护区。西部大纵湖、九龙口、马家荡等湖泊水域面积近百平方千米，物产丰饶，风景如画，民俗文化源远流长。盐城滨海湿地作为中国重要的湿地之一，2002 年被列入《国际重要湿地名录》，2019 年被列入世界自然遗产，为我国首个滨海湿地类型的世界自然遗产；区域内有盐城国家级珍禽自然保护区和大丰麋鹿国家级自然保护区（位于盐城保护区实验区内）具有“金滩银荡”和“鱼米之乡”的美誉，在我国的生物多样性保护中具有重要地位。据江苏省 908 专项调查结果，盐城市湿地资源总面积为全省沿海三市最大，为 2007.3km²，占江苏省湿地总面积的 53.3%，天然湿地面积为 1099.4km²，人工湿地面积为 907.9km²。其中，碱蓬盐沼湿地面积为 23.8km²，芦苇盐沼湿地面积为 192.0km²，米草盐沼湿地面积最大，为 203.3km²（图 11.11）。2015 年江苏盐城滨海湿地类型分布如图 11.12 所示。

江苏盐城滨海湿地珍禽国家级自然保护区，简称江苏盐城自然保护区，是中国最大的海岸带自然保护区之一，始建于 1984 年，地处江苏中部沿海，位于 32°48′47″ ～ 34°29′28″ N，119°53′45″ ～ 121°18′12″ E 之间，包括东台、大丰、射阳、滨海、响水 5 个县（市）的沿海滩涂，总面积 247260hm²，是我国最大的沿海滩涂湿地类型的自然保护区，也是太平洋西岸最大的湿地，主要保护丹顶鹤等珍稀野生动物及其赖以生存的滩涂湿地

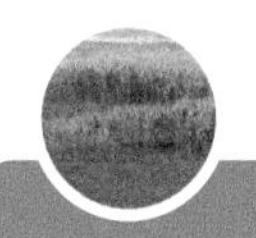

图 11.11　江苏盐城四卯酉互花米草湿地生境

图中为 CROWN——滨海湿地气候变化观测站，2018 年建站

生态系统。盐城自然保护区还是连接东亚－澳大利西亚候鸟迁徙路线上重要的停歇地，是我国少有的高濒危鸟类栖息地区之一，区内国家一级重点保护鸟类 11 种，国家二级重点保护鸟类 64 种，有 31 种鸟类的种群数量超过了其全球种群数量的 1%，36 种鸟类列入《中国濒危物种红皮书》。此外，每年约有 800 只丹顶鹤在此越冬（约占世界种群的 50%），1000 多对黑嘴鸥在此栖息繁衍（占世界种群的 30% ～ 50%）。保护区面对南黄海，背靠苏北平原，是淤泥质平原海岸的典型代表。其中核心区面积 22596hm^2，缓冲区面积 56742hm^2，实验区面积 167922hm^2。滩涂由陆向海，植被带可分为芦草带、盐篙带、无植被带（光滩）、米草带。米草带是 20 世纪 60 年代人工小面积种植，现已发展成宽 500 ～ 1000m 的植被带。每年植被带向海扩展 300 ～ 500m，盐篙带、翅碱蓬和灰绿碱蓬有大量分布。大丰麋鹿国家级自然保护区位于江苏省大丰市境内，范围介于 32°58′31.67″ ～ 33°03′27.6″ N，120°46′44.66″ ～ 120°53′26.6″ E 之间，总面积 2666.67hm^2，其中核心区面积 1656.67hm^2，缓冲区面积 288hm^2，实验区面积 722hm^2。1986 年改建为省级自然保护区，1997 年晋升为国家级，主要保护对象为麋鹿及其生态环境。

江苏盐城滨海湿地的编图显示，1995 年以来 20 年区域上湿地的变化（表 11.5，图 11.13）。1995 年天然湿地为 2109km^2，而后天然湿地的面积持续减少，2000 年、2005 年、2010 年天然湿地面积分别为 1713km^2、1425km^2、1143km^2，2015 年减少至 966km^2，20 年来减少 54%。1995 ～ 2015 年，养殖池、盐田等人工湿地面积稳步增加，从 1995 年的 546km^2，增加至 2015 年的 1142km^2，增加了 109%。天然湿地减少和人工湿地增加的趋势明显（图 11.13）。水稻田面积在 1995 ～ 2015 年减少 7%，浅海湿地在这段时间增加了 7%。

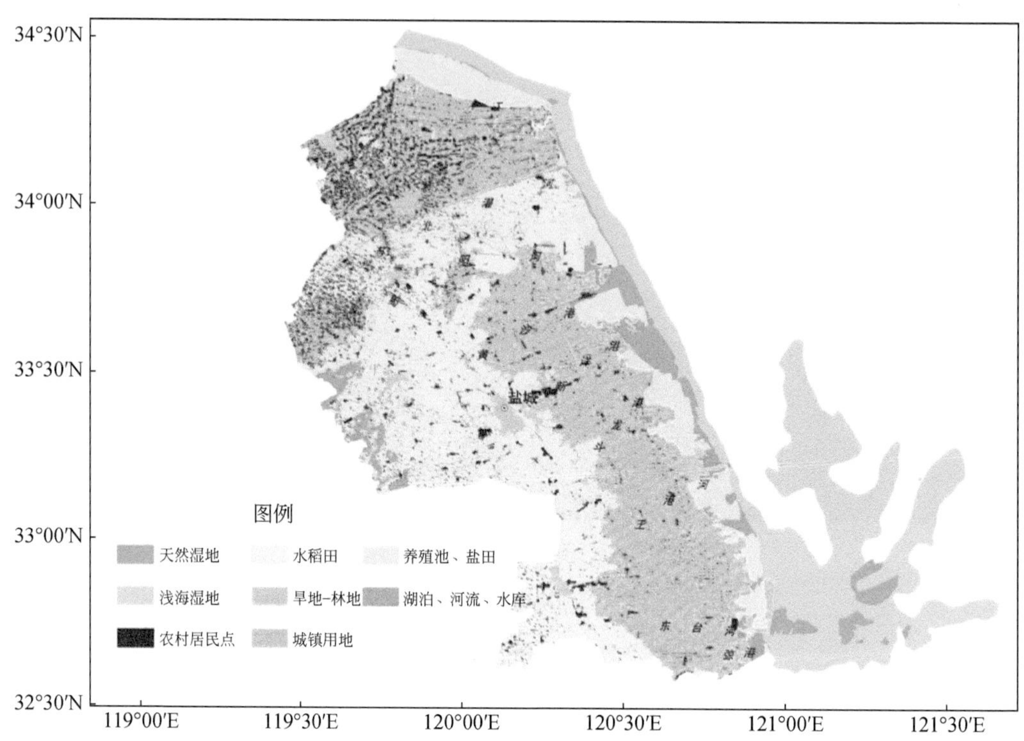

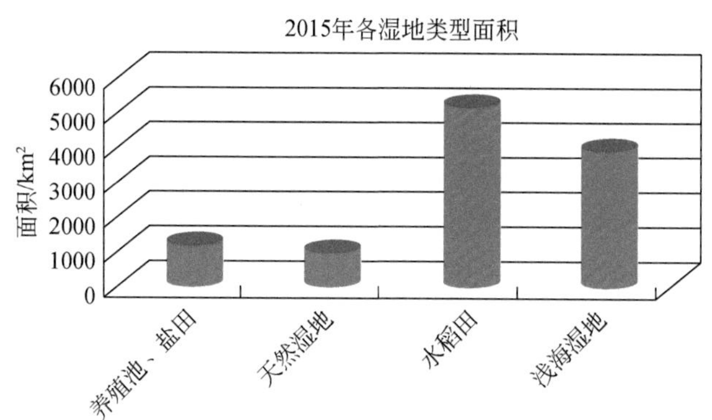

图 11.12　2015 年江苏盐城滨海湿地类型图

表 11.5　1995 ～ 2015 年江苏盐城滨海湿地各类湿地面积　（单位：km²）

类型	1995 年	2000 年	2005 年	2010 年	2015 年
养殖池、盐田	546	767	886	1018	1142
天然湿地	2109	1713	1425	1143	966
水稻田	5502	5464	5403	5172	5137
浅海湿地	3563	3645	3713	3777	3822

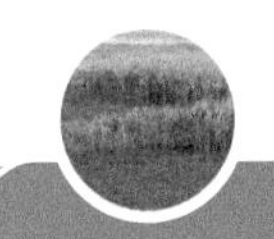

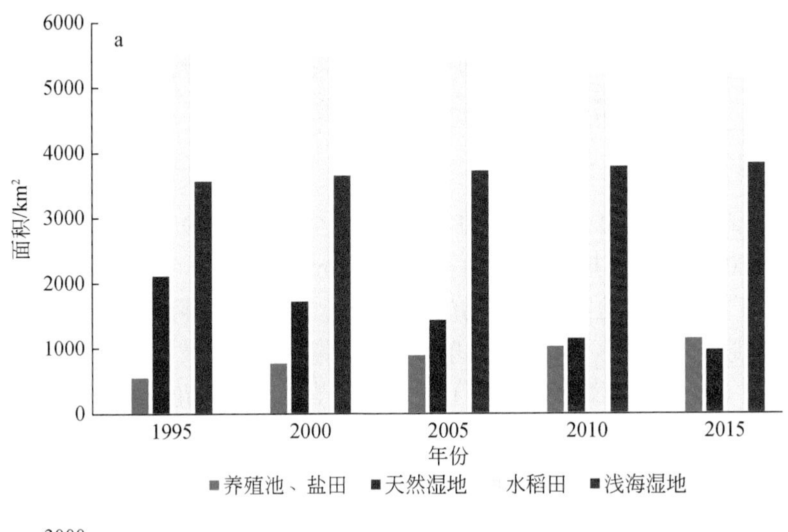

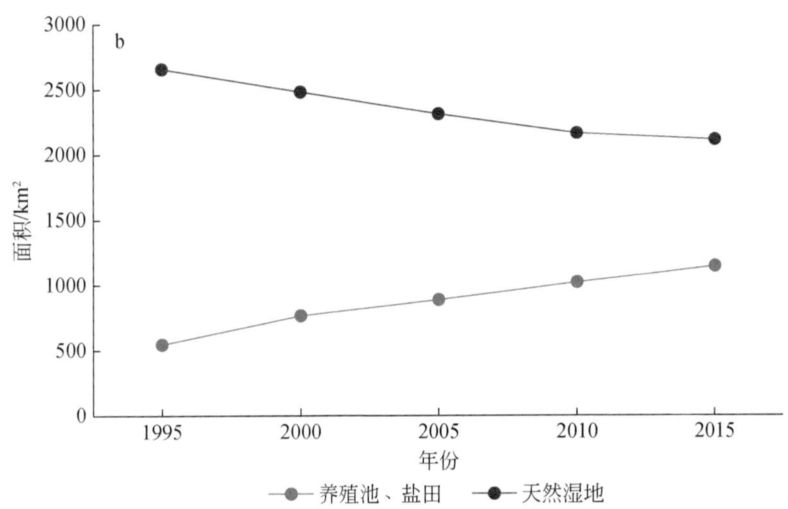

图 11.13　江苏盐城滨海湿地类型变化趋势图

a. 1995 ～ 2015 年四种湿地类型变化趋势图；b. 1995 ～ 2015 年养殖池、盐田，天然湿地变化趋势对照图

各种调查研究结果显示，自 20 世纪 70 年代以来，江苏盐城滨海湿地总面积呈减少趋势：1976 年江苏盐城滨海湿地天然湿地为 5777.3km^2，2007 年减少为 4189.4km^2，减少率达 27.5%；尤其表现为以獐茅、碱蓬群落为代表的自然湿地的大幅度减少。与此相对应，人工湿地的面积由 1976 年的 4.82% 上升为 2007 年的 27.96%。尽管总湿地面积变化不大，但自然湿地大量减少导致景观中的植被群落类型多样性则呈减少趋势，并有可能逐渐向单一优势种群过渡。

滨海湿地退化的自然因素包括海岸侵蚀与淤积类型的差别，淤泥质滨海湿地生态系统在淤涨过程中自身的自然演替过程；人为因素包括政策导向性的各类滩涂开发活动、滩涂围垦、港口开发和扩建、外来物种的引种和扩散等，同时以工农业废水、城市生活污水为主的陆上污染源及以船舶溢油、近海养殖为主的海上污染源加剧了湿地生态环境

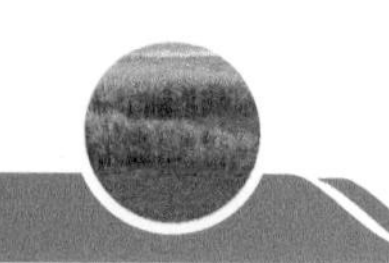

的恶化和景观破碎化程度。因此，加强盐城滨海湿地生态系统的整体保护，并严格制定持续有效的管理措施来协调开发与保护之间的关系，使各种人类活动对整个生态系统的压力减到最小，以获得经济、社会、生态效益的统一。

4. 上海崇明东滩湿地

崇明东滩湿地自然保护区位于长江入海口，上海崇明的最东端（31°25′～31°38′N，121°50′～122°05′E），保护区核心面积 165.92km^2，于 2002 年列为《国际重要湿地名录》，同时由于其为亚太地区迁徙水鸟的重要通道，被湿地国际亚太组织接纳为“东亚—澳大利西亚迁徙涉禽保护区网络”成员单位。崇明东滩盐沼植被主要由三大植被类型组成，即海三棱藨草（包括糙叶薹草和藨草）群落、芦苇群落和互花米草群落。海三棱藨草群落是潮滩上的先锋群落，分布在中潮滩上半部分和高潮滩，有消浪、护滩和促淤等功能，它的出现和生长又为互花米草群落和芦苇群落创造了立地条件。芦苇群落分布在高潮带上半部分，而互花米草群落则主要分布在芦苇带，其分布下限可达到海三棱藨草群落。2015 年上海崇明东滩湿地类型分布如图 11.14 所示。

上海崇明东滩地区编图揭示，区域上湿地的变化（表 11.6，图 11.15）。1995 年天然湿地为 137km^2，而后天然湿地的面积持续减少，2000 年、2005 年、2010 年天然湿地面积分别为 116km^2、97km^2、60km^2，2015 年略有增加，为 66km^2。20 年来总体减少 52%。从 1995～2015 年，养殖池、盐田等人工湿地面积稳步增加，从 1995 年的 14km^2，增加至 2015 年的 123km^2，增加了 7.79 倍。天然湿地的减少和人工湿地的增加趋势明显（图 11.15）。而水稻田、浅海湿地保持稳定。

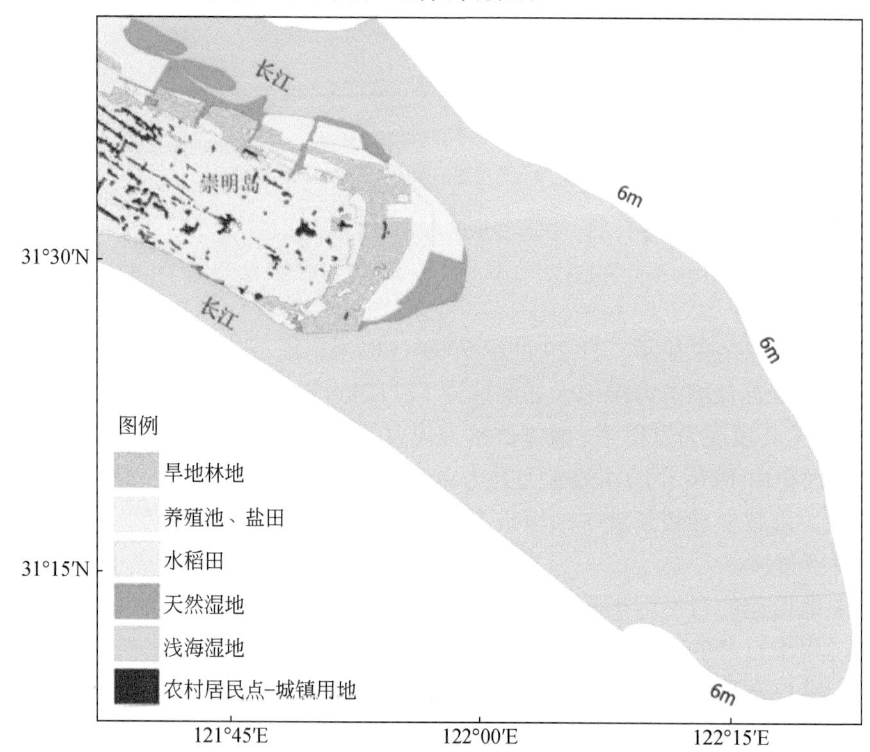

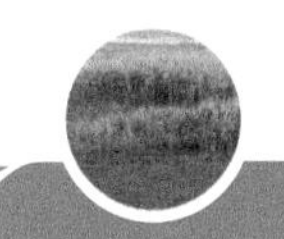

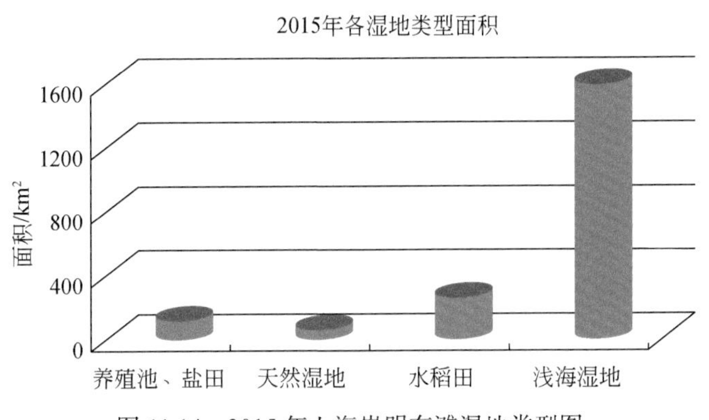

图 11.14　2015 年上海崇明东滩湿地类型图

表 11.6　1995 ～ 2015 年上海崇明东滩湿地各类湿地面积　　（单位：km^2）

类型	1995 年	2000 年	2005 年	2010 年	2015 年
养殖池、盐田	14	40	47	104	123
天然湿地	137	116	97	60	66
水稻田	276	266	265	263	263
浅海湿地	1654	1648	1645	1625	1599

近 20 年的遥感分析对比研究表明：崇明东滩湿地在 1987 ～ 2000 年，滩涂面积不断减少，而 2000 年后有所增加，目前滩涂主要分布在 98 堤和 02 堤以东区域。1987 年崇明东滩湿地面积约 140.80km^2（未包含平均低潮线到 -6m 的水下部分）；1996 年湿地面积减少至 102.27km^2，比 10 年前减少约 27.37%；2000 年湿地面积继续减少至 81.75km^2，达到最低值，比 1987 年减少率达到 41.94%；2009 年湿地面积略微有所增加，为 84.49km^2，比 10 年前增加 3.35%。

崇明东滩湿地面积近 20 年来的变化主要受自然和人类活动因素的影响。虽然自然滩涂湿地的面积一直在减小，但长江上游携带的巨量泥沙在该区域沉积，加上人类圈围和航槽治理工程等活动，崇明东滩湿地的可利用土地资源面积（人类圈围面积与自然滩涂面积之和）其实一直在增加，虽然三峡大坝的建设使得近年来这一增加趋势变缓。尽管如此，人类大规模的圈围活动仍然大幅度超过了滩涂自然扩展对滩涂湿地面积的影响，导致该地区的滩涂湿地面积锐减。从 1987 年以来，滩涂面积锐减 40% 左右，而圈围面积已达到 111.69km^2，1987 ～ 2009 年，圈围强度达到 5.32km^2/a。近年来，国家级自然保护区的建立为保护湿地起到积极影响，是近十年来湿地面积增加的原因之一。

5. 福建漳江口红树林湿地

福建漳江口红树林国家级自然保护区是福建省第一个国家级红树林类型自然保护区，位于云霄县东厦镇，总面积 2.36km^2，2003 年 6 月被批准为国家级自然保护区，并于 2008 年 2 月列入《国际重要湿地名录》。拥有我国天然分布最北部的大面积的红树林，

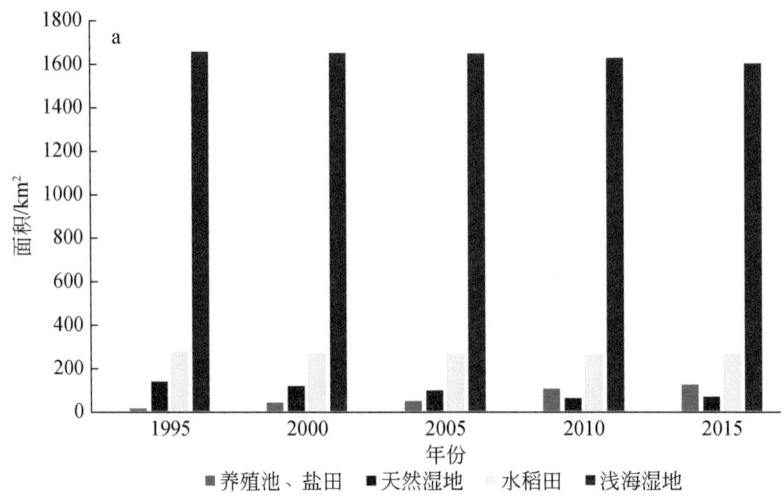

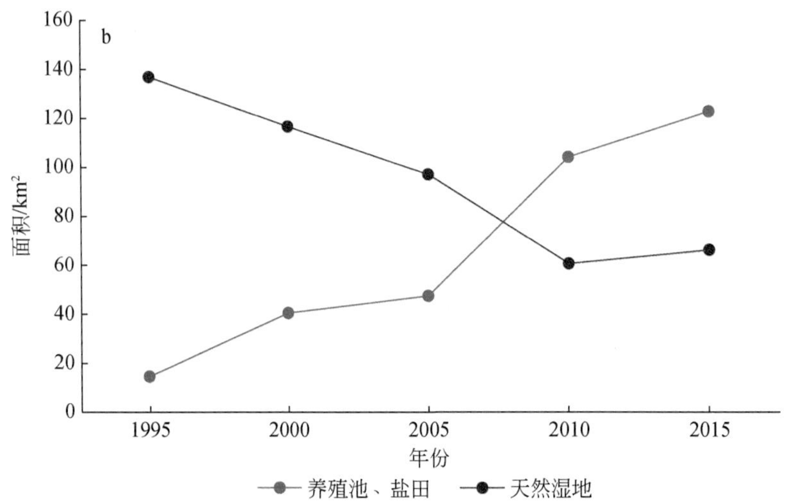

图 11.15　上海崇明东滩湿地类型变化趋势图

a. 1995 ～ 2015 年四种湿地类型变化趋势图；b. 1995 ～ 2015 年养殖池、盐田，天然湿地变化趋势对照图

保护区内有天然红树林面积 1.67km²，保护区植被覆盖以中高覆盖为主，其面积比在 80% 以上，低植被覆盖度的面积比不超过 20%，区内湿地资源丰富，包括植物资源、野生动物资源、鸟类资源，其中水鸟数占福建省水鸟总种数的 42.9%。2018 年福建漳江口红树林湿地类型如图 11.16 所示。

福建漳江口红树林及邻区编图揭示，区域上湿地的变化（表 11.7，图 11.17）。1995 年天然湿地为 73km²，而后天然湿地的面积持续减少，2000 年、2005 年、2010 年天然湿地面积分别为 50km²、48km²、46km²，2015 年减少至 42km²，20 年来减少 42.5%。1995 ～ 2015 年，养殖池、盐田等人工湿地面积稳步增加，从 1995 年的 21km² 增加至 2015 年的 69km²，增加了 229%。天然湿地的减少和人工湿地的增加趋势明显（图 11.17）。而水稻田、浅海湿地保持稳定。

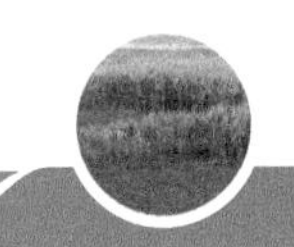

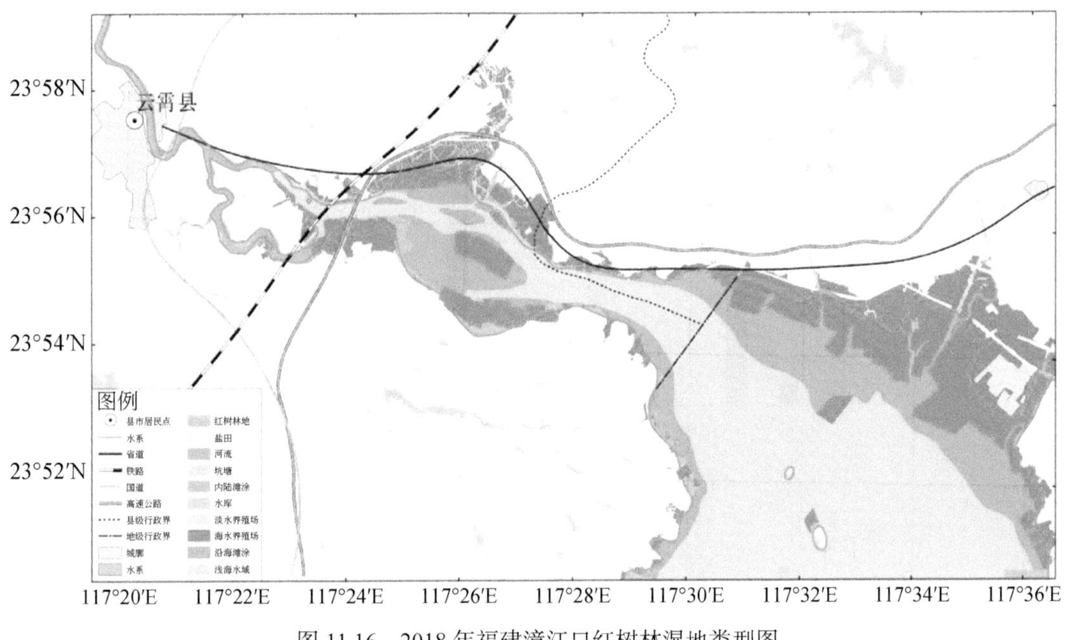

图 11.16　2018 年福建漳江口红树林湿地类型图

表 11.7　1995 ～ 2015 年福建漳江口红树林湿地各类湿地面积　（单位：km^2）

类型	1995 年	2000 年	2005 年	2010 年	2015 年
养殖池、盐田	21	24	52	63	69
天然湿地	73	50	48	46	42
水稻田	1210	1184	1074	1010	1011
浅海湿地	874	884	850	830	811

仅就福建漳江口红树林覆盖面积而言，近 40 年遥感数据显示漳江口红树林面积有先减少后增加的趋势，1973 年漳江口红树林面积为 1.74km^2，2000 年面积为 0.96km^2，近 30 年的减少率为 44.8%，2010 年面积为 0.81km^2，近 10 年间的减少率为 15.6%，2000 ～ 2010 年其他景观转化为红树林的面积为 0.42km^2，红树林转化为其他景观类型的面积为 0.56km^2，而 2010 ～ 2013 年有 2.32km^2 的其他景观类型转化为红树林，同时又转化为其他景观类型，所以保护区现有面积为 2.36km^2，3 年间的增长率为 191.4%。

2003 ～ 2017 年，因围海养殖、围海造地等造成福建省泉州市泉州湾河口地区滨海湿地面积减少到 105.41km^2，减少了 25.68km^2，人工湿地增加了 7.58km^2。从 20 世纪 70 年代至今，福建省漳州市漳江口红树林滨海湿地面积变化较小，减少了 4.46km^2，目前约有 33.96km^2；但以海水养殖场为主的人工湿地从 1973 年的 2.91km^2 增加到 2017 年的 17km^2，增加了 14.09km^2，增长了 4.8 倍。

红树林面积发生变化的原因是退化为水域或盐沼湿地和人为因素（围垦、航道开发

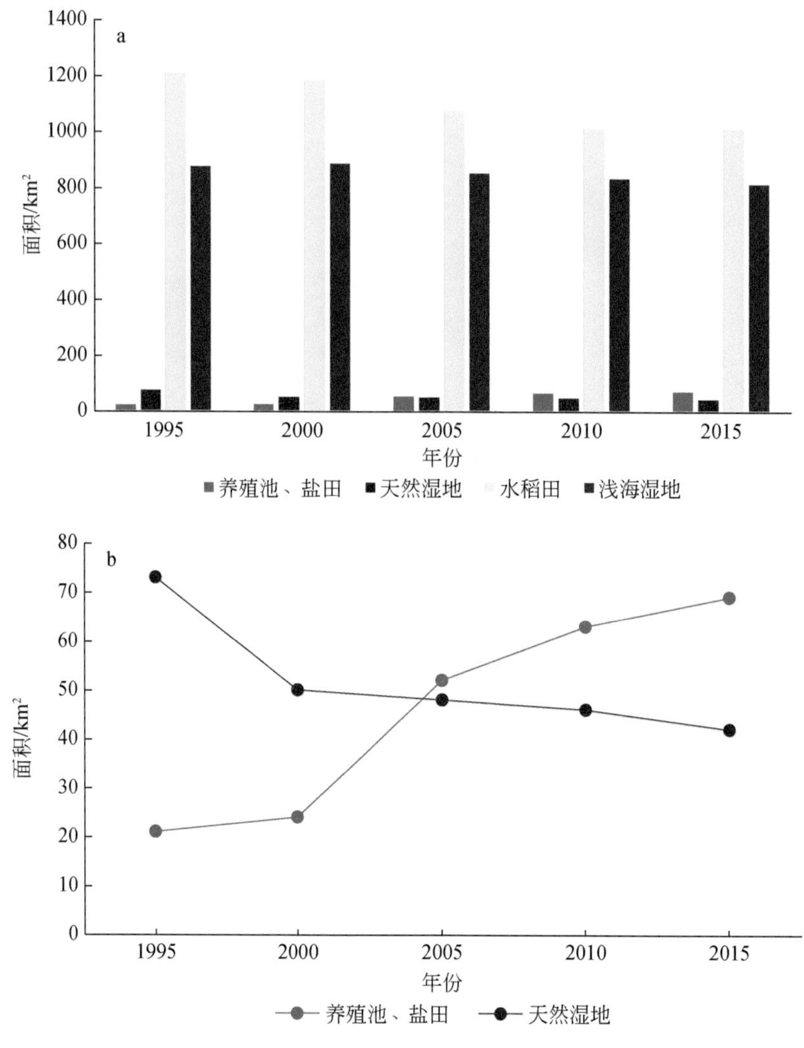

图 11.17 福建漳江口红树林湿地类型变化趋势图

a. 1995 ～ 2015 年四种湿地类型变化趋势图；b. 1995 ～ 2015 年养殖池、盐田，天然湿地变化趋势对照图

等）。20 世纪 90 年代开始人们对红树林的保护意识加强，开始采取措施来保护红树林，如人工种植，当地渔民和船只能按照指定的船道路线出入，海产品养殖要考虑到是否影响红树林的生长状况，提倡不使用农药的生态养殖方式等，并加紧实施对红树林的造林和抚育政策，这才使得红树林面积开始增加。

6. 广东湛江红树林湿地

广东湛江红树林国家级自然保护区位于大陆最南端的雷州半岛，有 72 个小的保护单元散布于雷州半岛东西沿岸；其总面积为 202.78km^2，其中天然红树林面积 90km^2，约占全国红树林总面积的 33%，是我国大陆沿海红树林面积最大的自然保护区，属海岸红树林沼泽湿地类型（图 11.18）。1990 年广东省人民政府批准建立了红树林自然保护区，

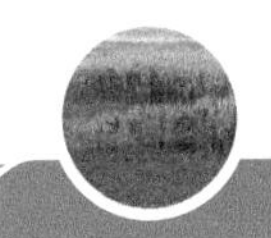

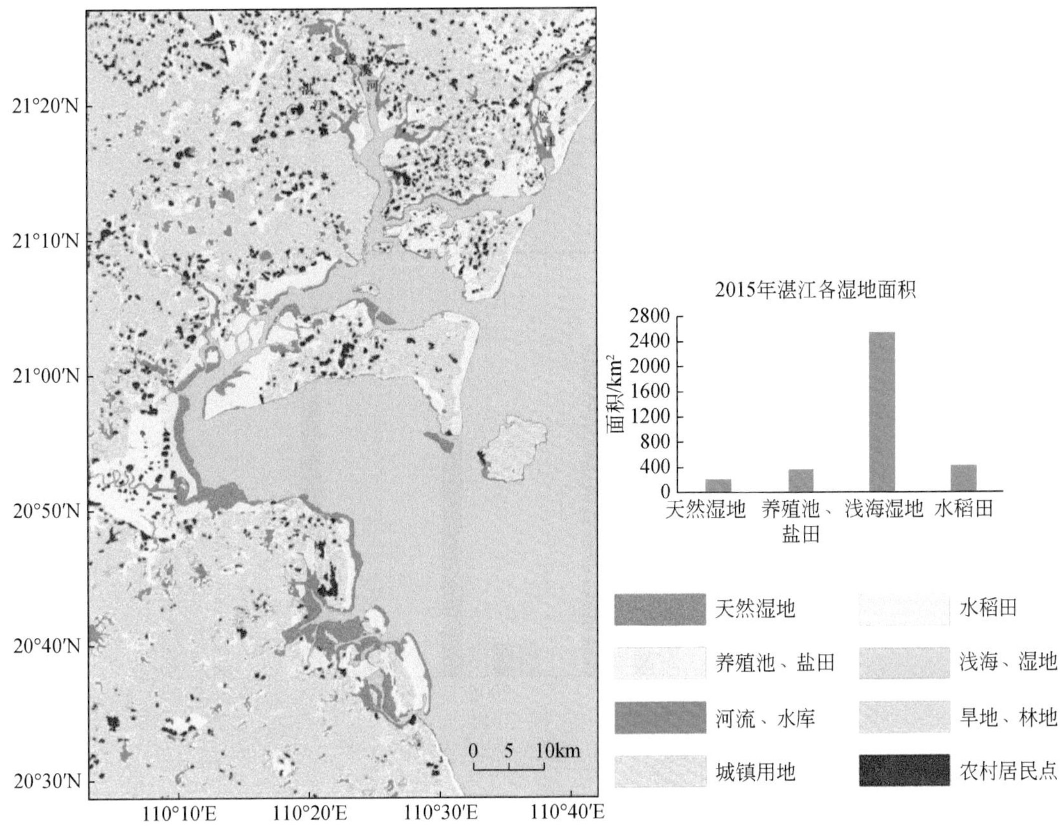

图 11.18　2015 年广东湛江红树林湿地类型图

1997 年该区晋级为国家级自然保护区，2002 年湛江红树林国家级自然保护区加入《国际重要湿地名录》。

湛江红树林保护区自然资源十分丰富。有真红树和半红树植物 15 科 24 种，主要的伴生植物 14 科 21 种，是我国大陆海岸红树林种类最多的地区。其中分布最广、数量最多的为白骨壤（*Avicennia marina*）、桐花树（*Aegicerascorniculatum*）、红海榄（*Rhizophora stylosa*）、秋茄（*Kandeliacandel*）和木榄（*Bruguieragymnorrhiza*）。记录有鸟类达 194 种，是广东省重要鸟类区之一。此外，贝类有 3 纲 41 科 76 属 130 种，鱼类有 15 目 60 科 100 属 139 种。2015 年广东湛江红树林湿地类型见图 11.18。

湛江红树林及邻区编图揭示，区域上湿地的变化（表 11.8，图 11.19）。1995 年天然湿地为 419km^2，而后天然湿地的面积基本上是持续减少，2000 年、2005 年天然湿地面积分别为 277km^2、258km^2，2010 年天然湿地面积有所增加，为 302km^2，2015 年减少至 206km^2。20 年来总体为减少趋势，减少了 51%。1995 ～ 2015 年，养殖池、盐田等人工湿地面积稳步增加，从 1995 年的 252km^2 增加至 2015 年的 352km^2，增加了 40%。天然湿地的减少和人工湿地的增加趋势明显（图 11.19），而水稻田、浅海湿地基本保持稳定，变化幅度很小。

表 11.8　1995～2015 年广东湛江红树林湿地各类湿地面积　（单位：km²）

类型	1995 年	2000 年	2005 年	2010 年	2015 年
养殖池、盐田	252	284	281	329	352
天然湿地	419	277	258	302	206
水稻田	394	427	431	437	425
浅海湿地	2493	2531	2543	2458	2551

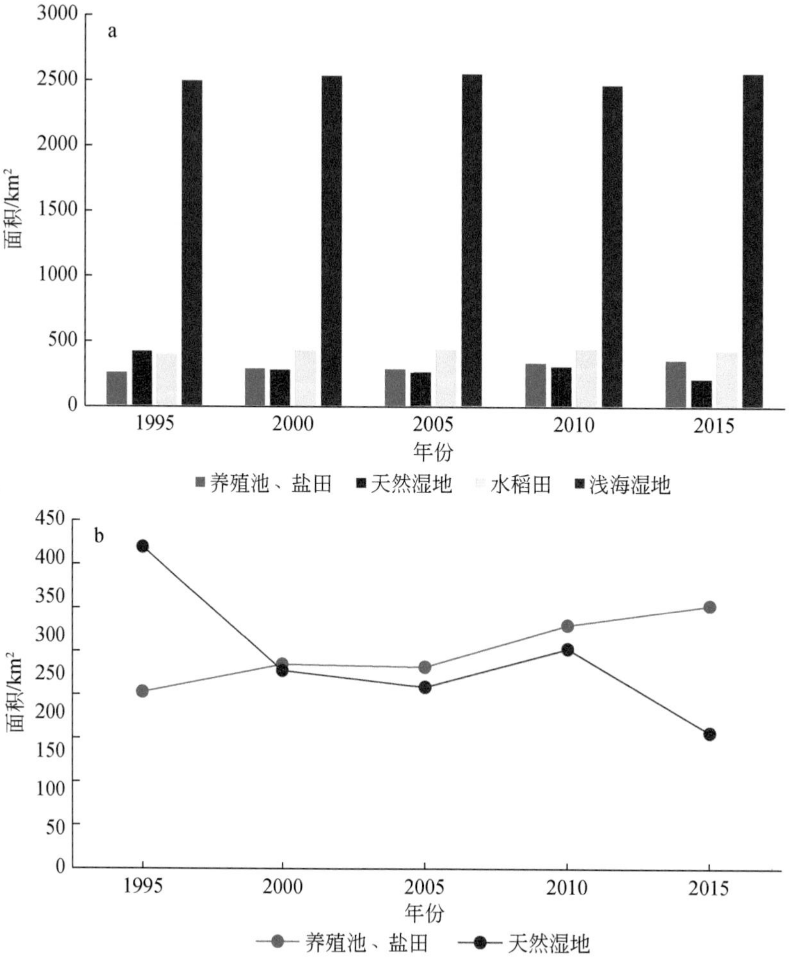

图 11.19　广东湛江红树林湿地类型变化趋势图

a. 1995～2015 年四种湿地类型变化趋势图；b.1995～2015 年养殖池、盐田，天然湿地变化趋势对照图

遥感探测结果显示，湛江自然保护区 1973～2013 年红树林覆盖面积先减少后增加：1973～1990 年，湛江红树林面积变化最为剧烈，减少了 73.7km²，消失的红树林面积达 52%；1990～2000 年，湛江保护区红树林面积减少 14.98km²，减少率为 22.5%，其中英罗湾和安铺港有部分新增红树林，其余部分仍为减少状态；2000～2013 年，湛江红树林面积从 51.4km² 增加到 88.6km²，增长率高达 72% 左右，各个海岸新增红树林面积均较大。

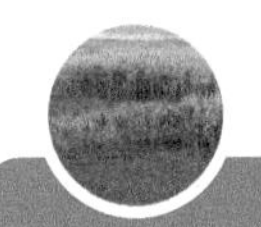

该区红树林面积和分布不断变化的原因主要是人为因素。1973 ～ 1990 年期间人为干扰强烈，当地百姓无节制过度的开海和传统的作业方式，以及为发展经济而乱砍滥伐、无序开发、围垦造田等行为，严重破坏红树林湿地生态环境，导致红树林面积锐减。自 1990 年建立湛江红树林自然保护区以来，人们对红树林保护意识不断提高，大规模砍伐红树林的行为得以遏制，并加强综合管理和人工造林等措施拓展红树林，现阶段红树林面积保持相对稳定。自然因素，如海岸侵蚀、风暴潮等也对该区红树林变化有一定的影响。

7. 广西山口红树林湿地

山口红树林保护区位于广西壮族自治区北海市合浦县东南部，东以洗米河与广东省分界，西为丹兜港，南临大海，是北部湾东侧沙田半岛的沿岸海滩涂，总面积 80km^2，其中海域、陆域各 40km^2。2002 年列入《国际重要湿地名录》。主要保护对象为红树林及其生态环境。区内动植物资源丰富，有红树植物 15 种，大型底栖动物 170 种，鸟类 106 种，鱼类 82 种，昆虫 258 种，贝类 90 种，虾蟹类 61 种，浮游动物 26 种，其他动物 16 种，底栖硅藻 158 种，浮游植物 96 种。区内真红树植物种类共 9 科 10 属 10 种，半红树植物 5 科 6 属 6 种。真红树植物中，白骨壤（*Avicennia marina*）、桐花树（*Aegicerascorniculatum*）、秋茄（*Kandeliacandel*）、红海榄（*Rhizophora stylosa*）、木榄（*Bruguieragymnorrhiza*）和海漆（*Excoecariaagallocha*）是保护区红树植物群落中的主要建群种。2015 年广西山口红树林湿地类型如图 11.20 所示。

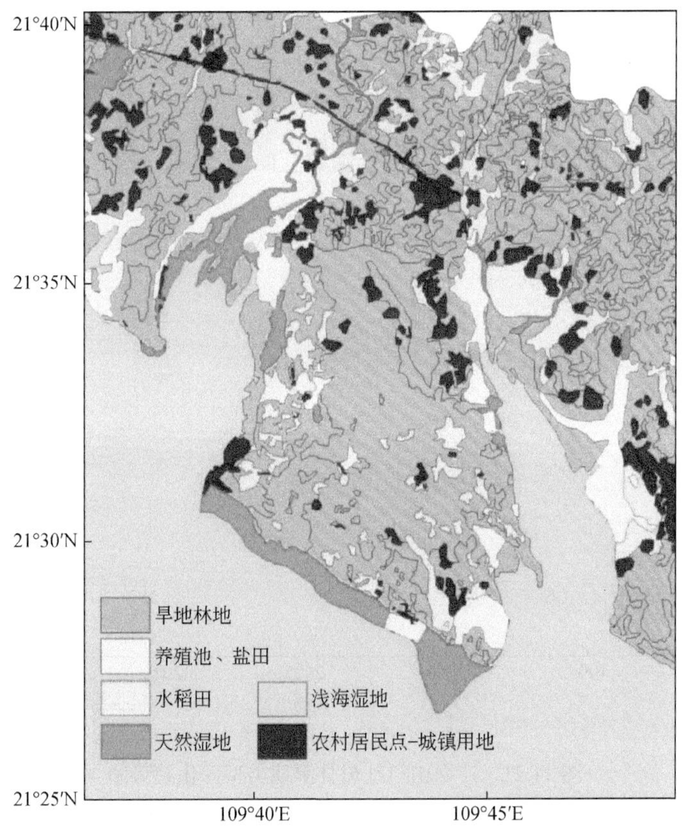

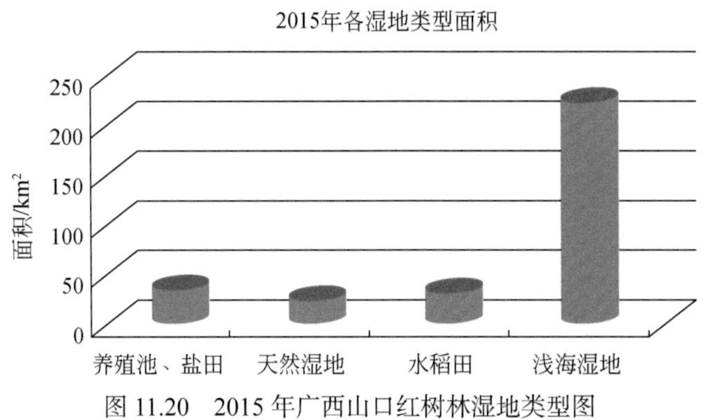

图 11.20 2015 年广西山口红树林湿地类型图

广西山口红树林及邻区编图揭示区域上湿地的变化（表 11.9，图 11.21）。1995 年天然湿地为 43km²，至 2005 年天然湿地的面积持续减少，2000 年、2005 年天然湿地

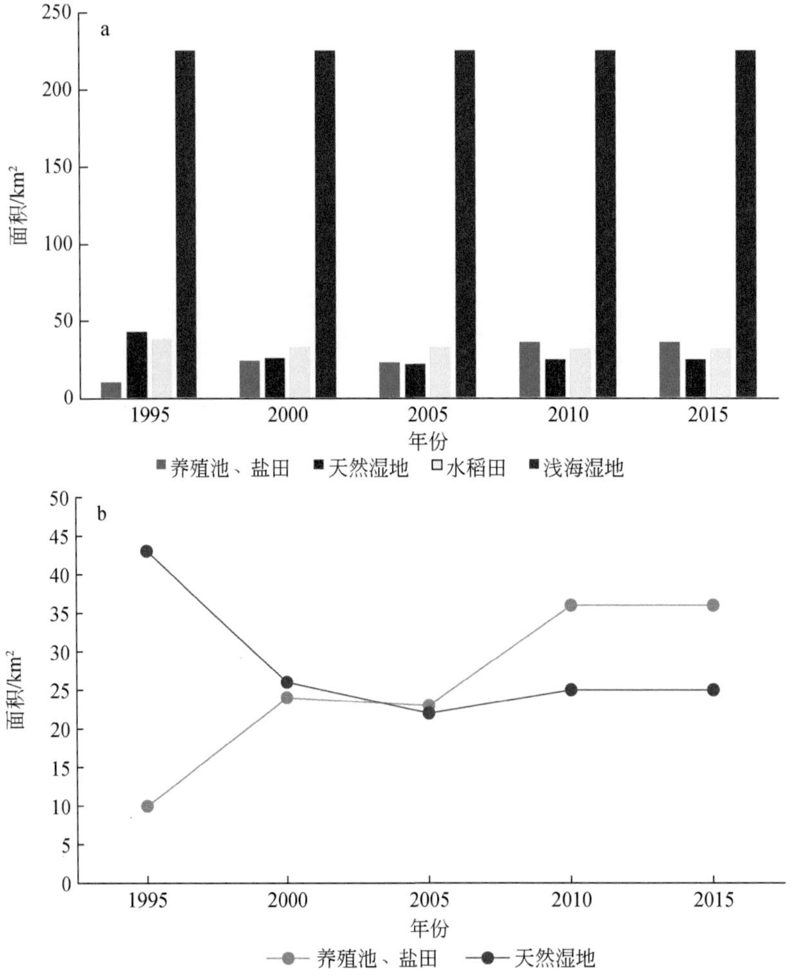

图 11.21 广西山口红树林湿地类型变化趋势图

a. 1995 ～ 2015 年四种湿地类型变化趋势图；b. 1995 ～ 2015 年养殖池、盐田，天然湿地变化趋势对照图

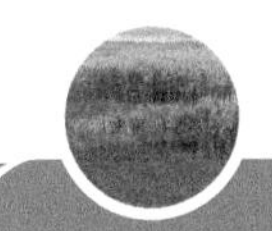

面积分别为 26km^2、22km^2，2005 年后天然湿地面积有所增加，2010 年、2015 年均为 25km^2。20 年来总体为减少趋势，减少了 42%。1995 ～ 2015 年，养殖池、盐田等人工湿地面积基本稳步增加，从 1995 年的 10km^2，增加至 2015 年的 36km^2，增加了 260%。天然湿地的减少和人工湿地的增加趋势明显（图 11.21）。而浅海湿地基本保持稳定，水稻田面积略有缩小。

表 11.9　1995 ～ 2015 年广西山口红树林湿地各类湿地面积　　（单位：km^2）

类型	1995	2000	2005	2010	2015
养殖池、盐田	10	24	23	36	36
天然湿地	43	26	22	25	25
水稻田	38	33	33	32	32
浅海湿地	225	225	225	225	225

遥感图像分析结果显示，近 50 年来，山口红树林面积呈现先减小后增加的趋势。1973 年该区红树林面积为 7.65km^2，1980 年面积为 5.96km^2，减小率为 22.09%，到 1990 年，面积已减小到 1.93km^2，相比于 1973 年，减小率已达到 74.77%，然后面积开始增加，到 2000 年，面积增加到 5.01km^2，2010 年，面积达到 5.84km^2，到 2013 年，面积已经恢复到 6.78km^2，相比于 1973 年，减小率降为 11.37%。

该区红树林先衰退后恢复的演变趋势由以下原因造成：1973 ～ 2013 年，丹兜海和英罗湾红树林未遭受大面积的人为破坏，其面积减小的主要原因是自然因素，如极端天气、生物入侵和病虫灾害等。山口红树林面积增加的途径是人工栽植，1990 年开始，广西政府和海洋、林业部门加强了红树林保护与生态恢复工作，红树林面积逐步得到恢复。

8. 海南东寨港红树林湿地

海南东寨港国家级自然保护区地处海南省东北部，周边与文昌市的罗豆农场和海口市的三江农场、三江镇、演丰镇交界，是我国建立的第一个以保护红树林生态系统为主的自然保护区，是我国首批列入《国际重要湿地名录》的 8 个湿地保护区之一。东寨港 1980 年成立省级保护区，1986 年升级为国家级自然保护区，是国内红树植物种类最多最齐全的保护区。我国所有红树植物种类在此区域都有（部分种类从外地引种），并建立了引种园，从国外成功引种红树植物 10 多种。在我国红树林湿地研究与保护中占有重要的位置。保护区总面积约 33.4km^2，其中红树林面积约 15.8km^2，滩涂面积约 17.6km^2。该区内分布全国成片面积最大、种类齐全、保存最完整的红树林，分布红树、半红树植物 35 种，占全国红树林植物的 95%；同时该区也是许多迁徙水禽的重要停歇地，是连接不同生物区界鸟类的重要环节，栖息的鸟类达 194 种。红树林分布于整个海岸浅滩，外围边缘种类为白骨壤，往里以红海榄为主，覆盖率达 80%。主

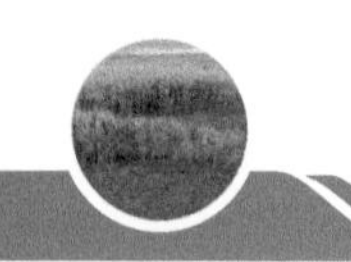

要群落类型为白骨壤＋桐花树群落、桐花树群落、白骨壤群落、木榄群落、海莲群落、角果木群落、红海榄群落、海漆群落，此外还有小面积的海桑群落和榄李群落。红树植物种类为红海榄、角果木、秋茄、木榄、海莲、尖瓣海莲、榄李、桐花树、白骨壤、海漆、水椰、卤蕨、老鼠筋、小花老鼠筋。从海南其他地方引种的种类为木果楝、红榄李、海南海桑、杯萼海桑、拟海桑、卵叶海桑、海桑、瓶花木、尖叶卤蕨。2015 年海南东寨港湿地类型如图 11.22 所示。

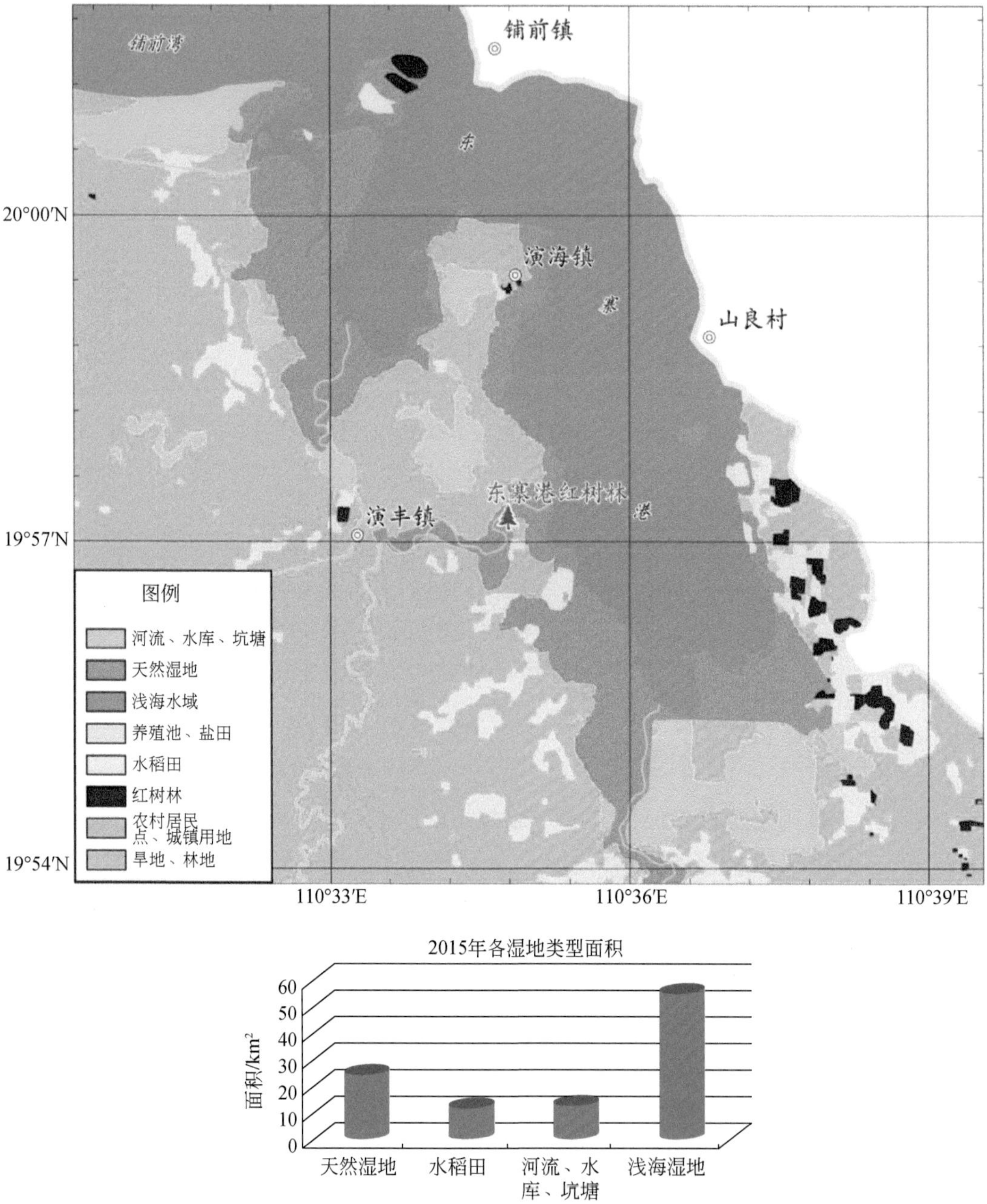

铺前湾
铺前镇
东
演海镇
寨
山良村
东寨港红树林
港
演丰镇
20°00′N
19°57′N
19°54′N
110°33′E
110°36′E
110°39′E
图例
河流、水库、坑塘
天然湿地
浅海水域
养殖池、盐田
水稻田
红树林
农村居民点、城镇用地
旱地、林地
2015年各湿地类型面积
面积/km²
0
10
20
30
40
50
60
天然湿地
水稻田
河流、水库、坑塘
浅海湿地

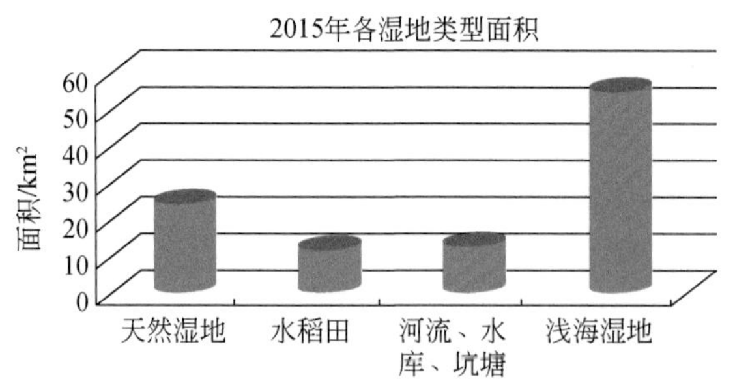

图 11.22　2015 年海南东寨港红树林湿地类型图

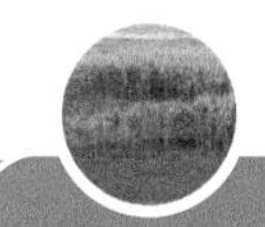

海南东寨港红树林及邻区编图揭示区域上湿地的变化（表 11.10，图 11.23）。1995 年天然湿地为 36km^2，至 2015 年天然湿地的面积持续减少，2000 年、2005 年、2010 年天然湿地面积分别为 35km^2、34km^2、29km^2，2015 年减少为 27km^2。20 年来总体为减少趋势，减少了 25%。1995 ～ 2015 年，养殖池、盐田等人工湿地面积有稳步增加的趋势，从 1995 年的 71km^2 增加至 2015 年的 86km^2，增加了 21%。2000 ～ 2010 年天然湿地的减少和人工湿地的增加趋势明显（图 11.23）。而浅海湿地和水稻田基本保持稳定。

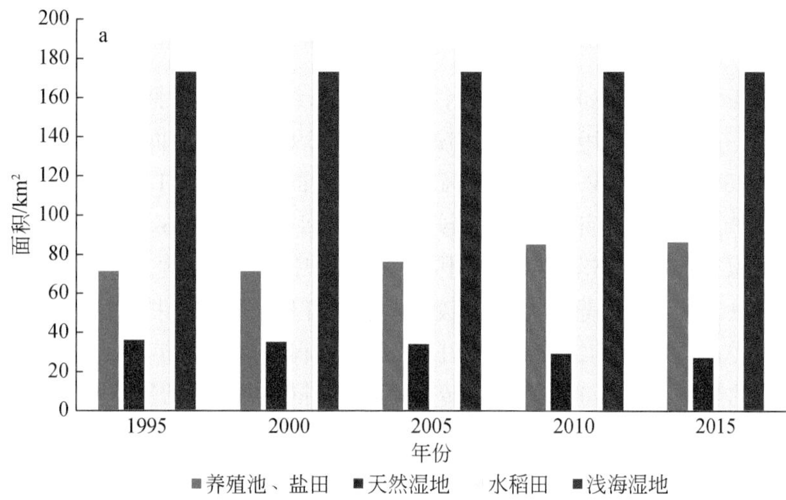

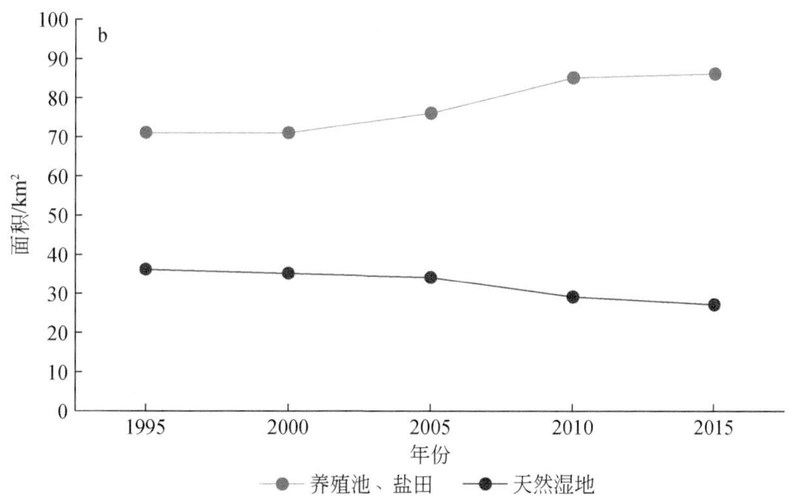

图 11.23　海南东寨港红树林湿地类型变化趋势图

a.1995 ～ 2015 年四种湿地类型变化趋势图；b. 1995 ～ 2015 年养殖池、盐田，天然湿地变化趋势对照图

表 11.10　1995 ～ 2015 年海南东寨港红树林湿地各类湿地面积　（单位：km^2）

类型	1995 年	2000 年	2005 年	2010 年	2015 年
天然湿地	36	35	34	29	27
水稻田	189	189	185	187	179
养殖池、盐田	71	71	76	85	86
浅海湿地	173	173	173	173	173

综合利用遥感解译和地面调查发现，近 40 年来红树林面积整体呈先减少后增加的趋势。从 20 世纪 60 年代至 1987 年大规模减少，1959 年红树林面积为 32.1km^2，到 1987 年已经减少到 23.3km^2，减少率为 27.41%。1999 年，面积减少到 18.5km^2，相比于 1959 年，减少率为 42.37%，到 2007 年，面积有较小幅度的回升，为 18.6km^2。

红树林面积动态变化驱动力受自然因素和人为因素共同影响，自然因素主要是台风、热带风暴和病虫害；人为因素主要是比较利益、政府和民间的保护。20 世纪 60 年代之前，主要在没有人类活动干扰的情况下，其自然演化过程不断向海扩展；20 世纪 60 ～ 80 年代受国家政策的影响，大片红树林湿地转为水稻田，同时为了发展旅游区，改种大片椰树；80 年代至今，红树林湿地保护得到了重视，受到整体保护，但是局部仍存在围垦养殖、旅游开发等破坏活动。

11.4　滨海湿地变化原因分析

综合以上 8 个全国重点滨海湿地分析后发现，人为活动的加剧是滨海湿地变化的主要原因。此外，自然因素也是导致湿地变化的重要因素（表 11.11）。围填海是滨海湿地减少的主要原因，近海过度捕捞、人工养殖、海岸工程、水体污染、互花米草入侵和海岸侵蚀等是滨海湿地面临的主要威胁。

（1）围填海是滨海湿地减少的主要原因。围海造地主要包括填海造陆（建设用地、耕地等）、围海养殖和构筑物占海等。大量养殖池、滨海的水库坑塘正是围填海形成的。2002 年以来，全国每年围填海面积增长迅速，由 20.33km^2/a 增加到 2009 年的 371.9km^2/a，其中 2007 年以来，累计完成围填海面积约 2050km^2，约占同期滨海湿地面积减少量的 43.5%。如江苏省在沿海进行了大量围填海，1950 ～ 2015 年的围填海分布见图 11.24。如在辽宁省瓦房店市三台满族乡将 2 万亩湿地变为建设用地，建设了三台工业园区，严重破坏了当地滨海湿地。同样，天津滨海新区从 2000 年以来开发活动加剧，包括围海造陆约 252km^2，围填海使天津海岸线向海推进 1 ～ 3km，天津港码头最远达 16km。截至

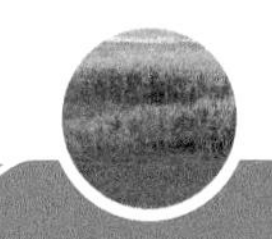

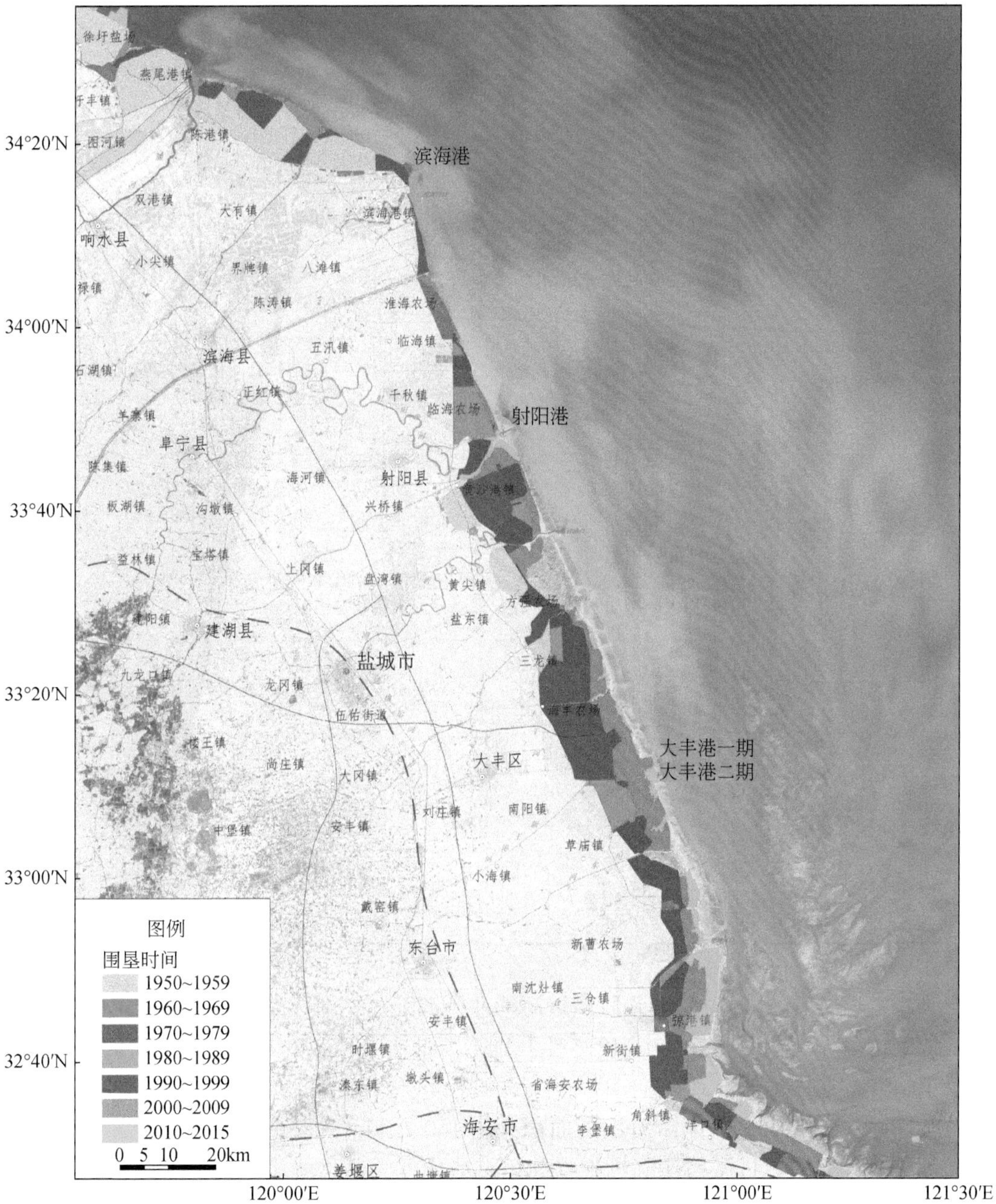

图 11.24　1950 ～ 2015 年江苏在沿海进行的围垦分布图

2017 年，天津滨海新区海岸线增加到 332.9km，其中港口与围海、盐田、虾池岸线等人工海岸线为 323.7km，占 97.2%，自然岸线已基本消失。河北省曹妃甸 2000 年以来累计完成围海造陆总面积 228.31km^2。

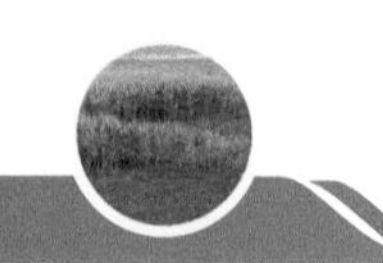

表 11.11　8 个国际滨海湿地近 20 年变化及原因

湿地名称	湿地 20 年演化概况	滨海湿地减少的主要原因
辽河三角洲湿地（辽宁双台河口湿地）	天然湿地减少 19%，水稻田、养殖池、盐田面积则呈现增加趋势	人类经济开发活动（人工养殖区增加、水稻田增加、陆源污染物输入、油气勘探等）；自然因素（海岸侵蚀、风暴潮等自然灾害、海平面上升等）
黄河三角洲湿地	天然湿地减少 65%，养殖池、盐田面积大幅增加，水稻田面积也呈现增加趋势	人类活动（农业垦荒、城市建设、水产养殖、油田开发等），自然因素（黄河来水来沙呈减少趋势，湿地淡水资源不足）
江苏盐城滨海湿地	天然湿地减少 54%，养殖池、盐田面积大幅增加	人为因素（滩涂开发活动、滩涂围垦、港口开发和扩建、外来物种的引种和扩散等，陆上污染源及以船舶溢油、近海养殖为主的海上污染源加剧），自然因素（海岸侵蚀）
上海崇明东滩湿地	天然湿地减少 52%，养殖池、盐田面积大幅增加了 7.79 倍	人类活动因素（人类圈围和航槽治理工程），自然因素（长江携带泥沙的变化，泥沙的沉积）
福建漳江口红树林湿地	天然湿地减少 42%，养殖池、盐田面积大幅增加了 229%	人为因素（围垦、航道开发等），自然因素（海岸侵蚀，退化为水域或盐沼湿地）
广东湛江红树林湿地	天然湿地减少 51%，养殖池、盐田面积增加了 40%	人为因素（乱砍滥伐、无序开发、围垦造田等）
广西山口红树林湿地	天然湿地减少 42%，养殖池、盐田面积大幅增加了 260%	自然因素（极端天气、生物入侵和病虫灾害等）
海南东寨港红树林湿地	天然湿地减少 25%，养殖池、盐田面积增加了 21%	自然因素（台风、热带风暴和病虫害），人为因素（比较利益、政府和民间的保护，红树林湿地转为水稻田和椰树林，围垦养殖、旅游开发等）

（2）过度捕捞和养殖已导致我国近海渔业资源几近枯竭，造成湿地功能退化、水体污染、生物多样性减少。1986 ～ 1996 年我国近海捕捞量从 430 万 t 增加到 1153 万 t，平均以 10.4% 的速度增长，到 2011 年我国近海捕捞和人工养殖水产品产量已达 2800 万 t，约占全球总量的 20%；我国沿海渔场面积大约 150 万 km^2，主要分布在渤海、黄海和北部湾等。水产养殖、过度捕捞底栖生物和鱼类造成鸟类栖息滩涂和食物资源减少，加上养殖带来的污染，导致滨海湿地生态功能严重退化。

（3）海岸工程直接减少自然岸线长度，破坏滨海湿地水体交换和净化功能，影响海岸生态环境动态平衡及生物多样性。我国大陆主岸线总长度约 18645km。其中淤泥质海岸 4301km、沙砾质海岸 2816km、基岩 2830km、生物海岸 826km 和人工海岸 7872km。近 30 年来，过度开发利用，使得我国自然海岸线减少明显，如长三角海岸线减少了约 100km，珠三角海岸线减少了近 950km。

（4）近海污染导致滨海湿地功能退化、生物多样性减少。有长期水质监测的 195 条

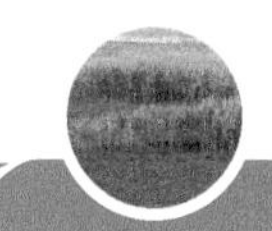

入海河流中，有 43 条河流入海断面水质为劣 V 类，水质劣于 V 类的入海河流包括渤海海域的大旱河等 6 条河流、黄海海域的李村河等 7 条河流、东海海域的上塘河和南海海域的淡澳河等 7 条河流。我国海岸带土壤重金属污染重度区约占沿海地区的 1.52%，主要分布在辽东湾、渤海湾、莱州湾、黄海北部、长江口、杭州湾、珠江口、海口湾等近岸海域，污染物主要为溶解氮、磷酸盐、铅和锌等，直接造成湿地底质和水体污染，加剧近海地区海水富营养化和赤潮灾害，破坏生态平衡，导致海洋生物和水鸟大量死亡。如山东青岛海域海水连续 6 年富营养化污染严重，浒苔爆发形成"绿潮"；江苏盐城沿海化工园区违规排放污染物，直接造成虾等生物大面积死亡。近海污染导致滨海湿地水体和底质污染、生物多样性减少。特别需注意的是有些不法单位，在特大高潮时进行污染排放，造成湿地植被的大量死亡。

（5）互花米草是滨海湿地退化的主要外来入侵物种。互花米草具有耐盐耐淹、繁殖能力强等特点，自然扩散快，破坏生物栖息环境和生态系统、诱发赤潮等，导致滨海湿地严重退化。例如，在江苏省射阳县、大丰市、东台市等地，1982 年引种互花米草后，迅速扩张并占据了整个潮间带中下部，不断取代碱蓬等土著植物，降低了生物多样性。

（6）气候变化、海岸侵蚀、海平面上升等对滨海湿地也造成一定影响。我国海岸线约有 70% 的砂质海岸和大部分泥质潮滩受到侵蚀，侵蚀程度在长江口以北重于长江口以南。其中，侵蚀型岸段的侵蚀速率在环渤海海岸一般小于 5m/a，在东南沿海海岸一般为 2 ～ 10m/a，海岸侵蚀引起湿地面积减小和功能退化、海滩蚀退、海水倒灌等危害。2017 年《中国海平面公报》显示，1980 ～ 2017 年中国沿海海平面上升速率为 3.3mm/a，高于同期全球平均水平，较高的海平面上升速率加剧了中国沿海风暴潮、海岸侵蚀、海水入侵与土壤盐渍化等自然灾害。有关研究表明，在无人为限制条件下，南方红树林湿地面积将随着海平面上升增大，并向陆内迁移。通过模拟表明，到 2030 年，在未来气候变化情景下，中国沿海地区的高脆弱区包括丹东沿海、辽河三角洲、唐山沿海、黄河三角洲、莱州湾、日照沿海、连云港沿海、长江三角洲、浙江南部沿海和珠江三角洲；滨海湿地对气候变化导致的海平面上升所引发的自然灾害风险具有显著的减缓作用。

特别需要提出的是辽河三角洲红海滩的退化已引起了科学界、经济界与政府的高度关注。据野外调查，其主要原因是气候变化导致的结果。据当地报道，辽河三角洲原平均年降水量为 650mm，但自 2015 年以来，其降水量不足 400mm。由于降水量减少改变了当地动物捕食行为，对红海滩破坏达到了空前的影响。

11.5　保护对策及修复建议

（1）落实地方政府主体责任，完善湿地保护和管理体系，将滨海湿地纳入统一的国土空间规划与自然生态用途管制。

落实地方政府主体责任，完善湿地保护和管理体系，实施湿地保护目标考核制度，确保滨海湿地生态功能不降低、面积不减少、性质不改变。细化湿地划分标准，明确湿

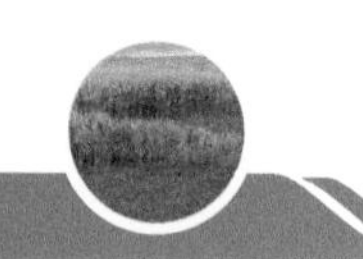

地保护范围，根据湿地重要程度和生态功能，提出分级分区管控目标，建立湿地保护目标考核指标体系，将其列入相关省（区、市）县级以上政府的任期目标和年度工作目标，理清湿地保护区与地方政府职责，由自然资源部联合相关部门对湿地保护目标执行与落实情况按年度进行考核，考核结果作为党政干部选拔任用的重要参考依据。

强化规划源头保护，将滨海湿地纳入统一的国土空间规划与自然生态用途管制。统筹协调围填海、海岸工程、围海养殖等湿地保护措施，坚持"保护优先"，推进县（市）一级"多规合一"，统筹优化生产、生活和生态空间布局。重新评估并暂停已批复的滨海围垦和填海工程项目，对已完成的围填海项目进行生态环境效应评估。实施国家重要湿地周边地区的建设规模和强度管控，严控新增建设行为，建立综合执法制度，加强国家重要滨海湿地违法用地督察。

按照"应划尽划、应保尽保"的原则，将已有的和国家重要滨海湿地作为生态红线划定的范围，确保生态红线"划得实、能落地、守得住、有权威"。结合实际，对我国滨海湿地进行精细调查评估，查清保护空缺范围，建立生态保护红线内国家滨海湿地名录，重点对盘锦南小河湿地、赣榆滩涂湿地、杭州湾湿地等 11 处迁徙水鸟关键栖息地实行抢救性保护，新建滨海湿地类型保护区，扩大现有保护区范围，填补保护空缺，健全湿地保护体系，完善管理机构。

（2）按照陆海统筹，开展我国滨海湿地综合调查评价，构建空天地一体、区域联动的滨海湿地生态监测体系。

强化陆海统筹，提升湿地保护修复的科技支撑能力。加强我国滨海湿地综合调查评价，推进野外湿地观测站建设，构建陆海统筹、空天地一体、区域联动的滨海湿地生态监测体系；加强滨海湿地生态系统结构、生态功能、演化过程、碳汇、沉积物重金属迁移规律等基础科学研究，为湿地保护修复与治理提供地球系统科学解决方案。开展滨海湿地生态系统修复关键技术攻关，选择典型滨海湿地开展修复治理、监测预警示范区建设，科学评估气候变化、海平面上升等对滨海湿地红树林、珊瑚礁等的影响。

（3）加大滨海湿地保护和修复力度，设立滨海湿地保护修复治理专项，加强湿地保护和生态补偿机制创新，加强湿地调查和科学研究，强化湿地保护宣传。

加大滨海湿地保护基础设施建设，重点开展近海退垦还湿工程、重要湿地污染修复工程、南方红树林恢复工程、互花米草入侵防治工程等。建立滨海湿地生态服务功能价值评估标准，制定滨海湿地生态补偿制度和方法。探索建立滨海湿地资源可持续开发利用与促进生态系统保护的激励机制。加强湿地演化过程、沉积物重金属迁移规律等研究，为滨海湿地保护与修复治理提供地球系统科学解决方案。注重开展宣传、教育工作，减缓湿地退化。同时，加强湿地科学研究，开展湿地资源与环境脆弱性调查、评价和监测，促进湿地可持续利用。为此，提出保护修复湿地的建议。

结合最新编制的湿地变化系列图，对全国八大重点湿地绘制了修复建议表（表 11.12）。修复建议分为三个阶段，分别是 1 期——优先修复；2 期——下一步修复；3 期——远景修复，具体岸段和地区见表 11.13 和附图 4.3 ～附图 4.10，主要采取退渔还湿、退耕还湿、自然修复以及生态工程护岸的方式，以上举措将改善我国重要滨海湿地整体减少

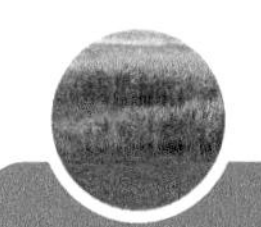

的趋势。虽然如此，拟修复地段为初步修复建议，具体修复地段的选择需要根据实际情况做更进一步的详细调查。

表 11.12　全国重点滨海湿地分阶段修复区域和建议面积

湿地名称	项目	1 期——优先修复	2 期——下一步修复	3 期——远景修复
辽河三角洲湿地	修复地段	鸳鸯沟 - 滩海栈红海滩	大小凌河岸段滨海湿地	营口 - 盖州岸段滨海湿地
	面积 /km^2	179.4	218.8	146.1
	修复原因	景区规划和连通红海滩景观；缓解重金属和有机质污染	缓解大小凌河有机质污染；连通湿地景观	恢复景观植被；缓解近海严重的有机质污染；城市景观公园远景规划
	修复手段	自然恢复、退耕还湿	退渔还湿和自然恢复	退渔还湿和自然恢复
黄河三角洲湿地	修复地段	刁口乡岸段滨海湿地	仙河镇岸段滨海湿地	新户镇和黄河口镇岸段滨海湿地
	面积 /km^2	56.67	83.3	283
	修复原因	护岸和缓解海岸侵蚀；缓解港口附近重金属污染	支持生态文明小镇建设；废黄河河道水源涵养	恢复景观植被；缓解海岸侵蚀
	修复手段	生态护岸工程	自然修复	退渔还湿
江苏盐城滨海湿地	修复地段	珍禽保护区缓冲区滨海湿地	射阳河 - 滨海港岸段滨海湿地	王港乡和东沙岸段滨海湿地
	面积 /km^2	355.8	515.1	688.6
	修复原因	规划世界自然遗产保护区外围湿地修复；防止核心区海岸侵蚀	缓解港口附近重金属和有机质污染；缓解废黄河口附近严重的海岸侵蚀	恢复景观植被；防治互花米草
	修复手段	退耕、退渔还湿	生态护岸工程与退耕、退渔还湿	自然修复
上海崇明东滩湿地	修复地段	崇明东滩缓冲区湿地	崇明北湖岸段滨海湿地	南汇东滩滨海湿地
	面积 /km^2	32.2	6.58	28.7
	修复原因	恢复湿地景观植被；缓解长江口近海重金属和有机质污染	连通滨海湿地景观；缓解长江口北支流重金属和有机质污染	缓解长江口南支流有机质污染；促进淤积和保护岸线；城市景观公园远景规划
	修复手段	退耕还湿	退耕还湿	自然修复

续表

湿地名称	项目	1期——优先修复	2期——下一步修复	3期——远景修复
福建漳江口红树林湿地	修复地段	漳江口南侧楼下－下埭岸段	漳江口北侧大墩－浯田岸段	漳江口心滩岸段
	面积 /km^2	0.63	1.48	1.81
	修复原因	连通红树林湿地景观；缓解漳江口近海和养殖池重金属污染	连通红树林湿地景观；缓解漳江口近海和养殖池重金属污染	促进淤积和保护岸线；连通滨海湿地景观；缓解漳江口近海重金属污染
	修复手段	退渔还湿和自然修复	退渔还湿和自然修复	退渔还湿和自然修复
广东湛江红树林湿地	修复地段	湛江临东大坡－调罗堤岸段	湛江徐闻县新寮镇东段	鉴江内河岸段
	面积 /km^2	3.71	7.22	8.25
	修复原因	连通红树林湿地景观；缓解湛江近海重金属污染和营养盐富集	连通红树林湿地景观；缓解新寮镇近海营养盐富集	恢复湿地景观植被；城市景观公园远景规划
	修复手段	退渔还湿和自然修复	退渔还湿和自然修复	退渔还湿和自然修复
广西山口红树林湿地	修复地段	沙田海棠村－老尾村岸段	官寨海粉仔村－高坡村岸段	丹兜海沙田墩岸段
	面积 /km^2	1.06	1.4	1.73
	修复原因	连通红树林湿地景观；缓解近海营养盐富集；恢复湿地景观植被	连通红树林湿地景观；恢复湿地景观植被	连通红树林湿地景观；恢复湿地景观植被
	修复手段	退渔还湿和自然修复	退渔还湿和自然修复	退渔还湿和自然修复
海南东寨港红树林湿地	修复地段	演丰河口东排村－芳门岸段	东寨港湾顶国营三江农场北岸	珠溪河口南洋村岸段
	面积 /km^2	1.11	0.7	2.95
	修复原因	景区规划和连通红树林湿地景观；缓解东寨港内湾重金属污染和营养盐富集	连通红树林湿地景观；缓解湾顶近海营养盐富集	连通红树林湿地景观；恢复20世纪80年代景观植被
	修复手段	自然修复	退耕还湿和自然修复	退渔还湿和自然修复

表 11.13　海岸带湿地保护和修复重大工程规划建议表

序号	海岸保护修复区	保护修复关键地段
1	辽东半岛海岸保护和修复区	鸭绿江口—丹东港 大洋河口—大沙河口 复洲湾
2	辽东湾海岸保护和修复区	双台河口湿地保护区 大凌河口—锦州世博园 营口到盖州之间岸段
3	葫芦岛 - 秦皇岛海岸保护和修复区	北戴河—昌黎 绥中砂质海岸
4	渤海湾海岸保护和修复区	滦河口 京唐港至曹妃甸 天津滨海—黄骅
5	黄河三角洲海岸保护和修复区	滨州—黄河口 莱州湾
6	山东半岛海岸保护和修复区	胶州湾 丁字湾
7	苏北平原海岸保护和修复区	连云港—滨海县 射阳县—东台市 如东县—海门市
8	长江口海岸保护和修复区	崇明岛 上海南汇 杭州湾
9	浙江中南部海岸保护和修复区	象山东部沿海 三门湾 台州市沿海 温州湾
10	海峡西岸北段海岸保护和修复区	罗源湾 闽江口
11	海峡西岸南段海岸保护和修复区	泉州湾—厦门湾 漳江口
12	潮汕沿海海岸保护和修复区	汕头沿海 汕尾沿海
13	珠三角海岸保护和修复区	珠江口 珠海—澳门段
14	雷州半岛海岸保护和修复区	鉴江沿岸 雷州湾—后港沿岸
15	广西海岸保护和修复区	英罗港—丹兜海 钦州—防城港
16	海南岛海岸保护和修复区	海口 万宁小海内侧 东锣湾—崖州湾 儋州湾

参考文献

刘慰 , 王随继 , 2019. 黄河下游河道断面沉积速率的时段变化及其原因分析 . 水土保持研究 , 26(2): 171-178.

张晓龙 , 李培英 , 李萍 , 等，2005. 中国滨海湿地研究现状与展望 . 海洋科学进展 , 23(1): 87-95.

第 12 章　黄河三角洲湿地综合地质调查

黄河三角洲湿地是世界少有的河口湿地生态系统，位于山东省东北部的渤海之滨。由于黄河悬沙量高，河道摆动频繁，湿地类型丰富，景观类型多样。该区湿地大体可分为天然湿地和人工湿地两大类，天然湿地保育率较我国其他湿地高，占湿地总面积的 68.4% 左右；人工湿地占总面积的 31.6%。在人类活动日益加剧的今天，湿地保护与修复的任务仍然艰巨。湿地修复所需的地质、水文和地球化学等基础资料仍需科研人员提供，为此 2006 年 1 月～2010 年 6 月期间，中国地质调查局青岛海洋地质研究所对黄河三角洲滨海湿地开展了全面的调查研究工作。下面将通过介绍地质调查项目“黄河三角洲滨海湿地系统综合地质调查与评价”，与读者共享科研人员对黄河三角洲湿地调查研究过程与取得的认识。

12.1　地质调查项目简介

黄河三角洲湿地位于山东省东营市黄河入海口处，北临渤海，东靠莱州湾。地理坐标为 37°30′～38°15′N，118°30′～119°25′E 所围限的范围（图 12.1），为东营市行政辖区。

现代黄河三角洲基本上由 2 个亚三角洲、8 个叶瓣组成。其中，第一亚三角洲于 1855～1934 年形成，三角洲顶点位于宁海，共有 5 个叶瓣，其形成时间分别为 1855 年 6 月～1889 年 3 月、1889 年 3 月～1897 年 5 月、1897 年 5 月～1904 年 6 月、1904 年 6 月～1929 年 8 月、1929 年 8 月～1934 年 8 月。第二亚三角洲于 1934 年以来形成，顶点下移到鱼洼，共有 3 个叶瓣，其形成时间分别为 1934 年 8 月～1964 年 1 月（由宋春荣沟、甜水沟、神仙沟共同组成神仙沟流路，其中，1938～1946 年期间黄河流入黄海），1964 年 1 月～1976 年 5 月（钓口流路），1976 年 5 月至现在（清水沟流路）。其中，1996 年 5 月在“清 8”剖面附近，利用原有潮沟（“汊 1”河道）形成新的入海口（成国栋和薛春汀，1997）。

黄河三角洲湿地分为自然湿地和人工湿地两类，自然湿地又分为滨海湿地、河口湿地、河流湿地、沼泽湿地、草甸湿地和灌草树林湿地 6 个类型；人工湿地分为水库与水工建筑、水稻田、盐田、虾池 4 个类型（图 12.1，图 12.2）。黄河三角洲湿地以滨海湿地、河流湿地及河漫滩湿地为主，主要分布在东部和北部地区，尤其在南起小岛河河口、北

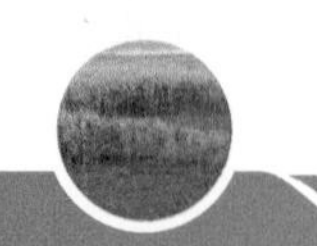

起马颊河河口的东部地区多种湿地并存，集中连片，而在中西部地区自然湿地较少，主要为人工湿地，如水稻田、沟渠等。黄河三角洲湿地系统最主要的植被类型为芦苇、柽柳、碱蓬，此外还有野草、茅草、白蒿、水白腊以及人工栽种的棉花、林地等其他植被。湿地生态环境通常以某种植被或某几种植被或无植被为特征。研究区出现的主要生态环

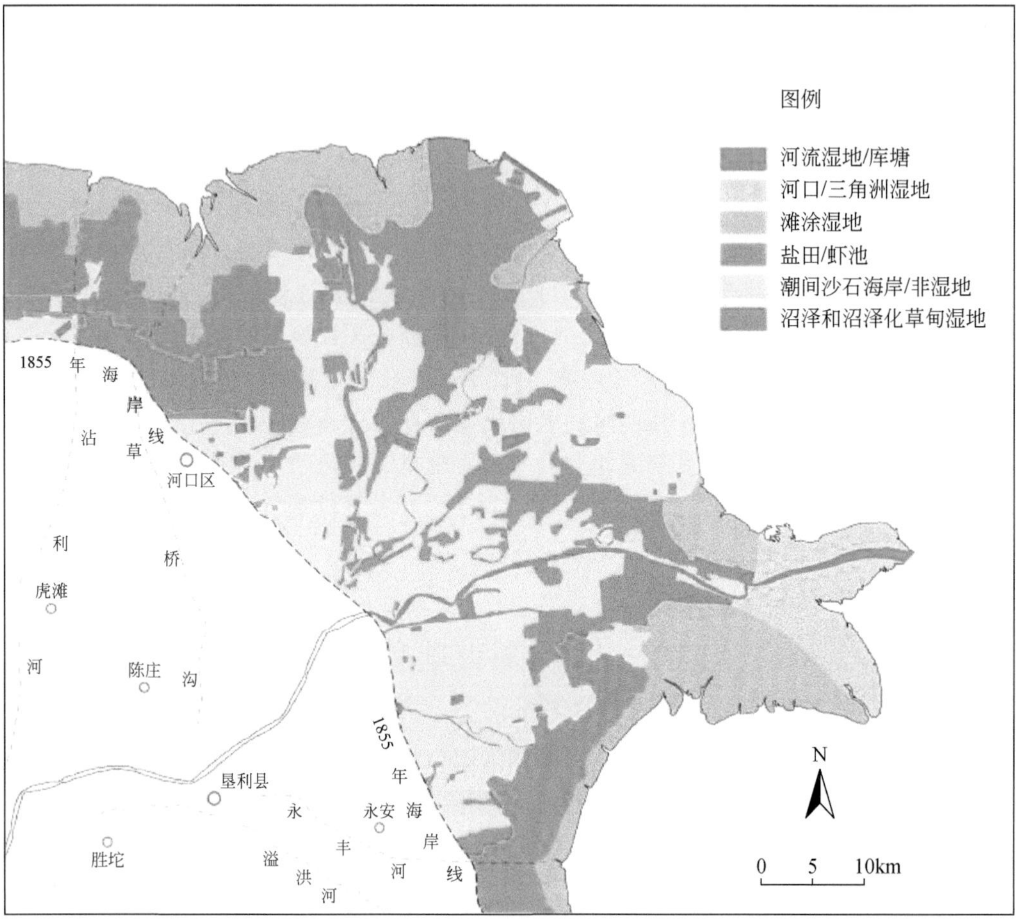

图 12.1　黄河三角洲湿地位置和湿地类型分布图

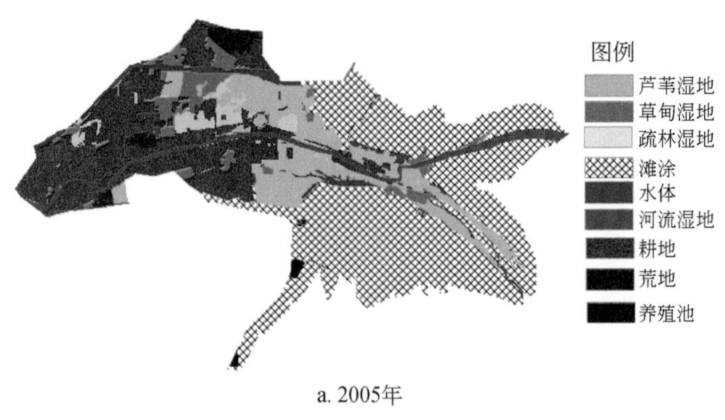

a. 2005年

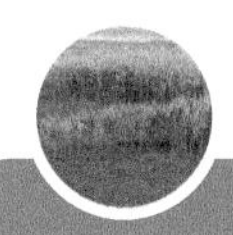

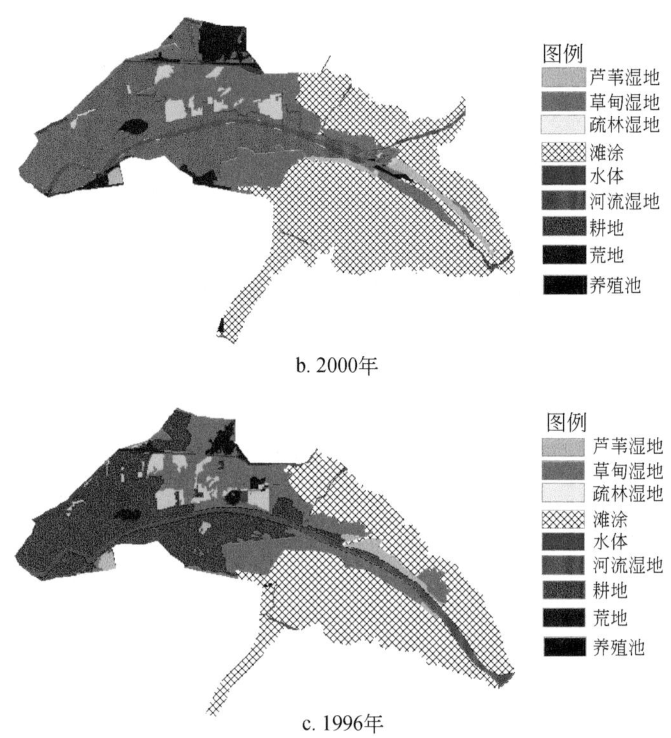

图 12.2　河口保护区 2005 年、2000 年、1996 年湿地类型分布图

境类型有芦苇湿地、草甸湿地、芦苇柽柳湿地、芦苇柽柳碱蓬湿地、碱蓬湿地、林地等。此外，其他类型还有滩涂、水体、河流湿地、耕地、荒地、养殖池等。

受中国地质调查局委托，青岛海洋地质研究所湿地团队主持开展“我国重点海岸带滨海环境地质调查与评价”项目之一的“黄河三角洲滨海湿地系统综合地质调查与评价”，调查时间为 2006 年 1 月～2010 年 6 月。

12.2　调查研究主要内容

黄河三角洲湿地调查主要涉及黄河三角洲湿地地质演化过程中水环境、沉积环境以及植被分布特征，研究滨海地质作用对三角洲湿地中的水、沉积物来源和成因的控制；调查人类活动带来的污染和工程开发建设现状，研究其对滨海湿地系统的影响；综合评价黄河三角洲湿地系统功能现状及演化趋势，探索生态修复和人与湿地和谐共处途径。该地质调查重点任务主要有以下几点。

（1）湿地地质演化。通过地质历史资料分析，确定湿地形成、发育的总体框架，按沉积演化模式进行沉积演化单元的划分，即将类同的模式划为一个区域。最后在每个单元上结合野外剖面沉积学的观察来研究湿地系统地质演化的时空分布规律。

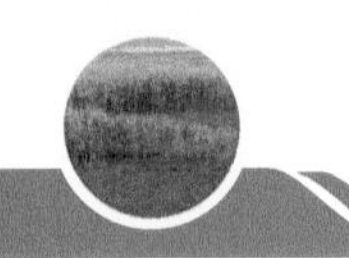

（2）地球化学与生物多样性。通过野外地质取样（包括不同层次的土壤样、柱状样、未扰动柱状样和浅孔水样）、室内化学测试、同位素分析、DNA 测序以及数据综合分析湿地生态系统生源要素，污染物质循环特征及其受控因素，同步研究土壤微生物群落演替规律及与环境因子耦合关系。

（3）湿地系统水动力环境与预测。以天然河流、人工堤坝和海岸等为水动力边界条件，通过直接或间接的方法，确定建模参数，其中包括渗透系数（或导水系数）、贮水系数（或给水度）、大气降水补给、黄河水补给和灌溉水回归系数等，建立研究区非均质、准三维浅部地下水（埋深 60m 以上）水量、水质（以氯离子为模拟因子）模型。在对数值模型进行校正和验证的基础上，预测不同水文条件下（如大气降水、地下水位下降、黄河断流、极端气候风暴潮以及海平面上升等），黄河三角洲湿地水体的变化行为，并提出保护和修复黄河三角洲湿地生态系统的对策和建议。

（4）湿地植被演替。采用陆地卫星影像，选用 1976 年（MSS）、1981 年（TM）、1986 年（TM）、1996 年（TM）、2002 年（TM）、2006 年（TM）等 Landsat 资料，采用美国 ERDAS 公司开发的 ERDAS IMAGINE 9.1 遥感图像处理系统对资料进行预处理，采用控制点校正方式进行图像几何校正和投影变换，最后提取海岸线和湿地类型信息，研究地质过程和人类活动对滨海湿地生境演替的控制规律。

12.3　调查研究主要成果

1. 湿地土壤和水文地质

（1）野外地质观察和地质历史资料分析发现，在垂向上，湿地系统所处地质体由不同时代和不同沉积相形成的沉积物相互交错叠置而成，沉积相态演替较复杂。在平面上，湿地植被的演替受古河道的控制，沿着平行潮沟的方向呈带状分布，且近古河道地带分布有耐盐植被翅碱蓬。

1976 ～ 2009 年海岸线（低潮线）侵蚀的区域发生在孤东以北和清水沟流路南侧的区域；孤东海域和清水沟流路河口处为淤积区。三角洲北部刁口流路为强侵蚀岸段（图 12.3），过去的 30 多年，低潮线以上面积减少 438.61km^2，三角洲南部海岸为缓慢侵蚀状态，面积减少 114.03km^2，清水沟流路过去 30 多年，低潮线以上面积增加 233.86km^2。

（2）厚度为 15m 沉积地层被遭废弃后的最近 30 年时间内，其沉积压实量可达 2.28 ～ 3.87m，年平均沉积压实量可达 0.1m，在废弃后的 30 年内黏土质粉砂压实了 25.8%，粉砂沉积地层压实了 15.2%，沉积地层平均压实了 20.5%，三角洲压实下沉过程就已经快速完成。

（3）黄河三角洲湿地生态系统脆弱性的地质和水文原因是在空间没有统一的隔水底板，加之强烈的蒸发作用，使维持健康生态环境的浅层水受到极大程度的限制。黄河尾闾摆动受到人为的控制，导致地表淡水循环在空间上的局限性，从而使该三角洲生态环

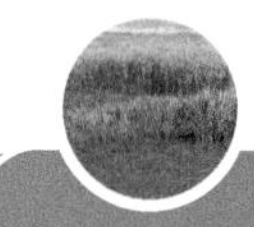

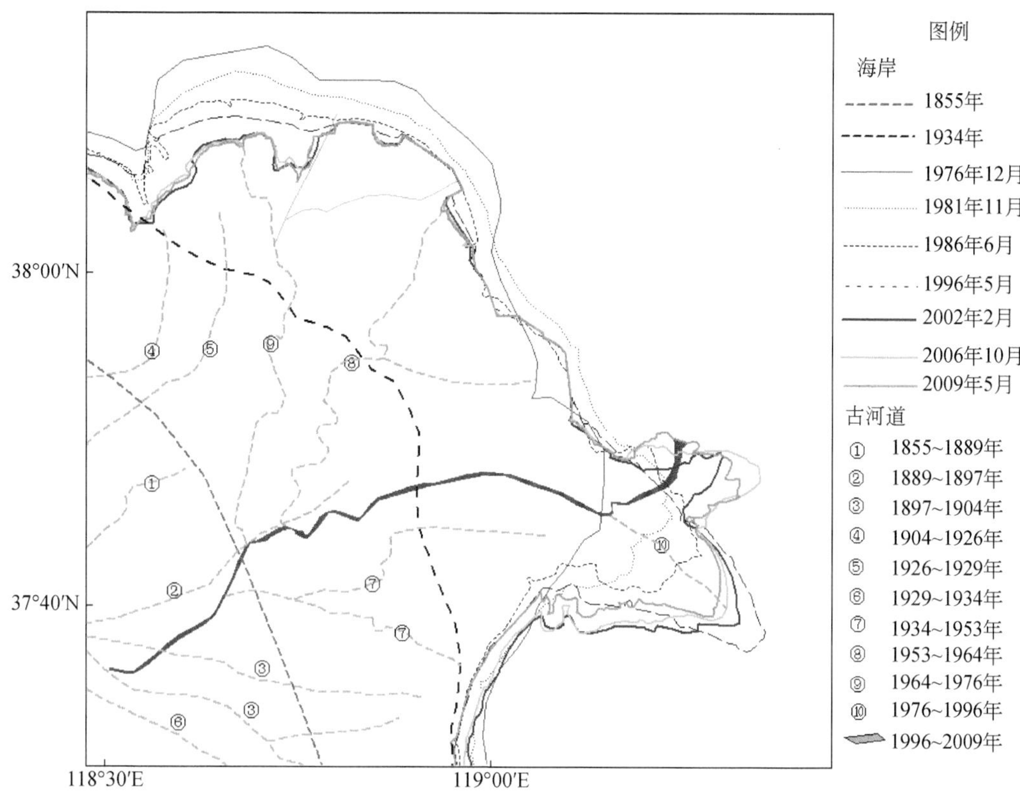

图 12.3　1855 年以来黄河三角洲河道变迁以及海岸线及面积演化图

境显得十分脆弱；研究指出三角洲各叶瓣浅层水的中的宏量组分、营养盐与某些微量组分受植被分带的控制，特别是营养盐 NO_2^-、SiO_3^{2-} 与微量组分锂（Li）、锶（Sr）和碘（I）等浓度值可指示三角洲叶瓣循环的成熟过程；三角洲各叶瓣的痕量金属污染并非来自黄河流域，而是与当地的工业、农业、生活区的分布相关。

（4）黄河三角洲湿地有机碳含量普遍低，一般小于 1%。根据元素的调查，比较全国（山东）平均土壤研究区土壤中植物必需元素锰（Mn）、锌（Zn）和钼（Mo）均偏低，特别是 Mo 十分低，比山东的低 10 倍，比全国的低 3 ～ 4 倍。缺 Mo 会使植物叶绿素含量变少，使植物枯萎。植物必需的元素钙（Ca）、镁（Mg）均偏高，特别是 Ca 异常的高，可高过 3 倍。该区土壤有丰富的对植物有益的元素钠（Na）是符合逻辑的。痕量金属黄铁矿矿化程度是个多变量函数，除了各金属的热力学性质外，还包括酸可挥发硫化物（AVS）浓度、氧化还原电位和孔隙水的金属浓度等。其中 12 个研究金属的痕量金属黄铁矿矿化度（DTMP）中有 10 个高值分布于水下近岸站位 DYU12，而 AVS 的高值主要分布于上三角洲平原的湿地保护区。由于湿地区域未能构成稳定的还原条件，因此在其表层 20cm 以上的 AVS 与黄铁矿矿化度（DOP）基本在最低的水平，而在 20cm 以下 AVS 处于该研究样品中最高值范围。

（5）黄河三角洲湿地 2008 年研究区表层土壤中多环芳烃（PAHs）尚未对研究区内生物造成不利的影响，其潜在生态风险水平较低；该区域的 PAHs 污染以化石燃料的高

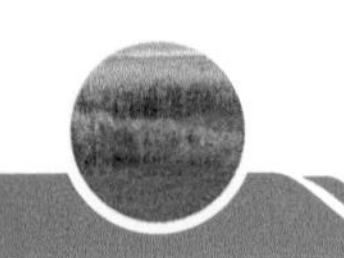

温热解为主，兼有石油污染和释放的生成物、烟道颗粒物及木材和煤不完全燃烧的污染特征。研究区表层土壤中六六六类（HCHs）、滴滴涕类（DDTs）残留处于较低水平。

（6）调查区均是轻稀土元素（light rare earth element，LREE）占绝对优势，表现出沉积物来源的同一性。稀土元素（rare earth element，REE）的总体含量均高于黄河流域沉积物中 REE 的含量，配分曲线总体向上漂移，尤其重稀土元素（heavy rare earth element，HREE）更为明显。δEu 和 δCe 与黄河流域沉积物有一定差异，可能是由于滨海湿地间歇性的驻水在沉积物中形成还原性条件所致。

（7）浅层地下水的 δD 和 δ^{18}O 值介于黄河水、海水和雨水之间，说明浅层地下水为黄河水、海水和雨水不同比例的混合物。在对浅层地下水的贡献方面，主要为黄河水，其次为雨水。芦苇获取的水源是浅层地下水通过蒸发作用形成的，柽柳获取的水源来自更深的地下水，很有可能与其围岩发生过较强的同位素交换作用。碱蓬的水源更接近海水，所受到的蒸发作用更强烈。黄河三角洲北部湿地区表层土壤中 δ^{13}C 介于 −21‰ ～ −3‰ 之间，C/N 值介于 12 ～ 159.5 之间，其他区域 δ^{13}C 介于 −25.89‰ ～ −22‰ 之间，C/N 值大多小于 8，局部介于 8 ～ 12 之间，由此可判断黄河三角洲湿地有机质来源以海源为主，从上游冲刷而来的沙土对有机质含量贡献相对不大，仅分布于北部湿地区。

（8）地下水统测结果显示，丰水期、枯水期浅层地下水位平均相差 0.41m，地下水流场基本保持不变。丰水期地下水的矿化度及各种离子含量均低于枯水期的值。从多年的水质动态看，水质变化不大，局部有升降变化的趋势，可能与其他因素（黄河侧渗补给减小及蒸发相对增强、地面沉降、灌溉、水库浸没）有关。

在线监测数据显示，由于监测井地理位置不同，越靠近海洋（如 Dy122 井距离孤东验潮站为 7km），地下水受潮汐变化越明显。随着距离增加（如 Dy120 井距离孤东验潮站达 27.8km），地下水位受潮汐变化作用影响波动减弱且产生明显的滞后现象（滞后时间达 3 小时）。当监测井与海岸线相距超过一定距离后（如 Dy121 井距离孤东验潮站达 31km），地下水则仅与降水、蒸发、黄河水位波动等因素有关，而基本上不受潮汐变化影响。

浅层地下水的补给来源为降水入渗、河渠侧渗（主要为黄河）、灌溉回渗等。在天然状态下，地下水位埋藏浅，地下水径流缓慢，浅层地下水排泄主要表现为地面蒸发和垂向径流。

2. 滨海湿地生态系统生境演化与微生物群落结构

影响黄河三角洲生态系统演替的主要原因是地下水埋深、矿化度和土壤的盐化程度，所有能影响地下水位和土壤含盐量的因素都能直接或间接影响生态系统演替方向。北部湿地保护区生态演替表现出明显的逆序演替特征，而南部湿地由于有淡水的补充生态系统朝正序方向演替。

根据各群丛样方的建群种、优势种对地貌、地表和土壤水、盐条件的生态适应特征，将黄河三角洲自然湿地植被分为盐生植被、水生植被和湿生植被 3 类，各植被类型的分布受距海远近、黄河尾闾河道摆动形成的微地貌差异、距现行入海河道远近等因素影响。

研究区土壤具有非常丰富的细菌和古菌资源，细菌有变形菌门、放线菌门、绿非硫

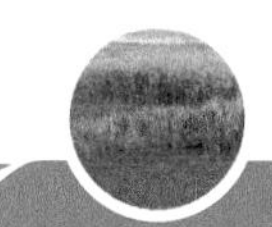

细菌等 18 个大类群，其中 δ - 变形菌纲、γ - 变形菌纲和放线菌门所占比例较大。古菌有 Marine group I、嗜盐杆菌、鬃毛甲烷菌等 7 个类群。还有各种硫酸盐还原菌、产甲烷古菌、光合细菌等具有降解污染物质功能的多种微生物，微生物种群的多样性使得土壤有较好的自净能力和承受污染的能力。

3. 建立湿地地下水模型及预测方案系统

利用 GMS 软件系统建立了符合黄河三角洲湿地地下水系统运动特征的三维模型，通过其中的 Modflow 模块对所建立的模型进行求解，并在此基础上建立研究区水质模型。通过参数识别，可以将研究区水文地质参数分为 10 个亚区。依据经过校正和验证的地下水水量和水质模型，首先对黄河三角洲地区地下水做了 15 年的长期预测；然后预测了在大气降水量增加、黄河断流、黄河水位上升以及风暴潮等因素影响下研究区地下水的动态变化。其中，黄河持续断流和风暴潮对地下水位的影响比较明显（图 12.4），容易造成黄河三角洲湿地生态环境的破坏。在同等水文变化条件下，降水增加会使研究区域内 Cl^- 浓度减小，风暴潮会造成沿海一线 Cl^- 浓度的增加。

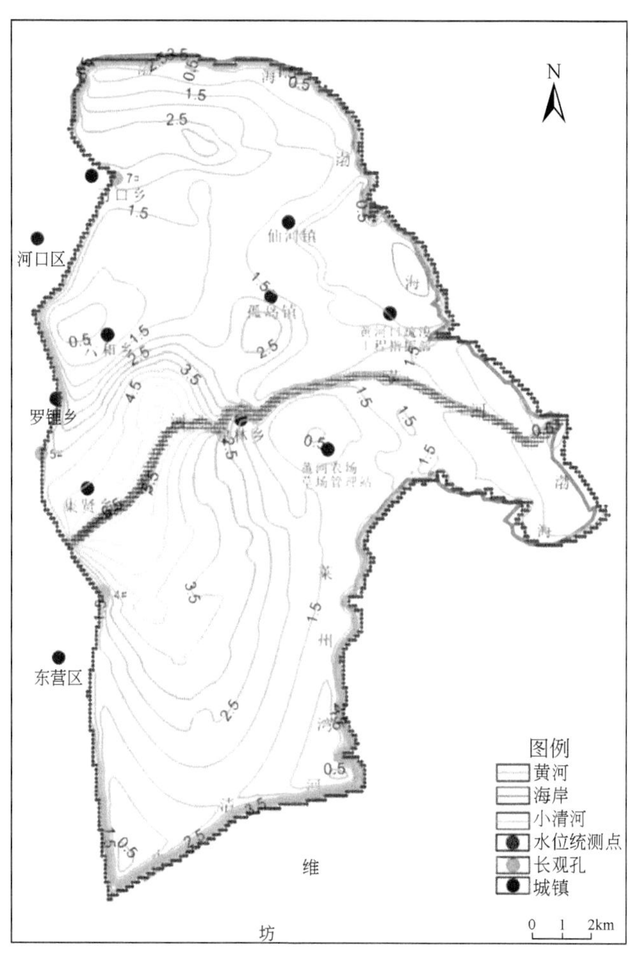

图 12.4　风暴潮发生后黄河三角洲湿地地下水位等值线预测分布图（单位：m）

4. 黄河三角洲滨海湿地健康条件现状定量评价

根据构建指标体系的基本原则和黄河三角洲滨海湿地环境质量评价概念模型的内涵，并考虑数据采集的可行性与课题前期实地采样及数据分析情况，建构了 3 个层次的湿地环境质量与健康评价的指标体系。第 1 层是目标层，即湿地系统的健康程度来表达；第 2 层是要素层，包括环境地质、地球化学、水文地质、水系生态及人类干扰；第 3 层是指标层，即每个评价要素由哪些具体指标来表达。

利用遥感数据和监测资料，结合现有大量研究成果，以地理信息系统（GIS）技术为平台，提取各网格单元内的信息，综合运用层次分析法和模糊评价法进行黄河三角洲滨海湿地健康条件的定量评价。结果表明黄河三角洲滨海湿地现状健康条件处于一般病态和健康之间，且绝大部分区域属较健康（图 12.5）。通过红绿灯健康预警分析认为，河口三角洲湿地生态环境正逐步改善，往健康方向发展，而北部滩涂区和南部部分滩涂区及神仙沟流路等部分地区在自然和人为因素的共同作用下，环境质量会有一定的降低。

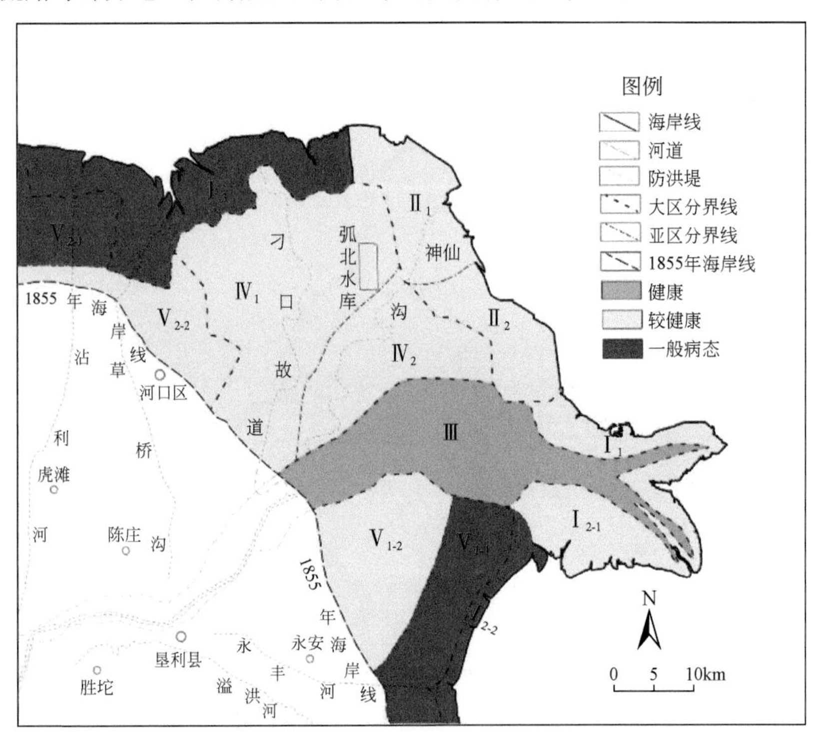

图 12.5　基于环境特征分区的黄河三角洲滨海湿地健康评价结果

5. 黄河三角洲滨海湿地区生态修复的初步思考

保护区生态恢复是在对黄河三角洲原湿地生态系统分析的基础上，利用生态系统内部的自我调节、自我恢复机制，保证生态向生物多样性丰富的方向演替。保护区生态恢复的关键是对有限淡水资源的有效利用，其主要方法为：①利用引蓄淡水，改变地表径流；②通过补充地下水，降低咸水水位；③设计合适的引畜淡水的水量、湿地恢复区的水深、

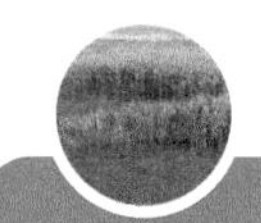

覆水时间等，以此改善土壤基质含盐量；④加大黄河每年的调水调沙工程力度。

芦苇沼泽生态环境可能是湿地恢复区生物群落演替的最终优势群落。但单一的生态环境结构类型对以鸟类资源保护为主的生物多样性资源保护不利，生态环境多样性是鸟类多样性的前提。为此，建议在湿地恢复的实施中应用边缘效应理论和中度干扰假说理论为指导，在生态环境的空间结构上进行必要的调整。其具体做法为：①利用原地貌、地形、形成不同水深的水域。②人工制造多维度生态空间。在工程实施中人为制造的中间隔坝、沟渠、堆砌的土方工程措施形成多样的生态环境交错带。③保持景观的完整性，避免景观破碎化。在湿地恢复工程设计中，除必要的隔坝外，尽量减少景观格局的分隔以保持景观的完整性。因为湿地景观破碎化和湿地景观异质性变化会降低水禽的生态环境质量。

12.4　调查研究的主要亮点

本项研究根据国家需求和我国滨海湿地面临的问题和挑战提出命题，在比较成熟的自然地理学、沉积地质学、水文地质学、地球化学、植物学等传统学科的基础上，借助现代生态遥感技术、稳定同位素示踪技术和模糊数学方法等，开展多学科的综合研究，将规律性的探索与方法学研究紧密结合起来，体现了多学科交叉融合、国家发展需求与科学研究前沿相结合的特色；积累了一大批重要的原始资料，在一些重要的学科边缘问题上有所突破，在技术方法上有所创新，对黄河三角洲湿地的地质和生物过程形成了一些创新性的认识。

本项目坚持理论研究与应用实践相结合的原则和产 - 学 - 研结合的科研路线，力争在基础理论研究的同时，探索本区湿地系统研究、治理和可持续发展相结合的道路，在总结科学认识的同时，提出了保护和修复黄河三角洲湿地系统的建设性意见，较好地完成了项目的任务。

本项目十分注意成果的应用推广，并以此作为对研究成果的一种检验。其中的部分研究成果已被中国海洋大学法学院在论证生态法议案时引为科学依据。

现将本项目的主要特色和创新点列述如下：

（1）将传统的方法和新的研究思路结合起来，运用历史地理学和沉积地质学相结合的综合研究方法，确定了现代黄河三角洲沉积物的年代框架。

现代黄河三角洲是 1855 年以后形成的，至今只有 150 多年的历史，已经超出 ^{14}C 测年的有效范围。^{210}Pb 虽然是百年尺度内测年的一种好方法。但是它要求稳定的 ^{210}Pb 供给速率和沉积后封闭的环境条件。然而，黄河三角洲分流河道频繁改动，沉积与侵蚀交替运行，无法满足上述基本条件。湿地团队提出运用历史地理学和沉积地质学相结合的综合分析方法，建立现代黄河三角洲沉积物的年代格架。该方法对其他三角洲的年代确定和湿地研究具有借鉴意义。

（2）通过学科交叉，将三角洲进积模式与经典的生境演替理论结合起来，建立了黄

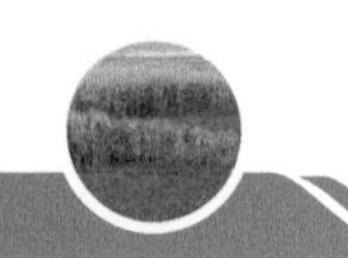

河三角洲滨海湿地系统生境演化模式。

经典的植物演替理论将湿地视为在水生植物演替发展过程中一个瞬时的发展阶段，即从浅海前三角洲转化为陆地系统的演化过程中的一个瞬间。滨海盐沼的长期稳定，一方面取决于沉积物在沼泽地的加积和向海方向的进积；另一方面取决于海平面上升和沼泽地的压实沉降。上述两个过程是自动调节的。盐沼地面的压实下沉势必创造更大的可容纳空间，从而接受和充填更多的沉积物。反之，如果沼泽地的加积速度超过沉降速度，可容纳空间逐渐减小，势将导致沉积物堆积速度趋缓，有机碳的氧化分解作用加剧。

上述滨海湿地演化模式，对认识黄河三角洲滨海湿地的过去、现在和将来具有重要意义。根据我们的资料，黄河三角洲滨海湿地从前三角洲的水生系统发展到上三角洲平原的陆地生态系统需要 50 ～ 70 年。尽管人类活动会加速和改变湿地演化的方向。但是这一时间框架对我们认识湿地的演化规律仍然是至关重要的。

（3）运用水文地质学、生态学、水文地球化学的基本理论，揭示了植被分带的地球化学控制规律，为湿地保护与管理提供了科学依据。

本项目的研究证明，植物的分带性取决于地下水水位和水质的变化。根据野外不同种群植物分布密度调查资料与水化学分析测试资料的比较分析，揭示了不同植物群落所处地质体浅层地下水水位与宏量元素及 TDS 的分布的规律性联系，为湿地保护与管理提供了科学依据。

（4）以三角洲叶瓣旋回性迁移为依据，建立了黄河三角洲湿地系统地下水化学演化模式，丰富和发展了三角洲水文地球化学理论。

高含沙量和河口频繁改道，是黄河的基本特点之一。在过去的 150 年间，黄河河口曾多次改道，庞家珍（1994）认为有 10 次，成国栋和薛春汀（1997）认为有 8 次。每一次河道的迁移都会引起生态环境及其生物群落分布的重大改变。河口地下水的水化学也呈现出相应的再分配和演化规律。本研究在总结黄河三角洲叶瓣旋回性迁移的基础上，总结了地下水水化学演化的概念模式，为发展三角洲水文地球化学理论做出了贡献。

（5）利用氢氧稳定同位素技术，研究了黄河三角洲滨海湿地不同植物系统的水源，为湿地生态修复重建提供了理论依据。

根据生物地球化学的理论，除了排盐（salt-excluding）种类，对一般植物而言，水分在被植物根系吸收和从根向叶移动的过程中不发生氢氧同位素分馏。因此，植物体内水分的 δD、δ^{18}O 组成是水源的可靠指示剂。本项目根据植物对水源的选择性利用的原理，通过植物体内水分与各种水源的同位素组成的分析对比，初步确定了黄河三角洲湿地系统主要植物的供水来源。这一成果对湿地生态系统的改良和修复，具有重要的应用价值。

（6）利用自制的隔氧操作系统和多步提取方法，进行了湿地沉积物中植物生长必需元素、有益元素和有害元素的生物有效性评估，丰富和发展了湿地地球化学理论。

国内外的研究证明，沉积物的元素的浓度总量并不能指示其生物有效性。生物有效元素浓度仅与孔隙水溶解组分的浓度相关。酸可挥发硫化物（acid volatile sulfide, AVS）对沉积物中二价离子元素的活度有极大的控制作用，会对植被造成伤害。而当某一元素

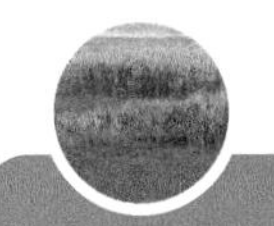

与黄铁矿发生共沉淀时，它就不再参与生物地球化学循环，只有在氧化条件下被活化后才会转为活性态。

基于这一理论，湿地团队对目前关注的一些元素进行了形态测试，发现本生态系统中原本缺乏的 Mo 几乎均以黄铁矿态存在，加剧了湿地系统的脆弱性。这一结论为元素有效性的评估和改良奠定了理论基础。

（7）废弃三角洲叶瓣上的湿地系统面积损失的沉积压实机制和水质性面积损失机制。

多年来，学术界一直将黄河三角洲面积的损失归咎于海岸侵蚀。然而，根据我们的野外调查和三个钻孔的孔隙度资料，发现松散沉积物压实固结作用形成的地面下沉，是三角洲面积损失的重要原因之一。此外，由于强烈的蒸发作用使植物根系部位的地下水形成了的较高的 Cl^- 分布（$Cl^->22g/L$），导致植物的枯死，由此而损失的湿地面积高达 $226km^2$。上述成果对湿地的保护和治理具有重要意义。

参考文献

成国栋，薛春汀，1997. 黄河三角洲沉积地质学. 北京：地质出版社.

庞家珍，1994. 黄河三角洲流路演变及对黄河下游的影响. 海洋湖沼通报，(3): 1-9.

第 13 章　辽河三角洲海岸带综合地质调查与监测

辽河地区位于 41°N 左右，属于北温带半湿润季风性气候区。不同于黄河三角洲湿地由一条大河形成，辽河三角洲湿地分布区有辽河（2013 年前名为双台子河）、大辽河、大清河、大凌河、小凌河 5 条河流。全新世以来这些河流带来的泥沙充填在渤海的辽东湾，逐步形成了辽河三角洲湿地。较之黄河三角洲湿地的形成，由于该区河流数量不同、河流泥沙含量不同，使该区湿地形成的地质过程与黄河三角洲湿地存在显著的区别。地质过程与三角洲人类活动的双重影响，直接影响该区湿地保护和修复决策。下面将通过介绍“辽河三角洲海岸带综合地质调查与监测”项目，向公众展示湿地形成演化地质过程。

13.1　地质调查项目简介

“辽河三角洲海岸带综合地质调查与监测”项目（编号：GZH201200503）是中国地质调查局实施的海洋地质保障工程的工作项目之一，起止年限为 2012 ～ 2015 年。本工作项目由青岛海洋地质研究所承担，合作单位包括盘锦湿地科学研究所、沈阳地质调查中心和中国科学院地理科学与资源研究所。

“辽河三角洲海岸带综合地质调查与监测”项目主要开展辽河三角洲海岸带地质、地球物理、地球化学、水文地质、遥感、海洋沉积动力环境综合调查和海岸带地质环境监测，查明区内地形、地貌、沉积物类型、浅地层结构、环境地质要素和地质灾害特征等基础地质信息，研究湿地生态系统演化趋势，综合分析地质环境演化规律及其对全球变化的响应研究，建设海岸带地区生态地质监测系统，进行湿地生态修复实践，为辽河三角洲地区海岸带资源开发利用、湿地生态系统保护、减灾防灾和经济可持续发展提供系统的基础地质资料和决策依据。

工作区范围为冀辽分界线以东与长兴岛以北的辽东湾陆域海岸带、10m 水深以浅海域以及小凌河至大清河辽河三角洲陆域部分。地理范围为 39°30′ ～ 41°35′N，119°40′ ～ 122°40′E（图 13.1）。

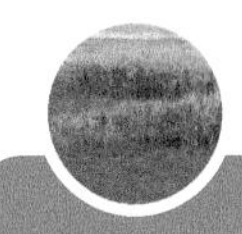

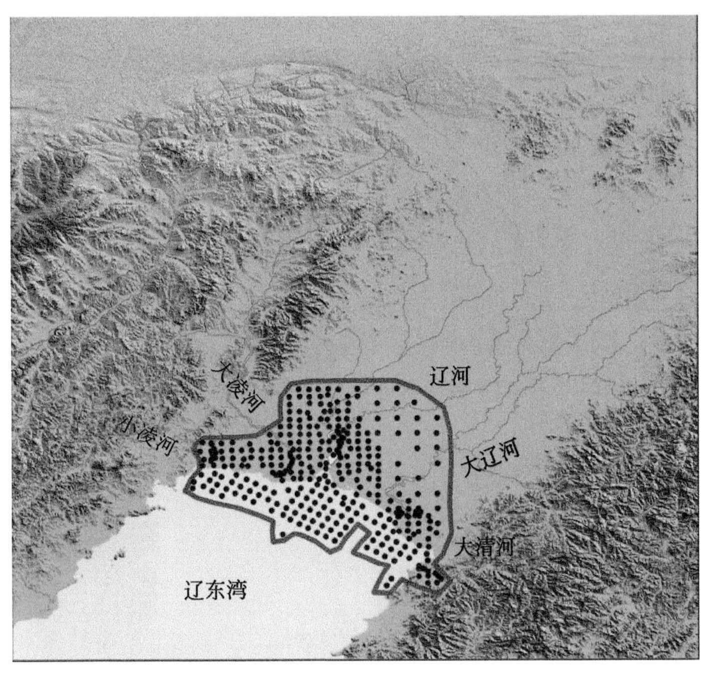

图 13.1　辽河三角洲海岸带综合地质调查与监测工作区范围

13.2　调查研究主要内容

本项目外业工作范围包括陆域、海域和潮间带三种不同类型的工作区，工作技术方法涵盖地质取样、地球物理、水文地质、工程地质、遥感调查、滨海湿地示范区建设与管护以及生态地质监测等方面。

1）辽河三角洲滨海湿地地质演化和土壤环境分析

主要工作涉及辽河三角洲滨海湿地陆域、潮间带以及浅海湿地的表层水、土壤、柱状样、钻孔样等地质取样和地球物理测量（图 13.2 ～图 13.5），以此弄清全新世以来辽河三角洲地区滨海湿地沉积演化历史，以及湿地土壤沉积物和水体重金属污染现状和湿地系统功能等。

图 13.2　陆地野外地质和表层水体取样

图 13.3　潮间带表层沉积物取样

图 13.4　海域钻孔取样

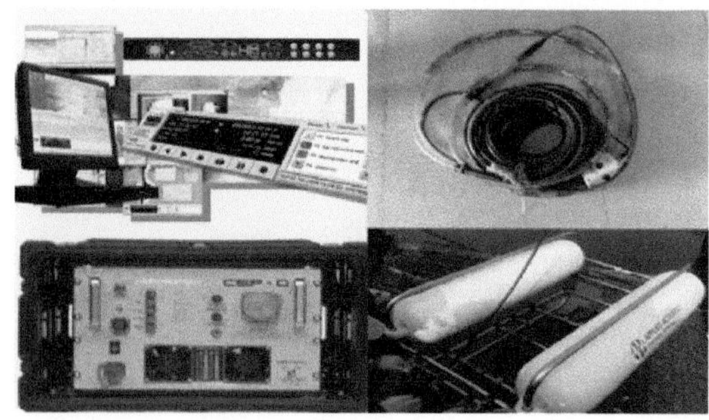

图 13.5　浅剖及测深船只设备及现场施工场景

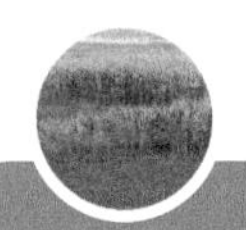

2）滨海湿地水文地质调查与监测

水文地质调查包括：①不同湿地类型的渗透试验，在芦苇、碱蓬、水稻、潮滩、蒲草等不同生境完成了土壤渗透试验（图 13.6）；②抽水实验，在前期观测井施工完成后，对辽河三角洲湿地地区钻孔进行抽水试验（图 13.7）。

图 13.6　野外渗透试验

图 13.7　观测井施工及抽水试验

3）温室气体及环境因子监测

2013 年在辽河三角洲湿地选择芦苇、翅碱蓬和水稻田三种典型生境建设了 5 个固定温室气体监测站位，采用动态箱法对这 5 个站位进行长期监测。2015 年在 5 个固定站位的基础上增加了 2 个站位，分别为翅碱蓬创建湿地示范区和芦苇修复湿地示范区，其中创建湿地是实验当年新育种的翅碱蓬覆盖区，此区域原是滨海地区的光滩裸地；修复湿地是新育种的芦苇示范区，之前被人为改造成养殖池。在温室气体监测同时对这 7 个站位进行环境因子监测，环境影响因子包括土壤的含水量、原位密度、土壤温度、水样的 pH、Eh 及盐度、生物量（地上、地下生物量）、重碳酸根（HCO_3^-）浓度等，每个站位有 6 个点位，可以测得 6 站次的环境因子参数（图 13.8）。

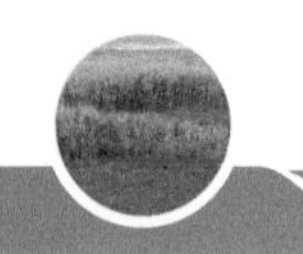

图 13.8　温室气体监测及环境因子监测

4）地表高程与有机质系统建设与监测

2013 年野外完成 4 个站位的地面高程系统（rSETs 系统）的建设（图 13.9），芦苇生境的 2 个站位选择在小河分场和羊圈子苇场，翅碱蓬生境的 2 个站位选择在小河分场和鸳鸯沟，建设过程中严格按照美国地质调查局有关海岸带 rSETs 系统建设标准，顺利完成了设计规定数量，符合设计要求，并于站位建成 3 个月后进行了首次监测，获取了相关监测数据。2014 年、2015 年分别继续对这 4 个站位的 rSETs 系统进行了共计 16 站次和 10 站次的监测，监测过程中严格按照美国地质调查局有关海岸带 rSETs 系统监测标准，每个站位平行设置 3 个 Plot，每个 Plot 放置固定的 4 个方向，每个方向进行 9 根指针的测量，以确保监测数据的准确性和可靠性。此工作主要调查滨海湿地不同生境类型对泥沙捕获以及自身有机质加积能力，以此探讨辽河三角洲湿地应对海平面上升的能力和适应性。

5）生态遥感调查

2012 ～ 2014 年主要开展 ETM、SPOT、ALOS 等遥感数据收集与前处理 18 景；开展湿地景观类型调查 4550km^2（2 个时相）、主要植被类型 / 湿地生境遥感调查 1800km^2

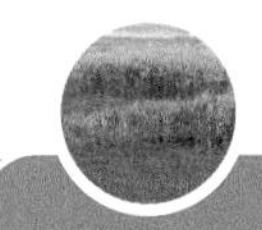

（2 个时相），湿地系统蒸散发遥感调查 4950km^2（1 年度每 16 天 1 次），主要调查不同时段辽河三角洲湿地不同类型和植被系统的演化。

图 13.9　辽河三角洲地区 rSETs 系统建设与监测

13.3　调查研究主要成果

1. 地形地貌演变及其对人类活动的响应

（1）精细编制了辽河三角洲海岸带地形地貌图（图 13.10），调查确定了下辽河平原河口地区上三角洲平原分布有 7 个三级地貌单元和潮下带 5 个地貌单元，为该区开展其他科学研究奠定了基础，同时为该区经济建设活动提供基础地质资料。

根据前人研究成果和地形图数据，结合遥感影像解译，我们将研究区陆上地貌分为山地丘陵、冲积平原和陆上三角洲平原 3 个一级地貌单元，陆上三角洲平原进一步分为上三角洲平原和下三角洲 2 个二级地貌单元，上三角洲平原又可进一步分为河流、坝内河成高地、决口扇、泛滥平原、牛轭湖、废弃河道、水库 7 个三级地貌单元，其中泛滥平原分布面积最大，占陆上三角洲平原的 76%，高达 3892km^2。按照堆积和侵蚀两大地貌过程，研究区海底地貌可分为水下浅滩、拦门沙、水下三角洲、冲刷深槽和古河道。海底地貌发育受控于基底构造，气候变化与海平面上升，浪潮流水动力以及人类活动的影响。

（2）首次编制了近百年来辽河三角洲岸线演变图，并根据岸线演变机制划分了 3 个阶段，为地方政府开发、利用和治理海岸带提供了导向。

本调查通过收集时间序列地形图，结合现代遥感影像图，研究了近百年来岸线演变规律及其自然和人类驱动力，并根据变化驱动力分为 3 个阶段：第一阶段为 1909 ～ 1950 年，海岸线变化以自然原因为主；第二阶段为 1950 ～ 2006 年，海岸线变化受自然和人

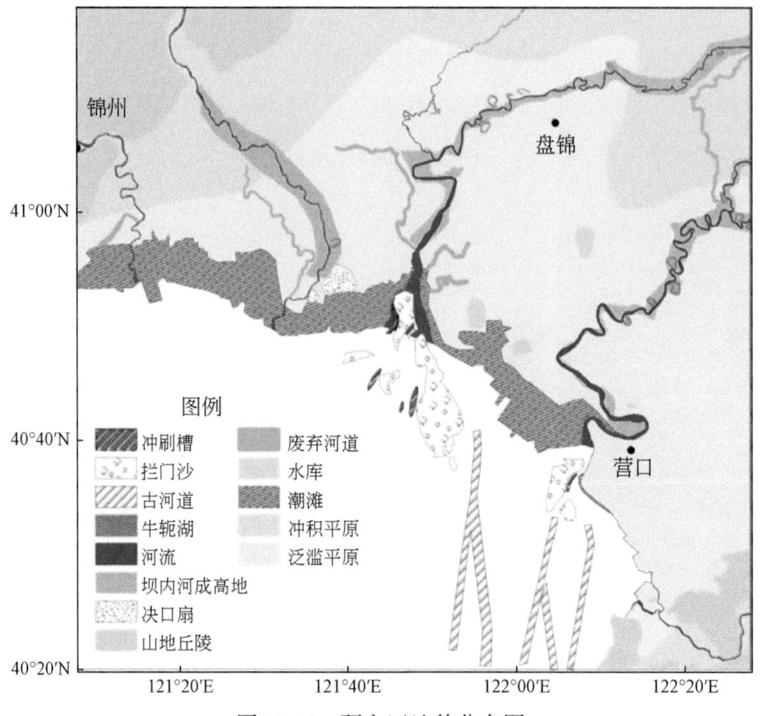

图 13.10　研究区地貌分布图

类活动双重因素影响；第三阶段为 2006 ～ 2011 年，人类活动已成为海岸线变化的主控因素，人工岸线增多。该项调查指出由于人类活动，特别是近 30 年来的填海造陆活动使岸线变化极不均衡，深刻地影响了近海动力环境、泥沙的侵蚀淤积以及近海污染物的重新分布等海岸带地质与生态环境。

2. 晚更新世以来沉积层序及其时空结构演化

基于 27 口钻探资料，利用现代 AMS^{14}C 测年技术、微体古生物鉴定、激光粒度分析以及结合沉积地质学观测方法，建立了晚更新世以来沉积层序及其时空演化框架，特别是对全新世以来地层进行了详细划分。通过建立的时间 - 高程模型，识别出调查区东西部两侧完全不同的沉积环境体系（图 13.11），揭示了各沉积系统沉积中心、古岸线迁移规律及其对气候变化响应机制。该研究奠定了地质演化及其生态环境效应研究的基础。

主要成果如下：

（1）辽河三角洲地区全新世海相层（第一海相层）在现今海岸带附近平均厚度在 12m 左右，西边大小凌河附近平均厚度在 10m 左右，而在中东部大辽河河口附近平均厚度为 14 ～ 15m。

（2）辽河三角洲地区晚更新世晚期以来沉积环境在不同钻孔中所揭示的沉积序列略微有所变化，但主体是由河道、湖沼、潮坪 / 河口湾至浅海，最后演变成三角洲的沉积过程。

（3）晚更新世晚期下辽河平原和辽东湾古河道发育，但以辽河和大凌河古下切河道为主。

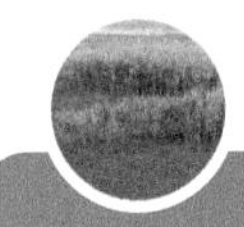

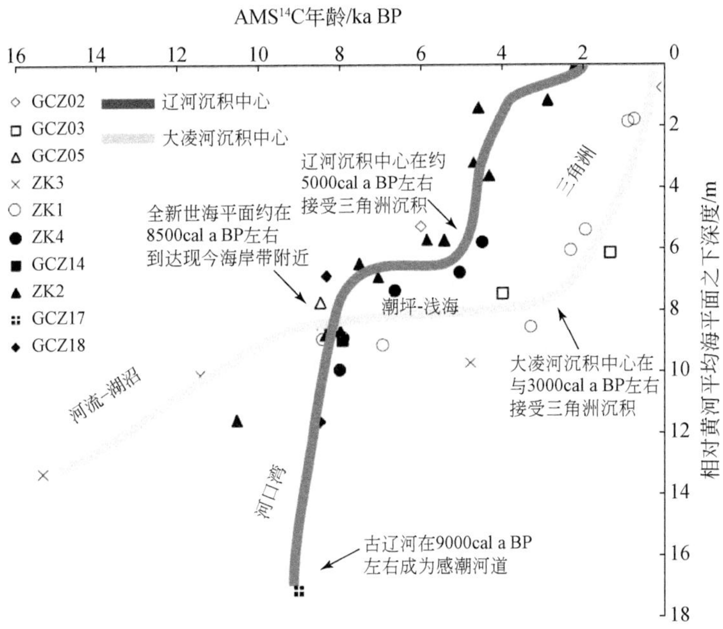

图 13.11　辽河三角洲东部沉积体系与西部沉积体系的年龄与深度关系图

（4）全新世海侵先锋于 9000cal① a BP 左右影响到了现今海岸带附近的古河流，并于 8500cal a BP 海平面到达在现今海岸线附近，海岸带附近以河口湾 / 潮坪沉积为主；7000cal a BP 达到最大海侵范围，之后发育三角洲沉积；现今海岸线附近辽河沉积中心接受三角洲沉积大约在 5000cal a BP，而大凌河沉积中心接受三角洲沉积大约在 3000cal a BP；另外，辽东湾海域钻孔（ZK6 和 ZK7 孔）在 1000 ～ 6000cal a BP 之间几乎没有沉积物保存下来。

（5）河口位置和三角洲沉积中心随海平面变化的迁移，导致了不同钻孔中三角洲沉积相发育时间不同；全新世以来气候变化导致河流泥沙输入量变化，可能是造成同一海岸线附近大凌河沉积中心接受三角洲沉积相晚于辽河沉积中心的主要原因。

（6）辽河三角洲发育两期次的牡蛎层，分别为 8000cal a BP 和 7000cal a BP 左右，说明海平面在上升过程中可能存在至少两次短暂的停滞稳定期。

3. 地质灾害类型划分

通过 1139km 浅地层剖面和同步测深资料解译，并结合 2 口钻探资料研究了本研究区辽东湾海岸侵蚀地质灾害特征、致灾过程、触发机制，为海岸带工程建设、海岸防护和减灾防灾管理提供技术支撑。

辽河三角洲地区水下 5 ～ 20m 区域的 1139km 的浅地层剖面解译结果显示：辽河三角洲水下部分面积约为 5300km^2，平均坡度为 2.5×10^{-3} ～ 3.0×10^{-3}；另外晚更新世晚期

① cal 为 calibrate，表达该年龄为校正后的年龄。

海平面低位时期，该区域古河道，特别是辽河－大凌河古河道发育，且明显下切，深度为 10 ～ 15m，该浅剖解译结果与本区域取得的钻孔 ZK6 和 ZK7 孔的结果可以相互印证。

研究指出该区包括海岸淤积在内的 12 种灾害地质类型（表 13.1），其中致灾条件或营力性质包含海陆相互作用、人类活动、海洋水动力、构造运动、地形地貌以及沉积物物理性质等因素。这些决定了研究区潜在的地质灾害类型及可能的破坏程度。因此，在该区域进行生产及工程活动，需要综合考虑致灾因素。

表 13.1　辽河三角洲地区地质灾害分类表

类型	营力或致灾条件	种类
海岸带	海陆相互作用、人为因素	海岸淤积、海（咸）水入侵
	陆地营力、人为因素	地面沉降、土壤盐渍化
海底表层	海洋水动力（侵蚀、堆积）	浅滩、冲刷槽
	特殊孕灾环境	水下三角洲、陡坎
海底埋藏	持力不均	埋藏古河道
	流体、塑体静压平衡破坏	浅层气
构造	内能释放或物质喷出	地震、断层

4. 工程地质特征与问题

通过 20 口工程钻探揭示的岩土层分布特征，编制了调查区三维地层岩性空间结构图（图 13.12）。在此基础上，结合原位开展的地基土标准贯入试验、原位地下水腐蚀性指

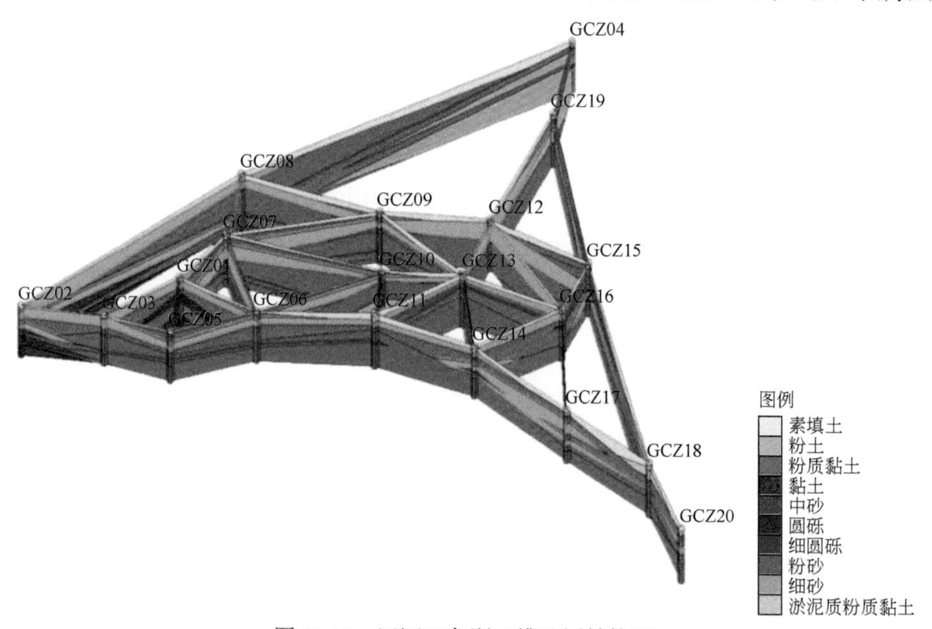

图 13.12　辽河三角洲三维地层结构图

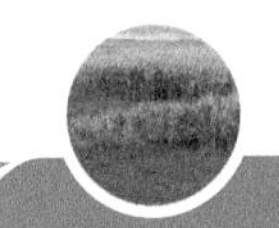

标测试等，圈定了 7 ～ 9 度地震作用下液化程度分布范围和地下水腐蚀性分布图，为当地政府土地利用规划决策提供了科学支撑。

5. 湿地水动力条件及其预测模型

水的出现和流动是湿地系统环境的驱动力。湿地系统的淹水时间和水的流动使其携带的物质成分得以在一定区间内分配，并且与群落组成多样化的生物互动。水动力模型就是要描述湿地系统的水位和流速的时空变化过程。

项目组以辽河三角洲湿地为研究对象，探讨了该湿地系统水体来源的组成与相互关系，即地下水、地表水（辽河）和海水之间的关系。本项目一方面通过开展土壤渗透试验、抽水试验和弥散试验，得到渗透系数、弥散系数等参数值，另一方面通过 10 口水文监测井的建立，对地下水进行了为期 4 年的长期监测，获得了大量地下水位与水质数据，为模型校正提供了依据。在此基础上，基于数值模拟程序 MODFLOW 建立地下水模型，校正和验证数值模型，并预测不同水文条件下（平水年、丰水年、枯水年、海平面上升、极端气候风暴潮等）辽河三角洲湿地水体的变化行为。项目组对辽河三角洲水文地质条件、地下水监测、水文地质试验、未来事件情景预测进行了具体分析，为保护和修复辽河三角洲湿地生态系统提供科学依据。考虑到气候变化的特点，共设置了平水年、丰水年、枯水年、海平面上升及极端气候风暴潮引起的海平面异常升高等 5 种情景（图 13.13 ～图 13.16）。该研究成果为滨海湿地保护与管理提供了重要科学依据。

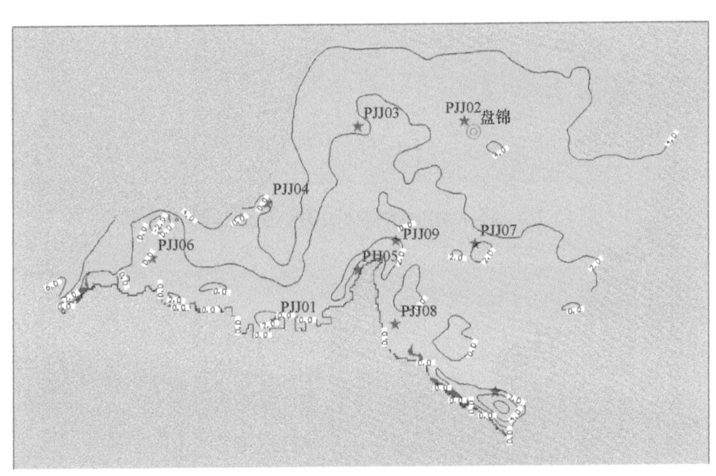

图 13.13　平水年条件下 240 天湿地地下水位

根据模型结果，一次风暴潮过后，浅层地下水位总体流向不变。相比于 2015 年初，地下水水位变幅在 −2.0 ～ 4m 之间，整体水位呈上升的趋势，尤其是海边附近水位上升明显，全区平均地下水位为 2.31m，比 2015 年初增加 6.2cm；相比于平水年情景 240 天的模拟结果，风暴潮后，整体水位增加 4.8cm。

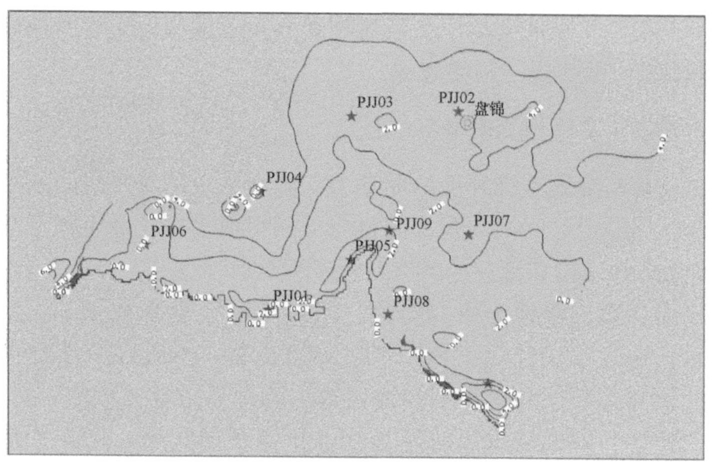

图 13.14　降水增加条件下 2019 年湿地地下水位

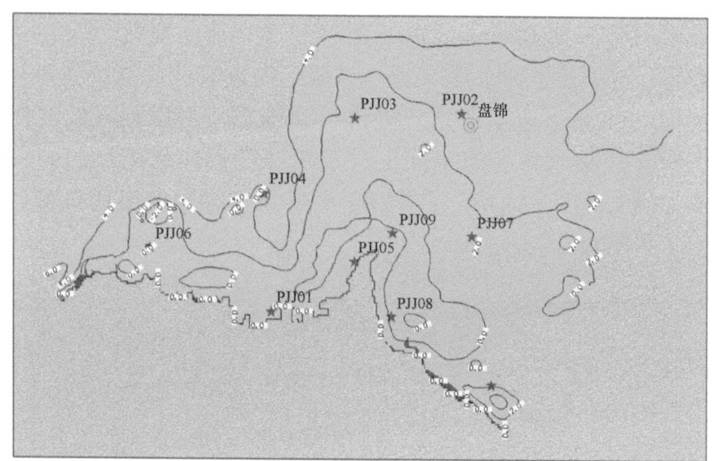

图 13.15　降水减少条件下 2019 年湿地地下水位

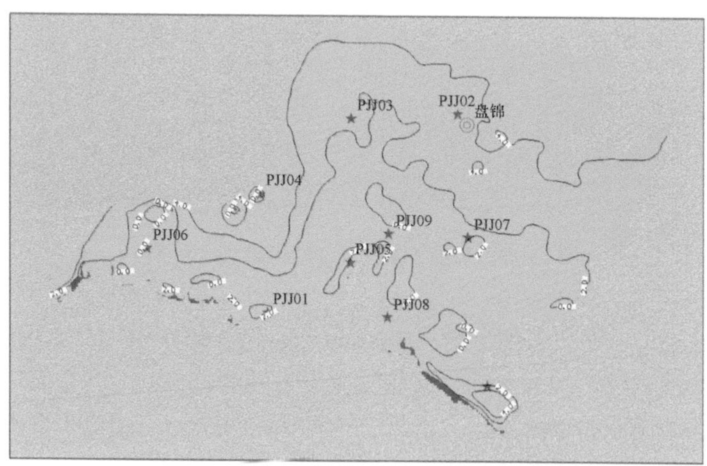

图 13.16　海平面上升条件下 2050 年湿地地下水位

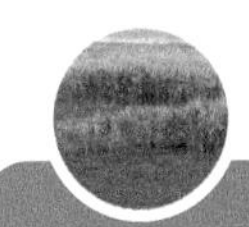

6. 湿地表层沉积物重金属污染评价及湿地系统过滤功能作用分析

基于 233 个辽河三角洲上三角洲平原湿地表层沉积物样品和 150 个相邻浅海湿地表层沉积物样品进行了化学分析测试以及数理统计分析，圈定了营口、盘锦、锦州研究区三个主要污染点源，为污染有效控制指出了具体位置。此外，研究了重金属及有机碳（Corg）在辽河三角洲上角洲平原湿地和辽东湾浅海湿地的空间分布及其受海流控制特征，重金属浓度量级大小均遵循 Cr>Zn>Pb>Cu>As>Cd>Hg 的分布规律。除了 As 和 Hg 外，其他金属浓度均表现为辽东湾浅海湿地显著低于辽河三角洲上角洲平原湿地的同名金属浓度，暗示了湿地生态系统对污染物的移除作用。通过富集因子法、地积累指数、污染因子、污染负荷指数 4 种评价方法进行重金属污染风险评价（图 13.17），结果表明，除 Pb 和 Zn 外，其他重金属对环境均造成了中度污染。我们研究表明，重金属分布受到有机碳和粒径大小的显著影响，特别是辽东湾浅海湿地表层沉积物重金属浓度与有机碳之间的相关性更为显著（r=0.439, p< 0.01），揭示了有机碳对重金属的螯合作用。

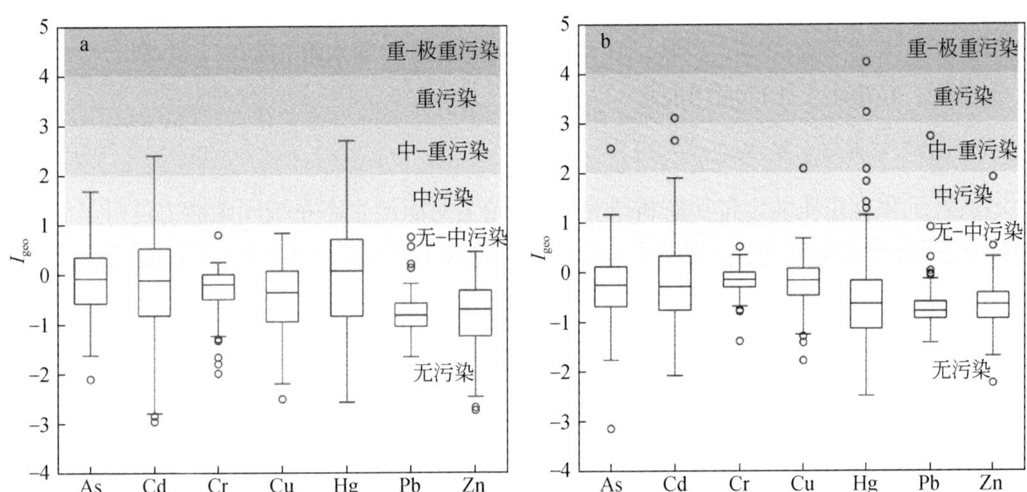

图 13.17　辽东湾浅海湿地（a）和辽河三角洲上角洲平原湿地（b）重金属地质累积指数（I_{geo}）值箱型图

地质累积指数（I_{geo}）是研究水环境沉积物中重金属污染程度的重要定量指标，它由德国海德堡大学沉积物研究所的科学家 Muller 在 1969 年提出，计算公式如下：

$$I_{geo}= \log2 \frac{C_n}{1.5B_n}$$

式中，C_n 为元素 n 在沉积岩中的实测含量；B_n 为黏质沉积岩（普通页岩）中该元素的地球化学背景值，常量 1.5 是为消除各地岩石差异可能引起背景值的变动转换系数

本调查研究还进一步揭示了分布于辽河三角洲上角洲平原湿地的表层沉积物重金属污染均表现为局部的点源污染。分布于辽东湾浅海湿地表层沉积物的重金属，虽然局部高值区较辽河三角洲上角洲平原湿地的低，但由于海域潮汐与沿岸流的作用以及高盐度海水对重金属的絮凝和再沉淀作用，存在污染面扩散现象。特别是锦州和营口两市的污

染物未经湿地生态系统的过滤过程，对近海生态系统的潜在危害更是不容忽视，污染负荷指数（PLI）明显地揭示了此规律。此研究为海岸带生态环境保护与近海污染治理工作提供了基础数据信息。

7. 滨海湿地碳循环调查研究

基于野外为期 3 年的原位温室气体监测数据，结合生态遥感、地质取样、野外定点监测、原位培养、微宇宙试验以及现代化学测试等技术，开展了湿地生态系统不同圈层碳的收支平衡预算及形成机理研究。项目全面报道了碳在滨海湿地水、土壤、植被以及大气等各圈层各生境条件下的通量。剖析了控制各圈层中碳循环通量的因素与机制。发现了我国三角洲湿地生态系统是一个巨大的碳库，特别是全球变化以及人类活动会加剧滨海湿地无机碳的埋藏作用。概括了滨海湿地生态系统固碳能力探测的技术方法以及湿地修复技术。

本项目有关土壤碳埋藏效率及其影响因素、微生物固碳研究、利用分批培养与连续培养技术测定水域初级生产力技术、温室气体释放机制、沉积有机质的定量源解析以及生态修复技术等研究内容，反映了该学科领域当前研究的水准与动向，丰富了生物地球化学理论，并指出了生产应用前景。

8. 湿地土壤与水系统中碳的来源与稳定性

通过沉积有机质的定量源解析研究，从理论上对湿地生态系统固碳能力进行了解释。研究发现辽河口陆域湿地土壤中正构烷烃的组成在 C_{21} ～ C_{35} 高碳数区间占优势，且 CPI 指数在 5.2 ～ 11.1 之间，表明辽河口陆域湿地的有机质以陆源高等植物的贡献占绝对优势，该区具有很强的固碳潜力；辽河口浅海湿地有机质来自海洋低等生物和陆源输入的共同贡献，其中海洋低等生物对有机质的贡献为 53% ± 23%，陆源高等植物的贡献为 46% ± 23%，因此，其固碳能力相比陆域湿地相对较低。

9. 湿地修复实践与生态系统经济价值

（1）通过对当前国内外湿地植被修复技术引进、吸收、改进及研发，结合当地潮滩湿地围沟淋滤除盐碱及芦苇栽种技术，特别是针对芦苇湿地的修复与管理，提出了“春浅灌、夏勤灌、秋落干”技术，并成功地进行了湿地修复实践。项目组选取了辽河三角洲潮滩和裸露荒地各 100 亩进行翅碱蓬生境、芦苇生境修复工程，达到了增汇固碳修复目标。通过三年的修复工作，潮滩碱蓬修复湿地和芦苇修复湿地的生物量和碳储量分别可达到天然湿地的 90%、94% 以上，固碳能力接近天然湿地（图 13.18，图 13.19）。然而，土壤的碳贮量增强需要更长的时间。

（2）滨海湿地经济价值评估。为了向社会和政府部门展示滨海湿地价值和保护的理由，呼吁保护湿地的重要意义，项目组采用了多种方法，对辽河三角洲湿地经济价值进行了评估（图 13.20）。结果表明辽河三角洲湿地每公顷每年可创造相当于 3 万多美元的价值（表 5.2）。项目组采用的三种估值方法包括交易市场估值法（MBV）、效益价值转移法（BVT）、影子项目方法（SPA）。对辽河三角洲湿地的经济价值进

图 13.18　翅碱蓬示范区恢复前（a）和恢复后（b）对比图

图 13.19　芦苇示范区恢复前（a）和恢复后（b）对比图

图 13.20　辽河三角洲湿地的功能价值——造纸（a）和旅游（b）

行了评估，评估了由辽河三角洲湿地提供的 10 个生态系统功能价值。其中的 5 个功能（固碳、备用的森林、食品生产、造纸、旅游）是基于当前市场价格最初的估值。其余的 5 个功能（海岸的保护与海岸的侵蚀控制、提供灌溉水、蓄水、基因资源、栖息地与避难所）是通过 BVT 方法来评估的。研究表明，辽河三角洲湿地为当地人民提供的生态功能价值至少为 26.8 亿美元。值得注意的是，造纸和商业捕鱼的价值

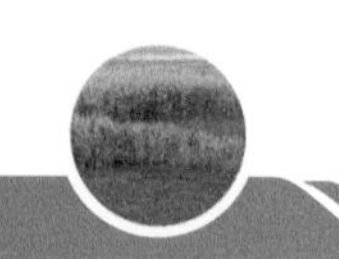

只占到生态功能总价值的 19%。然而，从旅游方面获得的价值占到了生态功能总价值的 32%。该项研究揭示了旅游业创造的价值是显而易见的，是滨海湿地可持续发展的直接激励因素。上述湿地生态系统这一价值表明，若将湿地占地开发为其他的用途，那么新投资的项目创造的价值必须大于目前湿地的价值才有意义。然而，我们很难想象存在如此有价值的项目，此研究从社会经济效益视角呼吁了保护湿地的重要意义。

10. 全新世以来古环境演变

河口沉积物中记录了气候、环境、水文、季风及其他全球性事件等气候与自然环境要素的变化信息，是研究环境与气候变化的有效载体。本项目将传统海洋沉积地质学方法与孢粉学、现代生物标志化合物等研究成果相结合，在上述建立的全新世沉积层序和时间演化框架的基础上，开展了不同时间尺度、高分辨率的孢粉记录、生物标志化合物正构烷烃（n-Alkanes）、甘油二烷基甘油四醚脂（GDGTs）以及地球化学等同步综合研究。结果证实了该区在晚更新世以来由于辽河河谷的下切作用使该区存在沉积缺失，发现了该区沉积作用受到古季风、夏季光照的深刻影响，从而改造了该区生物硅循环规律与地质固碳效率。通过上述规律性的研究，本项目确定了一系列适合于本区的古环境演化研究的替代指标。

（1）钻孔孢粉揭示，自全新世以来，辽河三角洲地区山地丘陵区温带针阔叶混交林以及平原区草地植被发育。在 8700 ～ 2800cal a BP 时期，落叶阔叶植物种属呈现出一个最大值。孢粉记录与区域沉积环境变化特征相一致。在 5300cal a BP，气候逐渐变成温良环境，其主要表现为松属、落叶阔叶植物、蕨类孢子以及有孔虫含量的相对降低，这可能是与季风减弱相关。大约 2000cal a BP 后，海平面快速后退，海岸带湿地形成，其最显著的证据就是藜科植物花粉含量的急剧增加并伴生水生植物香蒲属和落叶阔叶植物花粉含量的急剧降低。

藜科、松属、阔叶植物以及蕨类孢子能够作为一个校正海平面变化以及钻孔与海岸带距离变化的一个指标。在全新世暖期和较高海平面时期，松属和阔叶植物花粉百分含量较高，藜科和蕨类植物相对较低；相反，对于冷和凉爽气候期，松属和阔叶植物花粉百分含量显著下降而藜科和蕨类植物孢子显著增加，这归功于花粉与物源短的传播距离。这些种属证明了百分含量的变化与海平面变化相一致（图 13.21）。

（2）通过分析辽河三角洲 ZK2 孔 U_3 段全新世海侵期岩心中的有机脂类物质的组成和分布，探讨全新世海侵期气候与环境的变化信息的替代指标。研究表明 BIT 指标可以从一定程度上反映该地区全新世以来沉积环境的变化，沉积环境自下而上依次是河口湾相—浅海相—前三角洲相—三角洲前缘相—下三角洲平原相。由 BIT 反演的 GDGTs 的分布趋势和末次盛冰期微体古生物、孢粉组合等指标指示的沉积环境及气候条件的分布趋势相似，表明上述指标在此区域有很好的指示气候变化的潜力（图 13.22）。

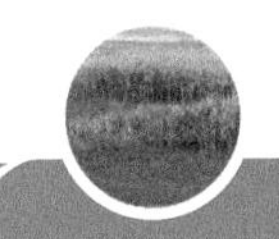

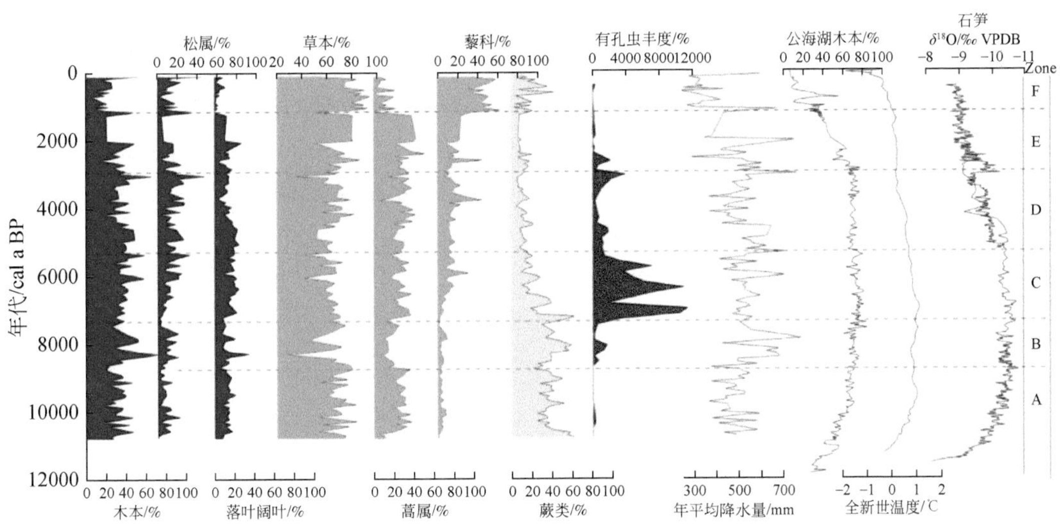

图 13.21　ZK2 孔重要孢粉组合、有孔虫丰度、重建的年平均降水量和公海木本植物花粉、合成的北半球（30º ～ 90ºN）全新世温度记录和洞穴石笋揭示的区域季风指数的综合对比

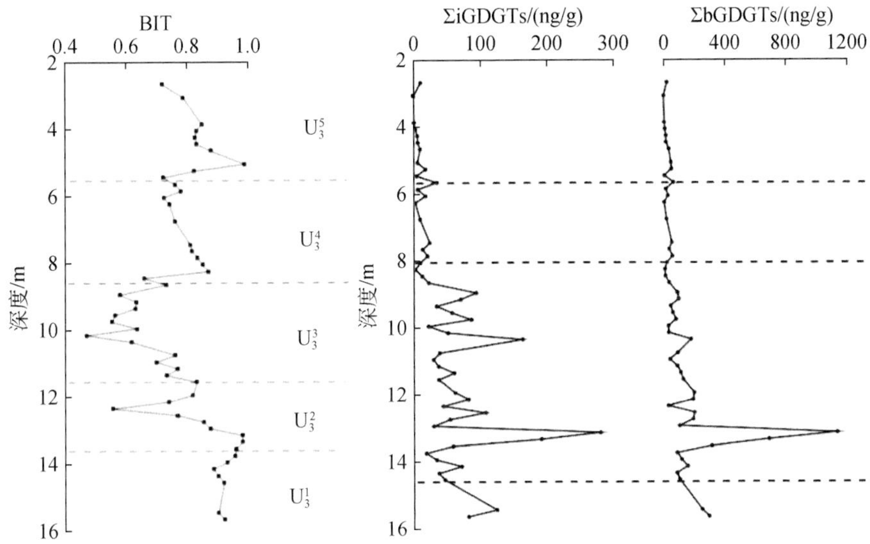

图 13.22　ZK2 孔 U_3 段岩心中 BIT、iGDGTs 和 bGDGTs 在不同沉积环境中的分布

（3）辽东湾 6m 水深以浅海域表层沉积物样品中总有机碳、总氮、稳定同位素组成（$\delta^{13}C$）、正构烷烃的特征显示沉积有机质主要来自低等水生生物（藻菌类）的贡献，而除少数区域外陆源高等植物来源的有机质贡献有限。此外，个别区域存在一定程度的石油污染。辽河三角洲东侧荣兴镇潮滩沉积柱中正构烷烃的研究表明，有机质主要来自陆地高等植物表皮蜡质的贡献。TAR 值垂向分布趋势显示：自 20 世纪 90 年代开始，TAR 值出现降低趋势，显示陆源相对贡献有所减弱，而海洋源的贡献逐渐加强。

（4）三角洲地区沉积物对生物硅（BSi）的埋藏效率不仅关系到河口生态系统营养平衡，而且还关系到碳循环以及气候变化。通过 ZK2 孔沉积物有孔虫鉴定、物理化学参数以及 AMS^{14}C 和光释光（OSL）测年分析，将本区 33ka 以来的沉积环境划分为河道沉积（U_1）、湖相沉积（U_2）、海洋主导的沉积（U_3）、上三角洲平原相沉积（U_4）4 个沉积单元，特别地对 U_2 又进一步划分为 5 个亚相。研究发现，不同沉积环境生物硅和有机碳的埋藏效率差别较大，以冰期形成的河流相的生物硅埋藏速率 25.09 ± 1.43 g/（$m^2 \cdot a$）最高，末次冰期湖相的最低 6.96 ± 0.34 g/（$m^2 \cdot a$），且沉积物生物硅对全球冷气候事件

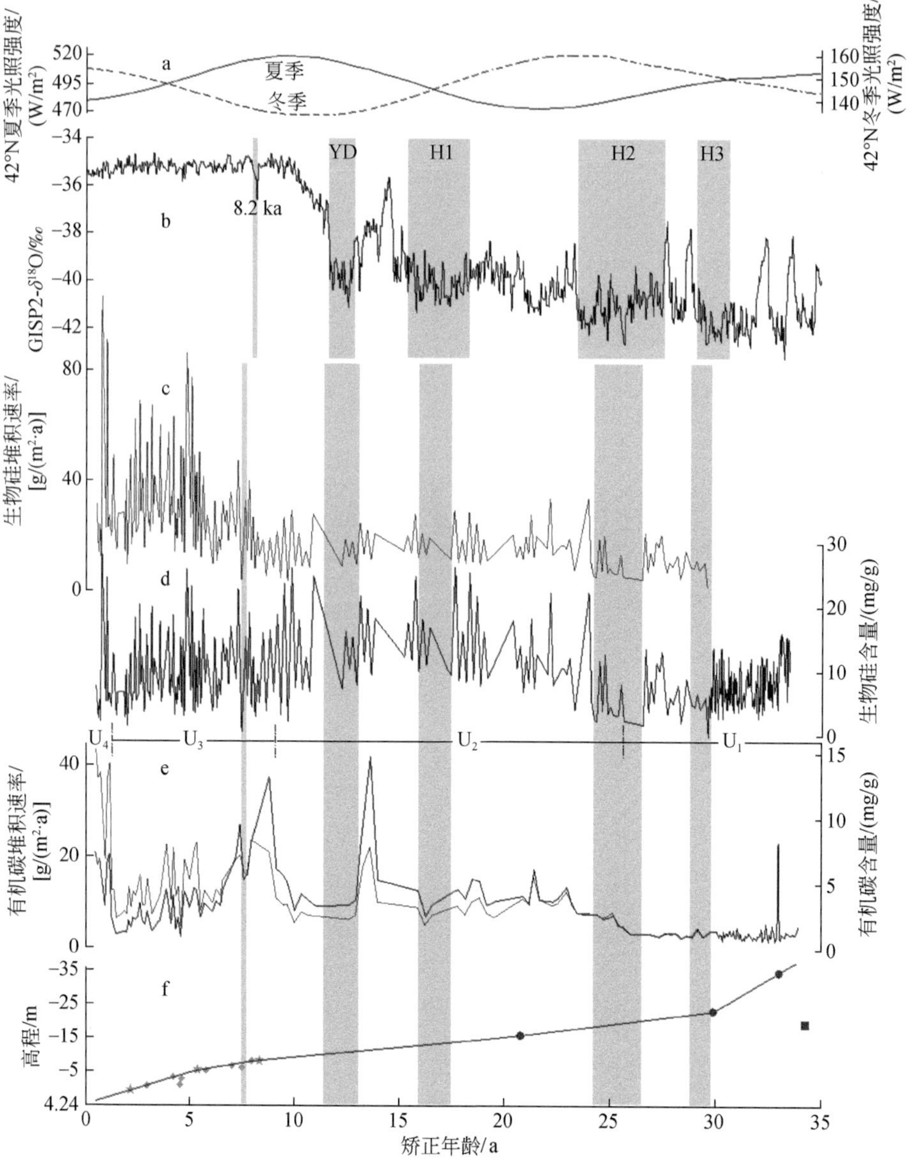

图 13.23　辽河三角洲 ZK2 孔晚更新世时期以来的沉积指标记录

a. 光照强度；b. GISP2-δ^{18}O；c. BSi-AMAR；d. BSi 浓度；e. Corg-AMAR（红色）和 Corg 浓度（黑色）；f. 高程随时间的变化

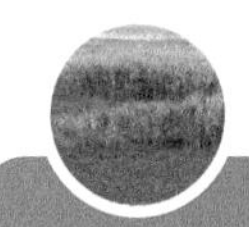

及北半球夏季光照强度的响应比有机碳更敏感。无机碳对末次冰期最盛期的干冷气候有显著响应，其含量出现异常高值。此外，Fe_2O_3 含量与 BSi/Corg 呈负相关关系揭示了对于相对富铁的河口环境，铁元素的供给变化对硅藻生长过程影响同样明显迅速，从而导致即使是在很短的时间尺度上，铁元素的不足也会增强硅酸的较强利用效率，从而制约有机碳的埋藏效率（图 13.23）。

13.4 调查研究创新点

1. 技术创新

（1）湿地生态系统固碳能力探测技术。有植被覆盖的滨海湿地生态系统封存的碳被誉为"蓝碳"，蓝碳生境是大气二氧化碳封存的高效引擎。虽然我们对蓝碳生态系统的总体认识有了较大提高，但要对蓝碳抵消碳排放的实际份额进行严格评估的可能性仍然存在许多技术方法瓶颈。通过创新、改进与集成，澄清了目前学术界对相关技术方法的争议，系统研究了碳在滨海湿地各圈层循环过程的探测与评价技术方法，建立了滨海湿地土壤 - 水 - 植被 - 气各圈层碳通量的探测技术方法，系统获取变化环境条件下湿地各圈层碳通量的监测数据（图 13.24），特别是通过 rSETs 系统改进，可有效地揭示滨海湿

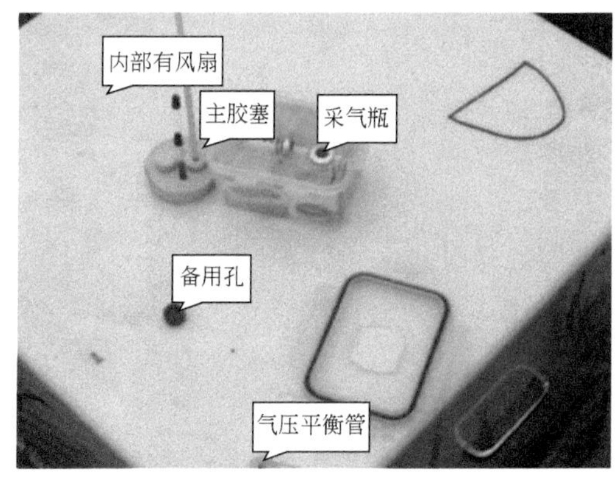

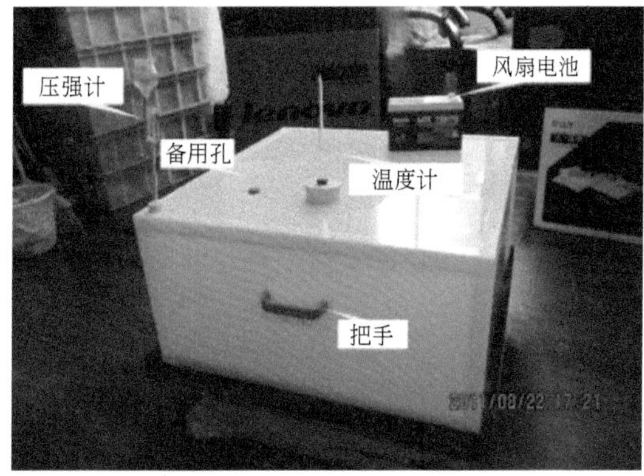

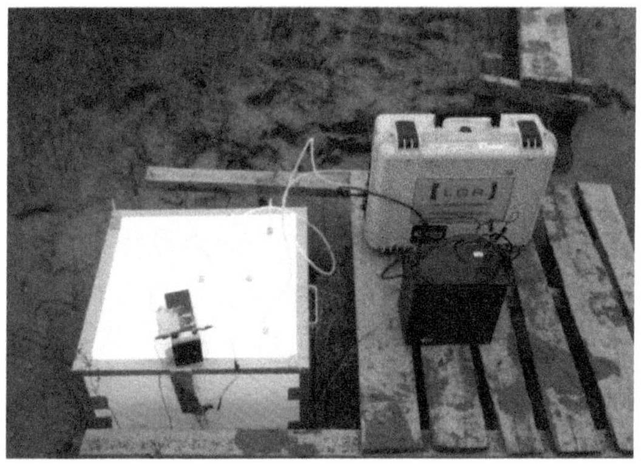

图 13.24 静态箱外观设计和实验站位和仪器

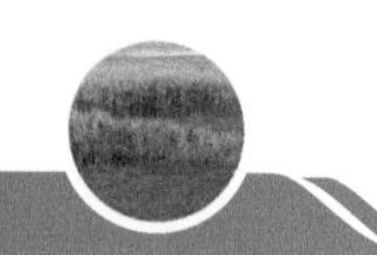

地土壤固碳机制，通过分批培养、连续培养技术与 ^{14}C 示踪技术研发，可高效精确地测定湿地不同类型水系统固碳通量（图 13.25），为生态系统增汇固碳的管理实践与蓝碳抵消碳排的实际份额的严格评估提供了技术方法支撑。

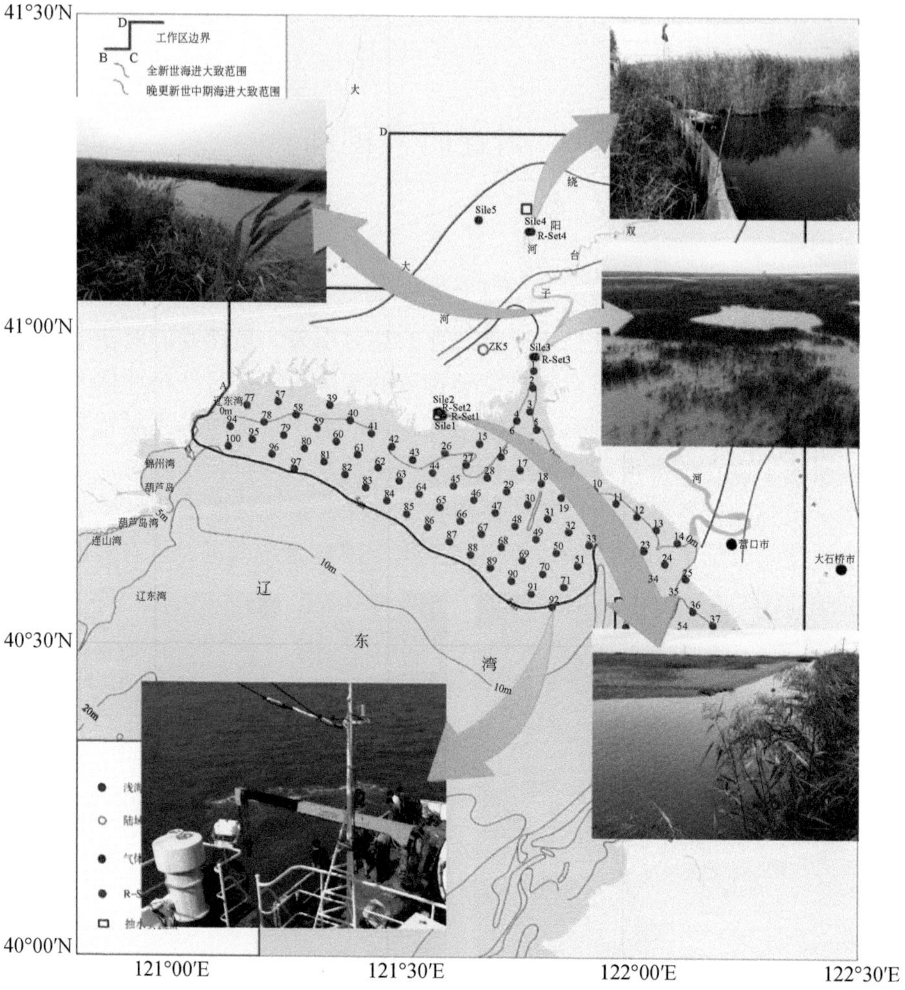

图 13.25　辽河三角洲湿地不同类型湿地类型初级生产力和固碳能力研究示意图

通过上述技术创新，项目组连续申获了“土壤未扰动沉积物柱样采集”、“湿地地表高程监测仪”、“浮游植物反应釜及采用该反应釜的连续培养恒化装置”、“利用 ^{14}C 示踪技术测定海洋初级生产力现场模拟培养装置”和“黑白瓶溶解氧法现场模拟测海洋初级生产力装置”等多项国家发明专利，为生态系统增汇固碳的管理实践与未来配置最有效的蓝碳保护计划提供科学支撑。该技术方法可作为从事湿地管理和保护、地球化学、生物地球化学以及碳循环领域的重要参考与指南。

该技术方法已成功应用于辽河三角洲湿地、黄河三角洲湿地碳循环的研究。由于上述一系列的技术创新，项目组研究了碳通量在目标研究区滨海湿地系统时空演化规律及

其控制因素，提出了湿地系统固碳功能保护具体措施与利用蓝碳抵消碳排的具体份额，在国际核心刊物上连续发表了多篇有国际影响力的学术论文，推动了滨海湿地碳循环理论的新发展。项目组还多次做过科普教育和湿地管理部门的业务咨询工作，取得了显著的社会效益和经济效益。该技术方法可拓展应用于红树林、潮汐盐沼和海草等不同类型的湿地生态系统。

（2）提出了湿地植被芦苇生长新技术，服务于造纸工业，开辟了湿地资源绿色利用新途径。通过国际合作，研究开发了湿地植被作为可再生资源的绿色利用技术，其中包括湿地水位调控、病虫害防治、去盐碱、芦苇的收割与储存等关键技术。此外，对上述一系列技术的实践所产生的经济效益、社会效益进行了评估，如除了对生物多样性和滨海湿地的恢复保护工程意义重大之外，还包括增汇固碳、来自造纸业创造的巨大的经济效益、减少了森林的砍伐、创造了就业机会等。

2. 科学研究创新

（1）评估了我国滨海湿地土壤碳埋藏通量，填补了我国在全球碳收支平衡研究中的空白，并提出我国滨海湿地具有较强的固碳能力。其中土壤碳埋藏通量在 60 ～ 400g/（m^2·a）之间，高于世界其他湿地碳的沉积通量，该数据可作为我国政府在国际环境有关气候谈判的有利证据。本研究关键的技术在于沉积速率的确定。本研究针对不同海岸带湿地提出了三种方法：①在有植被覆盖区，通常具有稳定物源和沉积速率，采用 ^{210}Pb 和 ^{137}Cs 法计算沉积速率；②在无植被的潮间带，采用染色砂棒群组确定区内的沉积速率；③针对河流频繁改道的河口湿地特征，利用自然地理学与沉积地质学的方法，重塑湿地演化历史，并利用沉积间断所形成的古土壤形成的时间标，评估相应的沉积速率。上述方法可望获得广泛应用。

（2）提出了我国滨海湿地在没有外来物质供应时，其有机质自身的加积速率可与全球海平面上升保持同步。该研究利用未扰动柱状沉积物样，并利用放射性同位素测年法和相关的化学测试，得出滨海湿地有机质加积速率可高达 0.38cm/a，高于全球海平面上升速率（0.31cm/a）以及我国海平面上升速率（0.29cm/a），指示着滨海湿地自身有机质加积速率可抗衡未来海平面上升的速率。

（3）利用分批培养与连续培养技术，解决了困扰科学界半个多世纪的 ^{14}C 示踪技术测定海洋初级生产力的争议问题。该成果改观了卫星遥感计算模式，是海洋初级生产力学术界的一次革命性认识。

（4）通过产甲烷和甲烷氧化的“微宇宙”的构建，对辽河三角洲土壤的甲烷产生与氧化能力从微观过程进行了解释。采用 T-RFLP 技术研究水稻田、芦苇、翅碱蓬三个生境不同深度土壤的微生物群落随不同影响因素的动态变化，结果发现：水稻、芦苇以及翅碱蓬三个植被覆盖的 35cm 以上的土壤在厌氧产甲烷体系中一直没有甲烷的产生，表明这三个生境都没有产甲烷的能力，不是甲烷产生的源。通过室内甲烷好氧氧化实验，证明水稻、芦苇以及翅碱蓬三个植被覆盖的 35cm 以上的土壤具有较强的甲烷氧化能力。

（5）揭示了辽河口湿地表层土壤有机质主要来自高等植物的贡献，相比芦苇湿地具有较高的有机质生产与储碳能力。芦苇湿地典型沉积柱的研究结果表明表层沉积有机质以高等植物源占据优势，而约 30 年前，反映水生生物贡献的有机质开始增加，且沉积年代越老，这一贡献越显著，显示辽河口湿地沉积环境演变对储碳过程的重要影响。

（6）利用该项目，项目组建设了有关碳循环研究的野外观测基地。本项目在辽河三角洲建设了较为完善的碳循环研究的野外观察基地，包括温室气体监测、土壤环境因子的监测、孔隙水化学监测、湿地地下水水位水质监测等，特别是利用 rSETs 技术对湿地有机质加积速率的监测在我国还属首次。这些监测为丰富全球碳循环评价数据库提供了重要保障，也为我国政府在国际环境中的谈判提供科学数据。该研究基地同时可作为国内外专家、学者以及研究生的科学研究基地。

第 14 章　江苏盐城滨海湿地多圈层交互带综合地质调查

不同于黄河三角洲湿地由一条河流作用形成，也不同于辽河三角洲湿地由 5 条河流同时作用形成，江苏盐城滨海湿地是由黄河与淮河交替在该区作用以及在黄河北迁、淮河被截流于上游洪泽湖水库后经历了侵蚀和淤积的动态大调整形成现今的湿地景观。对该区复杂地质过程的探明，是该区湿地保护和修复的基础。本章将带领读者了解“江苏盐城滨海湿地多圈层交互带综合地质调查”项目的同时，可探索湿地形成演化地质背景及其对湿地功能的影响过程，从而寻找湿地修复保护的地质方案。

14.1　地质调查项目简介

“江苏盐城滨海湿地多圈层交互带综合地质调查”（项目编号：DD20189503）隶属自然资源部中国地质调查局一级项目“重要经济区和城市群综合地质调查”，由青岛海洋地质研究所承担，项目起止时间为 2018 年 1 月～ 2020 年 12 月，总体目标是围绕海岸带综合地质调查工程工作的要求和任务，瞄准江苏盐城滨海湿地保护区生态文明建设重点任务，突出地质调查工作支撑国土资源部而开展海洋基础性公益性海岸带综合地质调查工作。

江苏省滨海湿地研究区以盐城湿地为主，主要分布在盐城市及南通市所属的响水、滨海、射阳、大丰、东台、海安、如东、通州、海门和启东 10 个市（县）的沿海滩涂区域，北至灌河河口，南至连兴港口（图 14.1）。

14.2　调查研究主要内容

1. 滨海湿地形成演化地质过程调查

本项任务通过调查滨海湿地沉积层序及其空间格架，结合流域水沙通量变化监测，揭示滨海湿地地质演变驱动机制，甄别自然过程和多重胁迫因子影响，探讨全球变化、海平面上升背景下，滨海湿地地质演变历史、规律、驱动机制及其脆弱性，探讨气候变化与海平面上升、沉积物供给与人类活动等因素对湿地沉积动力过程、地貌景观、生态

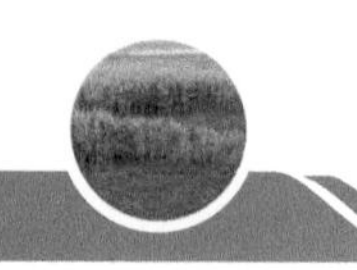

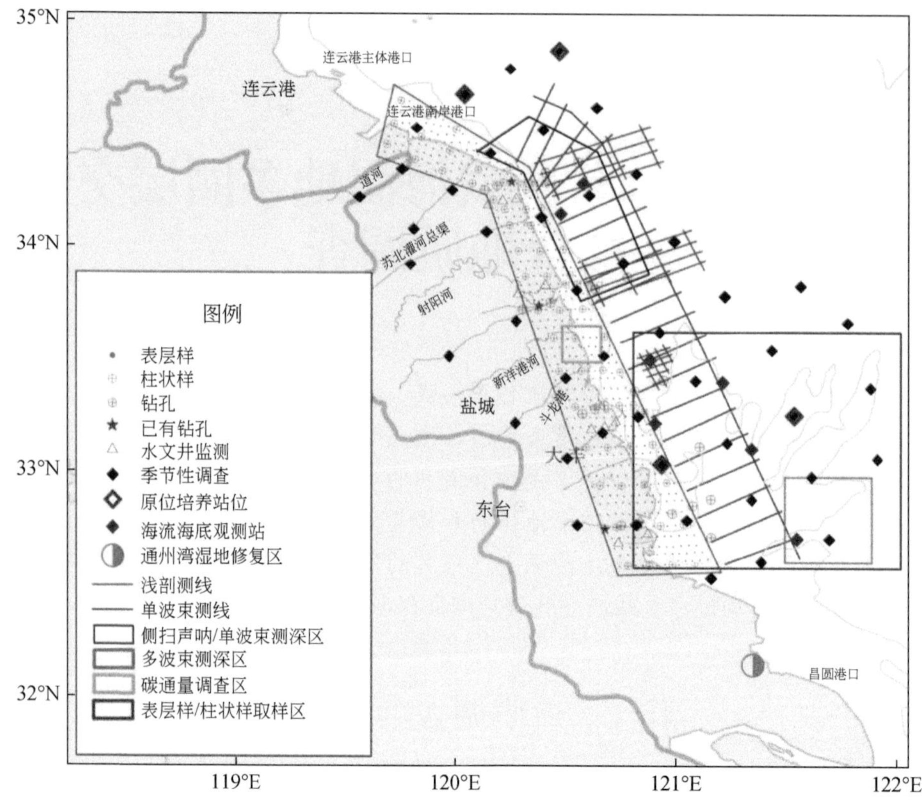

图 14.1　江苏盐城滨海湿地调查研究区及开展的工作示意图

地质环境的影响。该项任务主要是在充分研究地质演化历史的基础上结合野外沉积物剖面的沉积学地质观察，并通过地质钻孔取心、岩性鉴定、粒度分析及微古分析，建立滨海湿地系统沉积层序及其空间格架，以及结合正构烷烃生物标志化合物方法，揭示滨海湿地从漂浮大型植物（水生系统）、挺水植物（滨海湿地）直至陆源高等植物（陆地生态系统）演化规律；总结滨海湿地伴随沉积演化的水生演替模式。

2. 湿地生态水文地质调查及其预测方案系统构建

本研究构建了一个水动力模型，用以描述滨海湿地系统的水位和流速的时空变化过程。本项任务主要包括调查地表水与地下水季节与年季动态变化特征，掌握水系统演化的区域变化规律以及水文系统描述参数，其主要调查与研究任务如小贴士 14.1 所示。

小贴士 14.1　生态水文调查与研究任务

- 查清人类活动（如开采、灌溉、海咸水入侵）对区域水系统的演化影响强度。
- 通过直接或间接的方法，实测渗透系数（或导水系数）、贮水系数（或给水度）、大气降水补给、地表水补给和灌溉水回归系数等；建立平原海岸湿地类型湿地生态

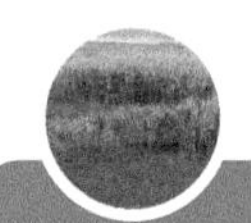

系统地下水运动的数值模型。

● 利用现代遥感技术，获得蒸散发参数。

● 在对数值模型进行校正和验证的基础上，预测不同水文条件下［如大气降水地下水位下降、河流断流（或平原海岸区减少地表水供应）、极端气候风暴潮以及海平面上升等］滨海湿地水体的变化行为，并提出保护和修复滨海湿地生态系统的对策和建议。

3. 人类世湿地退化调查

针对当前滨海湿地流域发生的巨大变化，加之湿地分布区筑坝、围垦等大型工程活动对当前湿地生境破碎化、咸水入侵、湿地水质恶化和生物多样性受损等生态和环境问题，以及河口湿地结构和功能对气候变化以及多重胁迫的响应机理不清晰的现状，重点开展如小贴士 14.2 所示的 4 个方面的专题调查。

小贴士 14.2　人类世滨海湿地退化机制调查与监测

● 调查潮流和径流双向动力作用下形成的滨海湿地水文连通结构和格局，查清湿地区水文连通和生物连通阻断因子，阐明气候变化和人类活动对水文连通程度和连通强度的影响；调查湿地生物对多环境胁迫的响应及适应阈值，查清滨海湿地典型植被在人类活动影响下典型植被定殖、迁移和演化动态。明晰水盐、水沙和污染胁迫下河口湿地典型生物定殖、迁移和扩散动态，建立滨海湿地退化诊断指标体系，识别湿地退化程度并进行退化分区，提出湿地修复策略建议。

● 多重胁迫下湿地淤蚀格局演变的水沙动力调查。调查滨海湿地水、泥沙的输运对湿地系统演化进程的影响，在查清区域地形地貌、水动力、泥沙通量的基础上，总结水动力变化、泥沙运动和水体交换等规律，特别是查清人类世以来湿地演化的驱动机制，包括系统分析径流变化、海岸工程、过度围垦及风暴潮、海平上上升等多重胁迫影响下的河口水－沙－岸滩淤蚀的响应过程，阐明影响湿地淤蚀格局演变的水沙动力机制，并选择国际先进的数学模型，构建滨海湿地、水沙和近海沉积动力地貌耦合模型，最终建成一个具备环境预测能力的、适合政府管理使用的数值模型系统。

● 养殖区营养盐失衡与赤潮（浒苔）发生机制。调查多要素综合作用下滨海湿地关键水质参数（如盐度、悬浮沉积物、BOD、DO、有机氮、氨氮、硝酸盐氮、亚硝酸盐氮、藻类、腐殖质等）分布规律，查清沿海酸化、营养盐比例失衡、光强变化、盐度梯度变化等环境因子对湿地退化和生态灾害的多因子交互效应，评估其生态服务价值的潜在损失，进而研究近海生态系统赤潮发生机制。

● 以遥感动态监测、野外调查及系统评估为主要技术手段，对我国滨海湿地生态系统过去近 30 年来的演变过程及生态系统退化特征进行动态监测，分析滨海湿

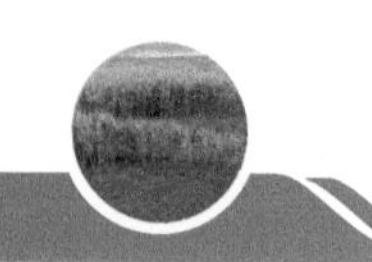

地生态系统演变的主要影响因素，辨识气候变化及人类活动等对生态系统退化的影响机制。构建气候变化及人类活动背景下的湿地生态系统环境质量评价指标体系与评价方法，评价不同类型滨海湿地的潜在功能现状，明确湿地关键生境丧失机制，提出相应的生境替代和调整策略。

4. 蓝碳通量评估

2017 年，我国将统一启动碳排放权交易市场，并将成为全球最大的国家级碳市场，在全球减排的背景下，碳通量、碳埋藏的准确评估无疑是滨海湿地研究的重要内容之一。目前有许多测定碳通量和碳埋藏的方法，不同方法得到的结果不一样，可比性较差。所以急需制定一种更为有效而准确的方法并统一标准来进行碳埋藏的准确评估。而且不同的湿地类型需要建立不同的测量方法和标准。要制订蓝碳通量的探测标准方法，需要开展多圈层碳循环通量的监测，其主要任务如小贴士 14.3 所示。

小贴士 14.3　蓝碳通量评估

● 滨海湿地生态系统固碳效率影响因素调查与监测。

利用室内模拟试验和野外工作相结合的手段，开展碳在滨海湿地生态系统自然循环过程及全球变化（地面沉降、海平面上升、极端气候事件及人类活动等）对滨海湿地固碳效率的影响调查与监测。主要任务包括三个方面：

第一，开展滨海湿地地表水系统光合作用与呼吸作用的平衡研究，研究不同生境地表水代谢规律，评价地表水系统的固碳效率与强度；

第二，研究滨海湿地不同土壤类型的固碳效率，评估土壤在垂向有机物的加积和海平面上升的双重作用下的固碳速率；

第三，研究不同水生植物脉管对含碳气体（CH_4 和 CO_2）输入与输出特征及其光合作用能量转换效率与强度，从而确定植被的固碳效率。

在综合分析上述各子系统固碳过程与特征的前提下，研究并总结各子系统固碳效率受水文条件、土壤质地、氧化还原条件、气候变化、海平面变化、极端事件以及人类活动等因素的影响规律。为滨海湿地生态系统固碳效率评价的技术方法研究做基础理论方面的准备。

● 滨海湿地生态系统固碳效率评价的技术方法研究。

开展滨海湿地生态系统固碳效率评价的技术方法研究，主要涉及湿地系统水、土壤和植被三个子系统的固碳效率评价的技术方法。分述如下：

第一，滨海湿地土壤固碳效率评价的技术和方法研究。

利用同位素方法（^{210}Pb 和 ^{137}Cs）研究沉积物的沉积速率，研究滨海湿地生态系统碳储浓度的时空分布。开展所选典型滨海湿地土壤应对地面下沉、风暴潮等灾害影响下的碳容留量评估技术和方法的研究，开展典型滨海湿地试点调查。研究通过

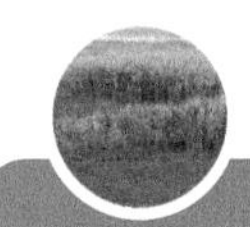

沼泽垂向增长每年的碳容留、通过沼泽退化每年的碳损失以及由于风暴潮造成的事件损失评价的技术方法，从而系统研究滨海湿地土壤固碳潜力调查技术和方法。在上述方法无法奏效的区域，将利用国际合作的主要技术，即开展水平－杆型地面高程技术方法的研发与应用，来实现对土壤有机碳加积速率的精确评价。

第二，滨海湿地水系统固碳效率评价技术和方法研究。

利用 ^{14}C 模拟培养示踪技术精确评估湿地水域生态系统光合作用和呼吸作用在碳汇中的能力和效率；从技术层面解决 ^{14}C 测定水域初级生产力的相关固有问题；运用 ^{14}C 同位素标定技术精确区分水域生态系统生物群落的净生产力（NCP）、总初级生产力（TPP）和呼吸作用率，探讨生态环境参数变化对水系统固碳能力影响，探讨增强水体碳汇能力的对策。

第三，滨海湿地植被系统固碳效率调查技术和方法研究。

开展试点区植被样方调查，利用称重法获取单位面积植被的干重，研究滨海湿地植被系统固碳效果，并通过探讨植物管脉输运 CO_2 和 CH_4 规律，评价不同植物的固碳效率，并探讨碳汇分布与植被群落的相关性及影响因素。

5. 滨海湿地生态修复技术实践及环境地质监测技术方法示范

根据上述调查与研究成果，多情景模拟不同人类活动胁迫下湿地生态功能对河口水沙、沉积过程变化、生物入侵及海平面上升、风暴潮等胁迫的响应；研究多重环境胁迫驱动因素作用强度、作用时间、频率差异下湿地生态系统功能变异规律，研究湿地生态系统功能退化机制，明确极端条件下湿地陆－海耦合系统扰动恢复机制维持的风险，明确维持湿地生态系统生境修复及重建关键控制区，以及调节幅度及控制阈值，并进行高强度人类活动影响下湿地生态功能恢复技术研究，从而进行修复示范。

利用现代修复技术成果，在湿地区内开展水文连通和生物连通修复，同时采用多孔质、多维度生态护岸和生境替代绿色修复。在宏观地质角度上，开展海陆统筹联合修复技术实践。在流域通过分流开展调水调沙工程；在海域利用生物材料设计防浪柱；在高潮带以上，利用湿地同质园的研究成果，开展修复植被种群筛选择和优化配置的基础上，研发湿地生境多样性和生物连通强化技术；在构建河口湿地生态网络模型的基础上对湿地生态网络进行优化，采用湿地网络水文－生物双向连通的耦合优化技术，提出连通结构和强度变化对河口湿地关键生态服务功能的影响阈值，建立滨海湿地分流调水调沙—浅海消浪—物种优选—水文连通—生态连通（调－防－优－通技术）一体化湿地生态修复技术，并实现湿地功能全面提升。建立以科学研究为首要目的，并同时实现多重目标的湿地系统生态修复示范区。该湿地系统生态修复示范区具有稳定海岸线、净化水质、提高植被覆盖率、生物多样性保护、蓄水防洪、涵养水源、气候调节、充当温室气体的汇等多重功能。本项工作任务拟选择土壤盐分在 1% 以下的光滩裸地 100 亩重建芦苇湿地示范区和土壤盐分在 1% 以上的潮滩裸地 100 亩创建翅碱蓬湿地示范区。预期植被覆盖率达 30% 以上，同时总结修复技术。

14.3　调查研究主要成果

1. 初步查明江苏盐城滨海湿地地质演化及景观历史变迁过程

通过前人已有研究成果以及中国地质调查局青岛海洋地质研究所近些年来在江苏开展的工作，将江苏盐城滨海湿地自晚更新世晚期以来演化分为五个阶段。

（1）晚更新世晚期—全新世早期（距今 24000 ～ 10000 年）：本区湖泊和沼泽及河流密布，此时湿地多为淡水湖沼湿地。

（2）距今 10000 ～ 7000 年：在江苏地区达到最大海侵范围，此时海岸线由北向南依次经过连云港西、灌云、建湖、兴化和海安，与苏南古长江河口湾连成一线，该时期湿地主要是发育在古海岸线附近的盐沼湿地，但由于快速海侵原因，湿地发育时间较短，沉积厚度仅 1 ～ 2m。

（3）距今 7000 年～公元 1128 年为淮河三角洲活动阶段：全新世海平面稳定后，淮河作为苏北地区入海的独立大河，开始在本区形成淮河三角洲。

（4）1128 ～ 1855 年苏北黄河三角洲活动阶段，此阶段江苏滨海湿地范围宽广，湿地类型以潮滩和盐沼湿地为主。

（5）1855 年以来苏北黄河三角洲废弃阶段：此阶段湿地依然以潮滩和盐沼湿地为主。由于人类活动影响，自然湿地逐渐退化，1995 ～ 2015 年来自然湿地退化率约为 54%，从 1995 年的 2109km^2 减小到 2015 年的 966km^2，而人工湿地，包括养殖池、盐田面积增加，1995 ～ 2015 年的增长率约为 109%，从 1995 年的 546km^2 增加为 2015 年的 1142km^2。

2. 初步查明淮河河道变迁对江苏盐城滨海湿地的影响

海岸带三角洲以及滨海湿地的发育离不开河流入海水沙的支持，在苏北地区尤其如此。发源于河南省西部的淮河是中国七大河流水系之一，主干道长约 1000km，流域面积约 27 万 km^2。历史时期淮河主要经苏北地区入黄海，在距今 7000 年～公元 1128 年形成了淮河三角洲，因此淮河对苏北地区全新世以来的充填造陆和滨海湿地发育有重要影响，可以认为是苏北地区的“母亲河”。

1128 年黄河夺淮后，黄河占据了淮河的古河道入黄海。在随后 700 多年的时间里，黄河对苏北地区沉积的贡献占据了主导地位。直至 1855 年后黄河北归山东入渤海，苏北地区留下废弃的黄河河道以及因黄河改道后逐渐形成的洪泽湖。现今淮河则流经洪泽湖后，通过洪泽湖的出口进入长江或人工河道注入东海或黄海。

3. 查明了江苏海岸带岸线变迁演化历史

江苏盐城海岸线在历史上有巨大的变化，主要受到黄河改道的影响。1855 年黄河改道，由从前的苏北入黄海，改走北支由渤海入海。由此，本地区的海岸由于入海泥沙终止，海岸开始剧烈调整（图 14.2）。

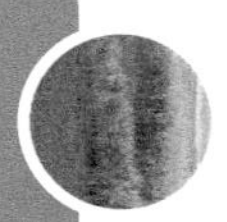

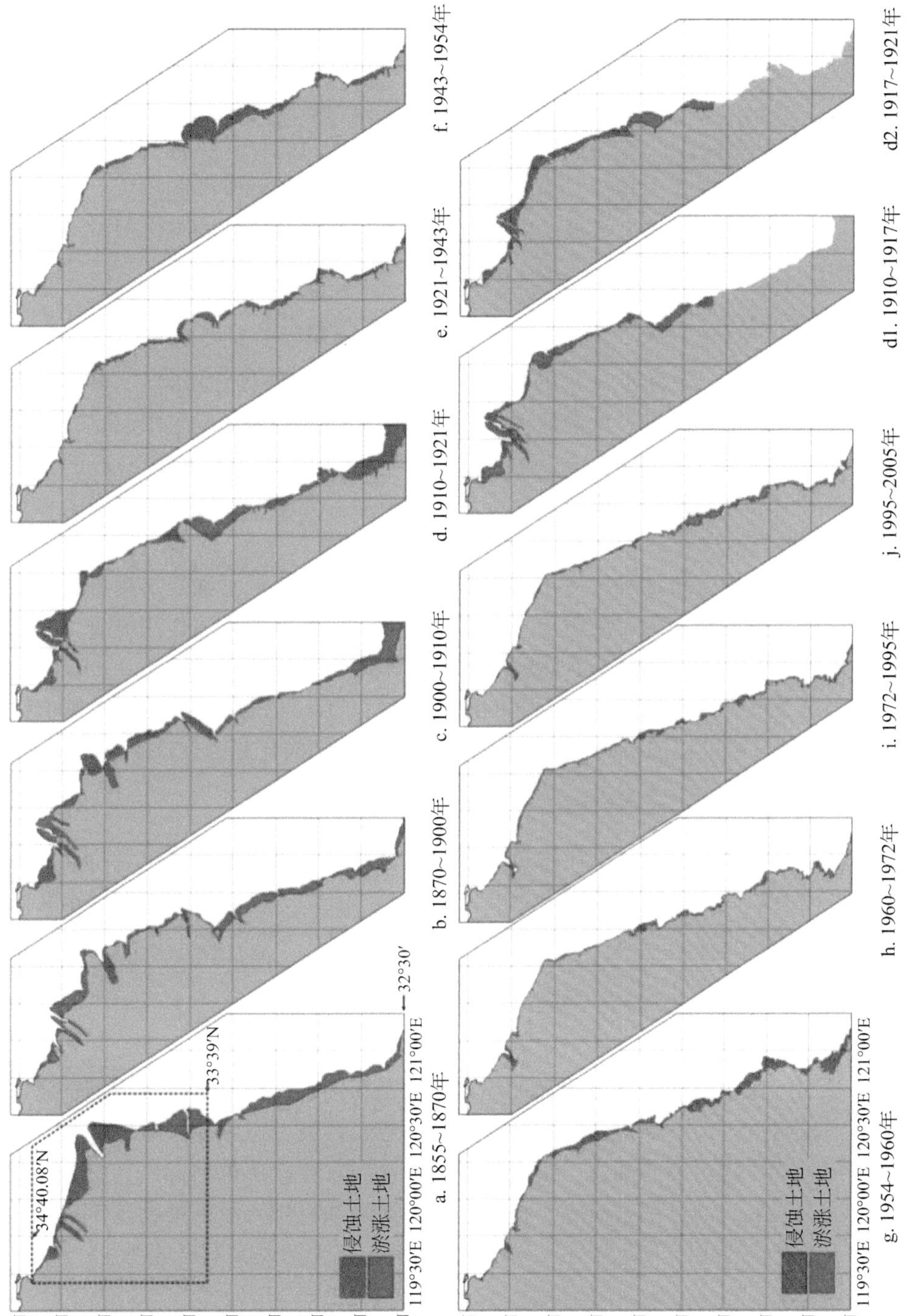

34°45′N
34°30′N
34°15′N
34°00′N
33°45′N
33°30′N
33°15′N
33°00′N
32°45′N
32°30′N
34°40.08′N
33°39′N
32°30′
119°30′E 120°00′E 120°30′E 121°00′E
侵蚀土地
淤涨土地

a. 1855~1870年　b. 1870~1900年　c. 1900~1910年　d. 1910~1921年　e. 1921~1943年　f. 1943~1954年

34°45′N
34°30′N
34°15′N
34°00′N
33°45′N
33°30′N
33°15′N
33°00′N
32°45′N
32°30′N
119°30′E 120°00′E 120°30′E 121°00′E
侵蚀土地
淤涨土地

g. 1954~1960年　h. 1960~1972年　i. 1972~1995年　j. 1995~2005年　d1. 1910~1917年　d2. 1917~1921年

图 14.2　1855 ～ 2005 年海岸线变化及侵蚀、淤积区域分布

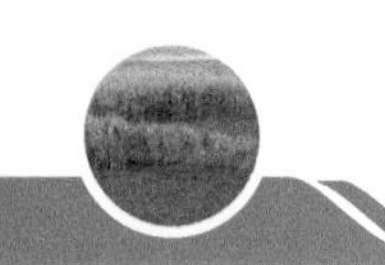

调查研究主要分析了废弃河口区（34°40′ ～ 33°39′N 之间）和整个江苏海岸线区域的变化情况。1855 ～ 1900 年的半个世纪中，废弃河口区在入海口附近侵蚀严重，但是，在两侧区域则发生淤涨。1900 ～ 1954 年，整个河口区是侵蚀的，岸线趋于平直。这之后的大约 50 年间（1954 ～ 2005 年）海岸侵蚀减弱。总体来看，整个区域在研究的时段中是由正值（净淤涨）变为负值的（净侵蚀）。而废弃河口区则呈现不断侵蚀的趋势。这种变化可以分为两个阶段：1855 ～ 1921 年的第一阶段和 1921 ～ 2005 年的第二阶段。第一阶段以快速的陆地变化为特征，而第二阶段以较慢的变化和连续的侵蚀为特征。废弃河口区是侵蚀最剧烈的，这个区域的侵蚀量占整个累积侵蚀中的 68%。但是河口区南部是净淤积的。

4. 初步查明了盐城湿地新洋港侵蚀现状，并进行了数值模拟

自 1954 ～ 1980 年，新洋港一带的海岸保持整体淤进的格局；1980 ～ 2011 年，岸滩演变格局转换为高潮滩淤进、低潮滩蚀退的“上淤下冲”的格局，射阳河口处于北部侵蚀性海岸和南部淤涨性海岸的转换点。自 2012 年 9 月射阳港建成长达 8km 的导流防沙堤后，新洋港一带的岸滩演变成“上下都冲”的格局。海岸淤蚀转换点也向南移到了保护区核心区的三里河口一带。

射阳港的长距离导流防沙堤改变了沿岸顺直的潮流场，降低了涨、落潮流的挟沙能力，导致新洋港一带海床总的泥沙供应量减少；同时，导流堤的挑流作用显著，在涨、落潮流与岸线切合的岸段，潮流较为强劲，加剧了射阳港至新洋港一带的岸滩蚀退。为此，项目组在核心区及缓冲区开展了 5 个剖面的侵淤监测、近岸全潮水文观测以及数值模拟工作，掌握了湿地核心区侵蚀机制，并为未来研究该区侵蚀演化趋势提供了工具。

5. 滨海湿地水文条件特征与模拟

研究了地表水、雨水、第一承压水及深部承压水水位水质及氢氧同位素特征，全面掌握了调查区内各水体之间的水动力及水化学以及相互补给关系，研究了湿地水文条件形成演化机制，并初步建立了盐城湿地生态水文数值模型，为湿地核心区地下水进行靶向性模拟和预测奠定了基础。

6. 江苏浅海湿地污染演化

对滨海湿地沉积物进行了重金属和多环芳烃污染物调查，研究发现多项重金属均有超标的现象，说明该区污染未得到有效控制，多环芳烃污染生态风险相对较低。对浅海湿地水域进行了营养盐污染的调查，研究发现近海水域营养盐严重超标，其中陆源的氮磷污染物总量占 99%。通过调查研究，提出在入海河流和直排入海污染物逐年累积的压力下，江苏近岸海域的环境承载力与自净力将面临考验，生态风险不容忽视。

7. 气候变化对滨海湿地服务功能影响

通过野外中宇宙原位增温试验观测，研究了未来全球变暖的情况下湿地生态系统生物量、温室气体以及微生物群落等生态服务功能演化特征，主要有三点认识：

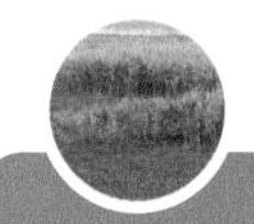

（1）监测站运行一年多以来，通过连续观测收集环境气象数据，发现增温装置在生长季能够提供平均 0.8℃的增温幅度。温度的改变对湿地的生态环境产生了较大影响，引发植物虫害和倒伏现象，生态系统生产力也相对于非增温条件下降低了约 34%。

（2）2018 年监测显示，盐城互花米草湿地 CROWN I 和 CROWN IA 站位的 CO_2 净碳交换（NEE）与呼吸通量（ER）均呈单峰型分布，与植物生长季节密切相关。互花米草湿地和芦苇湿地不同淹水时间的站位之间的 NEE、ER 和 GEP 通量没有显著差异，而淹水时间长的站位的 CH_4 排放通量均显著高于淹水时短的站位。CROWN I、CROWN II、CROWN III 站位 NEE 年排放量依次减少，均表现为 CO_2 的汇，ER 年排放量差异不大，而 CROWN III 站位 CH_4 的年排放量显著高于其余两个站位，表现为明显的 CH_4 源。在 2018 年春季和夏季，与对照站位相比，增温明显降低了互花米草 CROWN I 站位 CO_2 的 NEE 排放通量，降低比率分别为 37.1% 和 31.0%，即增温减弱了春夏季节互花米草生态系统的碳汇作用。但全年观测数据显示，3 个站位增温组与对照组（非增温）之间的 NEE、ER、CH_4 通量没有显著差异（$p>0.05$）。利用内插值法计算了不同处理下的温室气体全年排放量，3 个站位增温组的 NEE 年通量均低于对照组，即增温作用下生态系统 CO_2 的净吸收作用减弱。此外，3 个站位增温组的 CH_4 年排放量高于对照组，增温使得其碳源作用更加明显。

（3）湿地土壤微生物群落主要由变形菌门、绿湾菌门、放线菌门、酸杆菌门、浮门菌门、厚壁菌门、拟杆菌门、芽单胞菌门和疣微菌门构成，其中变形菌门和绿湾菌门为优势菌门。四个站位湿地样品微生物群落共享 2506 个 OUT，其数量占总测试序列数量的 80% 以上，表明各湿地土壤核心原核微生物组成相对稳定，保证了其生态功能。滨海湿地原核微生物群落结构组成受到地理位置和植被群落特征影响，不同滨海湿地微生物群落组成存在一定的地域差异。季节对于滨海湿地土壤微生物群落结构影响不显著。然而，短期增温对于芦苇生境滨海湿地（CROWN II、CROWN III 和 CROWN IV）的微生物群落组成有着显著影响，且随着纬度的增高有着递增的趋势，但值得注意的是当前未检测到互花米草生境微生物群落对于增温的响应。此外，我们发现不同纬度芦苇湿地对增温响应的菌种存在差异，具体机制还需要进一步的研究验证。

8. 完成高分辨率湿地系统蒸散发遥感调查，为湿地修复提供数据支撑

结合《湿地公约》的类型划分，以及江苏盐城滨海湿地在土地利用、景观、植被、地形地貌以及水文特征等方面的具体特点，以遥感光谱特征以及地物在遥感影像上的表现力为主要依据，提出并建立了江苏盐城滨海盐沼湿地类型新的三级分类体系，构建了简明扼要的江苏盐城滨海湿地类型分类系统。在综合利用地物光谱、纹理特征、拓扑关系等信息，并进行多尺度分割获取对象的基础上，建立了以模糊判别函数来进行滨海盐沼湿地景观 / 生境类型分类的面向对象遥感解译方法，实现了江苏盐城滨海盐沼湿地区域主要湿地景观 / 生境类型的精确分类和遥感信息提取（图 14.3）。

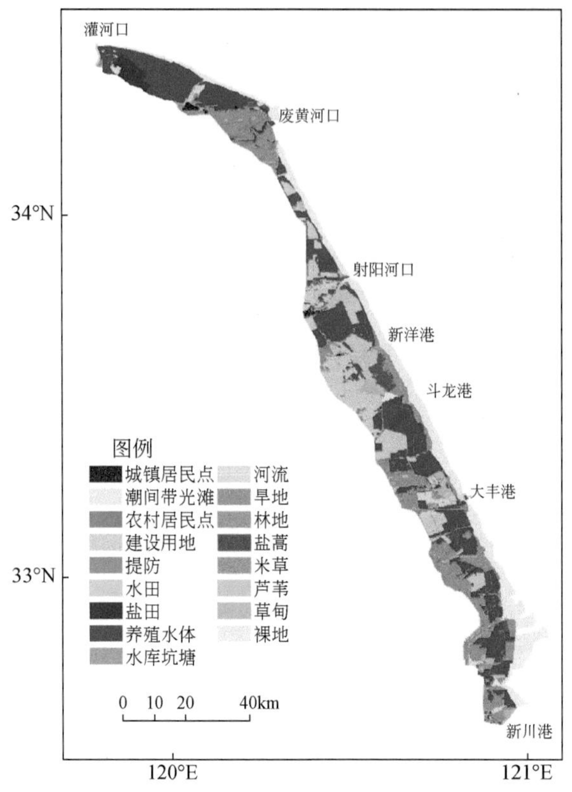

图 14.3　苏北（盐城）地区滨海湿地景观 / 生境类型遥感解译图（2016 年）

14.4　亮点成果

利用经典滨海湿地形成理论为指导，研究了渤海湾西部三角洲进程与滨海湿地形成演化过程及控制因素。对大河三角洲多期次叶瓣的时空分布进行较准确地判定依然是目前困扰海洋地质学家的难题。例如，密西西比河三角洲地区，三角洲叶瓣个数和各叶瓣时空分布依然存在多种分类方案。我国黄河三角洲 10 期次的超级叶瓣的时空分布方案最早在 20 世纪 90 年代初提出，然而叶瓣分类主要依据黄河河道变迁的历史资料和多条贝壳堤的研究，较少涉及翔实的钻孔测年资料。利用 2016 年在渤海湾西岸获得的 12 个 30m 左右的钻孔沉积相分析数据和 59 个最新的 AMS^{14}C 测年数据，同时结合已有的黄河三角洲地区 25 个近些年发表的钻孔及 174 个 AMS^{14}C 测年数据，综合利用沉积相分析以及时间 - 深度曲线（age-depth curve）的原理，对渤海湾西岸的天津地区、河北黄骅地区以及山东北岸地区的钻孔进行归类分析，得出至少 8 个不同的时间 - 深度模式（age-depth pattern），分别对应 7 个期次的黄河三角洲超级叶瓣（不含苏北叶瓣）和 3 个期次的海河三角洲叶瓣。本研究认为三角洲叶瓣快速发育时期对应着时间 - 深度曲线高斜率阶段，而通过不同期次的时间 - 深度模式的判定，将有助于阐述清楚大河三角洲多期次叶瓣的

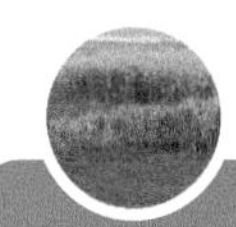

时空分布的演化历史。该成果突破了已盛行 30 年的黄河三角洲 10 期次叶瓣的主流观点，并进行了有利的重构和完善。该研究成果对我国长江以北滨海湿地形成演化研究奠定了基础，有望为湿地修复与创建选址提供科学依据。

第 15 章　滨海湿地研究国际发展趋势

滨海湿地生态系统大型原位试验是湿地科学发展的国际趋势。本章将通过介绍作者正在开展的大型原位试验观测工作，结合美国正在开展的与滨海湿地相关的野外原位大型的科学试验观测与研究，与读者一起对未来湿地科学研究工作进行展望。

15.1　大型野外原位观测试验

1. 全球芦苇同质园

同质园是近几年来兴起的用来研究遗传和环境因素对植物初生生长和次生代谢影响的一种直接有效的方法。采用这种方法研究不同基因型的物种在同一环境下的初生生长和次生代谢，或者同一基因型的物种在不同的环境下的初生生长和次生代谢的响应来单独考察遗传因素或者环境因素的效应，从而为生产实践提供指导和建议。芦苇是一种重要的世界广布植物，能适应多种环境，分布于温带和亚热带的湖边、河流沿岸、沼泽地、盐碱地和沙漠。通过在我国辽河三角洲和山东房干芦苇同质园监测到的 33 种基因类型数据，发现 4 种芦苇基因种的生理生态参数在 20×10^{-9} 盐度胁迫下变化不大或有所增强，生长特征不受影响甚至生长得更好，可作为湿地修复优选品种。

由于芦苇的广泛分布性，它在科学研究中还被当作研究气候变化与遗传基因如何影响植物性状的模型物种（Eller et al.，2017）。芦苇同质园通过研究芦苇对环境或基因型的初生和次生代谢的响应，来单独考察内在基因遗传或者外在生态环境因素对芦苇生长和性状表达的影响，从而为芦苇在湿地生态修复、生态入侵风险评估等生产实践提供指导和建议（Meyerson et al.，2016；Pyek et al.，2019）。全球芦苇同质园分布于欧洲、亚洲、北美洲等多个国家与地区，如奥胡斯（丹麦），莱芜和盘锦（中国），普鲁洪尼斯（捷克），罗德岛、巴吞鲁日和宾夕法尼亚州（美国），以及萨勒诺（意大利）等，其中建设于丹麦奥胡斯、中国莱芜和盘锦三个观测基地的芦苇基因类型完全相同（图 15.1，图 15.2）。本湿地团队在辽宁盘锦芦苇科学研究所实验基地建立芦苇同质园，采用盆栽的方法种植我国滨海湿地芦苇、内陆淡水芦苇、澳大利亚种属芦苇各 11 盆。通过芦苇同质园的试验研究，可为湿地生态修复优选出具有耐盐性高、抗病能力强、生物量大等特点的优良品种，也可评估具有地理相似性的外来芦苇对本土芦苇造成的入侵风险，揭示外来芦苇的入侵机制，达到尽早预防入侵的效果。

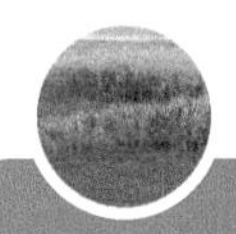

图 15.1　全球芦苇同质园所选择的部分芦苇种类

图 15.2　全球芦苇同质园分布与我国芦苇同质园分布

2. 增温试验

滨海湿地增温研究全球观测网（Coastal-wetland Research On Warming Network，CROWN）由中国地质调查局青岛海洋地质研究所建设管理，以全球变暖为研究背景组建的多国联合野外增温观测研究平台。此观测站意图揭示气候变化对滨海湿地生物地质演化过程的影响机理，探究增温对滨海湿地生态系统功能的影响，从而为评价和模拟气候变化下的滨海湿地演化提供支持。目前，CROWN 与美国地质调查局、丹麦奥胡斯大学、美国路易斯安那州立大学、美国维拉诺瓦大学、西班牙埃塔实验室、美国伍兹霍尔环境实验室等高校和科研机构开展了不同层面的合作。

CROWN 于 2018 年初开始建立，目前已经建设有跨纬度增温对比观测站位 4 个，包括江苏盐城（2 个站位）、山东东营（1 个站位）、辽宁盘锦（1 个站位）。2018 年起全面建成了覆盖我国北方主要盐沼湿地的监测网——中国北方滨海湿地生态地质野外观测站，成为自然资源部部级野外观测站。其中，在江苏盐城建立的两个增温站位涵盖了当地芦苇和互花米草两个重要的滨海湿地植被类型，在山东东营和辽宁盘锦建立的站位分别代表了黄河三角洲和辽河三角洲典型的土壤环境，这两个站位的植被类型均为芦苇。这些监测站覆盖我国北方主要的盐沼湿地，包括横跨不同纬度、不同生境、不同历史演化阶段的地质体的湿地生态系统对比。

每个 CROWN 站位以滨海湿地被动增温系统（CGS-OTC）为核心，附设简易框架、行人栈道、供电及防雷保护系统等部分（图 15.3）。CGS-OTC 能够对所围限的范围进行增温，并且依托增温系统建立的环境数据在线观测系统，能够实时观测收集增温箱内外环境数据的差异，为野外研究提供基础数据支持。目前，CROWN 试验性开展了生态系统温室气体交换对比观测、地表高程变化对比观测、有机质分解对比观测、地下生物量动态对比观测、微生物群落结构及碳动态变化对比观测，土壤孔隙水季节动态对比观测等试验项目（图 15.4）。

CROWN 对区域内大气、地表水、孔隙水、土壤和植物等包括水土气生等多圈层 46 个生态要素进行持续的环境监测或定期监测，运行两年多以来，积累了 15000 多万组数据，

图 15.3　CROWN 观测试验站组成图以及现场图

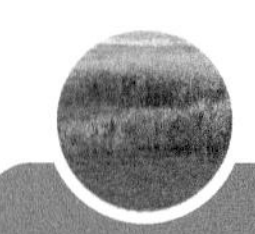

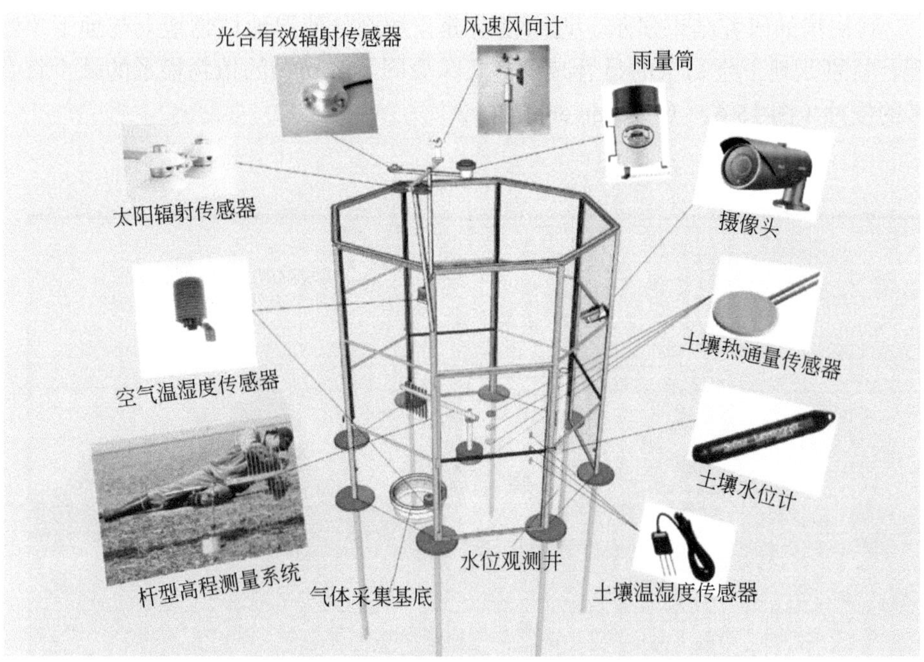

图 15.4　滨海湿地被动增温系统 CGS-OTC 主要观测内容

结合室内分析测试、野外原位模拟实验与统计分析，初步分析了温室气体交换数据，得到了季节变化趋势；详细分析了增温装置的增温特征和增温量，总结增温的季节性变化特征，评价了增温系统的增温效果及其环境影响因素；通过植被调查观测，发现在增温环境改变植被生理形态和外在条件的情况下，对生态系统植被生产力存在短期上的抑制现象；结合各项环境因子，分析代表性样品碳分解速率的影响因素，探讨增温对不同纬度、不同生境、不同深度碳分解过程的影响，评估了盐城滨海湿地典型生态系统固碳速率和温室气体释放潜力。随着 CROWN 建设的逐步拓展，未来将会累积大量的野外观测数据，在不同的观测领域产出研究成果，拓展成果利用价值，服务社会环境保护，保障社会经济发展。

3. 加富试验

全球变化研究中一个最重要的主题是污染问题，特别是滨海地区，接纳着由流域输入的工业和农业污染物，对滨海湿地生态系统功能正产生着深刻的影响，直接影响海岸带的稳定性和经济可持续发展。其中近海的富营养化现象时有发生，已成为全球科学界关注的焦点。为了预测这种富营养化对湿地固碳、植物根系固定沉积物等功能的影响，自 2004 年起，美国海洋生物实验室生态中心及美国路易斯安那州立大学等十多家单位在美国马萨诸塞州（Massachusetts）东北地区的湿地开展了为长期原位生态系统水平的加富试验（Trophic cascades and Interacting control processses in a Detritus-based aquatic Ecosystem，TIDE）。他们通过人工施肥方法使所选湿地水系统中的氮的营养水平保持在天然湿地的 10 倍水平，并对湿地植物形貌特征和土壤固碳能力做了全面的观测（图

15.5）。其初步的研究结果显示，近海富营养化加剧，使湿地植物地上与地下生物理重新分配，特别是地下生物量的显著减少，意味着固着沉积物的植物根系的减少将会加剧海岸带的侵蚀（图 15.6）（Deegan et al, 2012）。

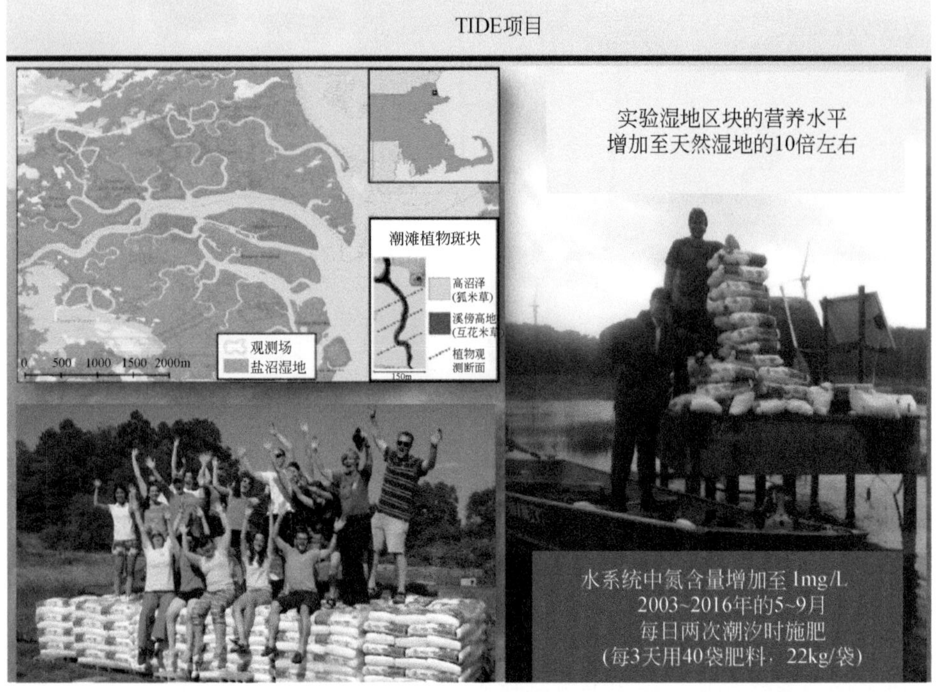

图 15.5　生态系统的加富试验（美国 Thomas J Mozdzer 博士提供）

a. 用于试验观测的湿地分布位置；b. 参加试验观测的团队；c. 每日两次涨潮时加入氮营养，加富过程贯穿整个植物生长周期，即在每年的 5 ～ 9 月期间向湿地生态系统加入肥料，实验日期为 2003 ～ 2016 年

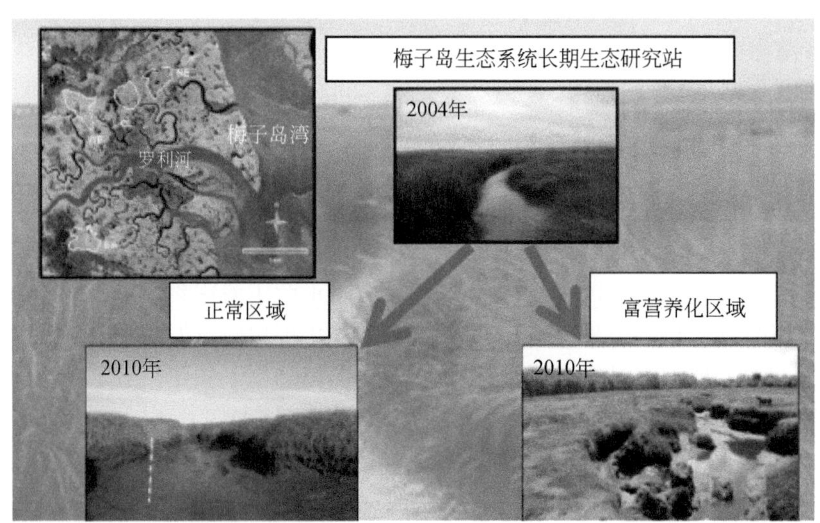

图 15.6　长期处于富营养的滨海地区，固着沉积物的植物根系减少和变浅，导致海岸带侵蚀加剧（引自 Deegan et al., 2012）

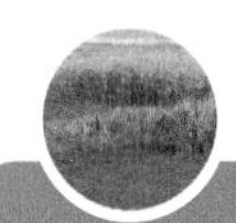

15.2 展　　望

滨海湿地是大气圈、生物圈、水圈、岩石圈高度交汇和相互作用的生态系统，需要从地球系统科学的角度开展自然资源综合调查，各个调查研究机构都难免出现学科短板。湿地水鸟保护和温室气体排放等问题是全球性的，湿地资源的保护和利用往往超过其主权范围，并波及世界其他地区，因此湿地资源调查具有重要的国际性特征。通过国际上不同专业机构间的合作，能够在全球空间上匹配整合各学科资源和优势力量，能促进学科的快速发展，是提高科技创新能力的一条捷径。

青岛海洋地质研究所基于目前中国地质调查局滨海湿地生物地质重点实验室和自然资源部北方滨海盐沼湿地生态地质野外科学观测研究站前期的国际合作，将成立“滨海湿地国际研究中心”并实施“走向生态健康：气候变化与相关的环境因子对湿地生态系统功能影响”国际大科学计划，引领我国滨海湿地调查与研究向前发展。

参考文献

Deegan L A, Johnson D S, Warren R S, et al., 2012. Coastal eutrophication as a driver of salt marsh loss. Nature, 490: 388-392.

Eller F, Skálová H, Caplan J S, et al., 2017. Cosmopolitan Species As Models for Ecophysiological Responses to Global Change:The Common Reed Phragmites australis. Frontiers in Plantence, 8: 1833.

Meyerson L A, Cronin J T, Bhattarai G P, et al., 2016.Do ploidy level and nuclear genome size and latitude of origin modify the expression of Phragmites australis traits and interactions with herbivores?. Biological Invasions, 18(9): 2531-2549.

Pyek P, Hana Skálová, Uda J, et al., 2019. Biomass production, growth and tissue chemistry of invasive and native Phragmites australis populations. Physiology of a plant invasion, Preslia, 91(1): 51-75.

附　　录

附录1　2020年国家重要湿地名录

国家林业和草原局发布了《2020年国家重要湿地名录》，一共有29处湿地列入国家重要湿地名录，如附下表所示。

2020年国家重要湿地名录

序号	湿地名称	湿地类型
1	天津市滨海新区北大港国家重要湿地	包括近海与海岸湿地、河流湿地、沼泽湿地和人工湿地4类
2	天津市宁河区七里海国家重要湿地	包括河流湿地、湖泊湿地、沼泽湿地和人工湿地4类
3	河北省沧州市南大港国家重要湿地	包括沼泽湿地1类
4	浙江省玉环县漩门湾国家重要湿地	包括近海与海岸湿地、河流湿地、沼泽湿地和人工湿地4类
5	福建省福州市长乐区闽江河口国家重要湿地	包括近海与海岸湿地1类
6	江西省婺源县饶河源国家重要湿地	包括河流湿地和沼泽湿地2类
7	江西省兴国县潋江国家重要湿地	包括河流湿地、沼泽湿地和人工湿地3类
8	山东省青州市弥河国家重要湿地	包括河流湿地和人工湿地2类
9	湖北省石首市麋鹿国家重要湿地	包括河流湿地、湖泊湿地、沼泽湿地和人工湿地4类
10	湖北省谷城县汉江国家重要湿地	包括河流湿地和人工湿地2类
11	湖北省荆门市漳河国家重要湿地	包括人工湿地1类
12	湖北省麻城市浮桥河国家重要湿地	包括河流湿地和人工湿地2类
13	湖北省潜江市返湾湖国家重要湿地	包括湖泊湿地1类
14	湖北省松滋市洈水国家重要湿地	包括人工湿地1类
15	湖北省武汉市江夏区安山国家重要湿地	包括河流湿地、湖泊湿地、沼泽湿地和人工湿地4类
16	湖北省远安县沮河国家重要湿地	包括河流湿地1类

续表

序号	湿地名称	湿地类型
17	湖南省衡阳市江口鸟洲国家重要湿地	包括河流湿地和人工湿地 2 类
18	湖南省宜章县莽山浪畔湖国家重要湿地	包括湖泊湿地和沼泽湿地 2 类
19	广东省深圳市福田区福田红树林国家重要湿地	包括近海与海岸湿地和人工湿地 2 类
20	广东省珠海市中华白海豚国家重要湿地	包括近海与海岸湿地 1 类
21	海南省海口市美舍河国家重要湿地	包括河流湿地、沼泽湿地和人工湿地 3 类
22	海南省东方市四必湾国家重要湿地	包括近海与海岸湿地和人工湿地 2 类
23	海南省儋州市新盈红树林国家重要湿地	包括近海与海岸湿地 1 类
24	宁夏回族自治区青铜峡库区国家重要湿地	包括河流湿地、沼泽湿地和人工湿地 3 类
25	宁夏回族自治区吴忠市黄河国家重要湿地	包括河流湿地和人工湿地 2 类
26	宁夏回族自治区盐池县哈巴湖国家重要湿地	包括河流湿地、湖泊湿地、沼泽湿地和人工湿地 4 类
27	宁夏回族自治区银川市兴庆区黄河外滩国家重要湿地	包括河流湿地和人工湿地 2 类
28	宁夏回族自治区固原市原州区清水河国家重要湿地	包括河流湿地和人工湿地 2 类
29	宁夏回族自治区中宁县天湖国家重要湿地	包括河流湿地、湖泊湿地和沼泽湿地 3 类

附录 2 中国 64 处国际重要湿地名录

中国 64 处国际重要湿地一览表

序号	名称	列入年份	面积 /hm^2	海拔 /m	备注
1	黑龙江扎龙国家级自然保护区	1992	210000	143	第一批 6 处
2	吉林向海国家级自然保护区		105467	156 ～ 192	
3	青海湖国家级自然保护区		495200	3185 ～ 3250	
4	江西鄱阳湖国家级保护区		22400	12 ～ 18	
5	湖南东洞庭湖国家级自然保护区		190000	30 ～ 35	
6	海南东寨港国家级自然保护区		5400	0	
7	香港米埔－后海湾湿地	1995	1500	0	第二批 1 处

续表

序号	名称	列入年份	面积 /hm^2	海拔 /m	备注
8	黑龙江三江国家级自然保护区	2002	164400	50	第三批 14 处
9	黑龙江兴凯湖国家级自然保护区		222488	59 ～ 81	
10	黑龙江洪河国家级自然保护区		21836	515 ～ 545	
11	内蒙古达赉湖国家级自然保护区		740000	545 ～ 784	
12	内蒙古鄂尔多斯遗鸥国家级自然保护区		7680	1440	
13	大连斑海豹国家级自然保护区		11700	0 ～ 328.7	
14	江苏盐城国家级珍禽自然保护区		453000	1.3 ～ 3	
15	江苏大丰麋鹿国家级自然保护区		78000	1 ～ 2	
16	上海崇明东滩鸟类国家级自然保护区		32600	0 ～ 5	
17	湖南南洞庭湖省级自然保护区		168000	285 ～ 33.5	
18	湖南汉寿西洞庭湖省级自然保护区		35680	20.5 ～ 58.6	
19	广东惠东港口海龟国家级自然保护区		400	-10 ～ 25	
20	广西山口红树林国家级自然保护区		4000	3	
21	广东湛江红树林国家级自然保护区		20279	1 ～ 3	
22	辽宁双台河口湿地	2005	128000	0 ～ 4	第四批 9 处
23	云南大山包湿地		5958	2210 ～ 3364	
24	云南碧塔海湿地		1985	3568	
25	云南纳帕海湿地		3434	3568	
26	云南拉什海湿地		3560	2440 ～ 3100	
27	青海鄂陵湖湿地		65907	4268.7	
28	青海扎陵湖湿地		64920	4273	
29	西藏麦地卡湿地		43496	4800 ～ 5000	
30	西藏玛旁雍错湿地		73782	4500 ～ 6500	
31	福建漳江口红树林国家级自然保护区	2008	2360	-6 ～ 8	第五批 6 处
32	广西北仑河口国家级自然保护区		3000	-1 ～ 2	
33	广东海丰公平大湖省级自然保护区		11590	0 ～ 300	
34	湖北洪湖湿地		37088	20.7 ～ 28.5	
35	上海市长江口中华鲟自然保护区		27600	0	
36	四川若尔盖湿地国家级自然保护区		166570	3422 ～ 3704	

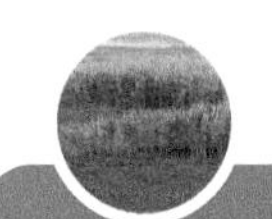

续表

序号	名称	列入年份	面积 /hm²	海拔 /m	备注
37	浙江杭州西溪国家湿地公园	2009	325		第六批 1处
38	黑龙江省七星河国家级自然保护区	2011	20800		第七批 4处
39	黑龙江南瓮河国家级自然保护区		229523		
40	黑龙江省珍宝岛国家级自然保护区		44364		
41	甘肃省尕海则岔国家级自然保护区		247431		
42	武汉蔡甸沉湖湿地自然保护区	2013	3186.3		第八批 5处
43	湖北神农架大九湖国家湿地公园		5083	1730	
44	山东黄河三角洲国家级自然保护区		153000		
45	吉林莫莫格自然保护区		140000		
46	黑龙江东方红湿地自然保护区		44618		
47	甘肃张掖黑河湿地国家级自然保护区	2015	41000	1200 ～ 1500	第九批 3处
48	广东南澎湖列岛海洋生态国家级自然保护区		61357		
49	安徽升金湖国家级自然保护区		13280		
50	内蒙古大兴安岭汗马国家级自然保护区	2017	107348	1000 ～ 1300	第十批 8处
51	黑龙江友好国家级自然保护区		60687		
52	吉林哈尼国家级自然保护区		22230		
53	山东济宁市南四湖自然保护区		127547		
54	湖北网湖湿地自然保护区		20495	439.5	
55	四川长沙贡玛国家级自然保护区		669758.9	4624 ～ 5249	
56	西藏色林错黑颈鹤国家级自然保护区		1893636		
57	甘肃盐池湾国家级自然保护区		1360000		
58	天津北大港	2020	34887		第十一批 7处
59	河南民权黄河故道		2303.5		
60	内蒙古毕拉河		56604		
61	黑龙江哈东沿江		9974		
62	甘肃黄河首曲		132067		
63	西藏扎日南木错		142982		
64	江西鄱阳湖南矶		33300		

附录 3　国际湿地日

1996 年 3 月《湿地公约》常务委员会第 19 次会议决定，从 1997 年起，将每年的 2 月 2 日定为“世界湿地日”（World Wetlands Day），目的是提高公众的湿地保护意识。每年的“世界湿地日”均有一个主题，并围绕主题开展相应的纪念活动。1997 ～ 2020 年的湿地日的主题如下表所示。

历年世界湿地日主题

年份	世界湿地日主题（中文）	世界湿地日主题（英文）
1997	湿地是生命之源	Wetlands：A Source of Life
1998	湿地之水，水之湿地	Water for Wetlands，Wetlands for Water
1999	人与湿地，息息相关	People and Wetlands：the Vital Link
2000	珍惜我们共同的国际重要湿地	Celebrating Our Wetlands of International Importance
2001	湿地世界——有待探索的世界	Wetlands World—A World to Discover
2002	湿地：水、生命和文化	Wetlands：Water，Life，and Culture
2003	没有湿地 - 就没有水	No Wetlands - No Water
2004	从高山到海洋，湿地在为人类服务	From the Mountains to the Sea，Wetlands at Work for Us
2005	湿地生物多样性和文化多样性	Culture and Biological Diversities of Wetlands
2006	湿地与减贫	Wetland as a Tool in Poverty Alleviation
2007	湿地与鱼类	Wetlands and Fisheries
2008	健康的湿地，健康的人类	Healthy Wetland，Healthy People
2009	从上游到下游，湿地连着你和我	Upstream—Downstream：Wetlands Connect Us All
2010	湿地、生物多样性与气候变化	Wetland，Biodiversity and Climate Change
2011	森林与水和湿地息息相关	Forest and Water and Wetland is Closely Linked
2012	湿地与旅游	Wetlands and Tourism
2013	湿地与水资源管理	Wetlands and Water Management
2014	湿地与农业	Wetlands and Agriculture
2015	湿地：我们的未来	Wetlands：Our Future
2016	湿地与未来：可持续的生计	Wetlands for Our Future Sustainable Livelihoods
2017	湿地减少灾害风险	Wetlands and Disaster Risk Reduction
2018	湿地：城镇可持续发展的未来	Wetlands：The Future of Sustainable Urban Development
2019	湿地——应对气候变化	Wetlands and Climate Change
2020	湿地与生物多样性：湿地滋润生命	Wetland Biodiversity Matters：Life Thrives in Wetlands

附录4　我国滨海湿地分布、变化及修复建议图

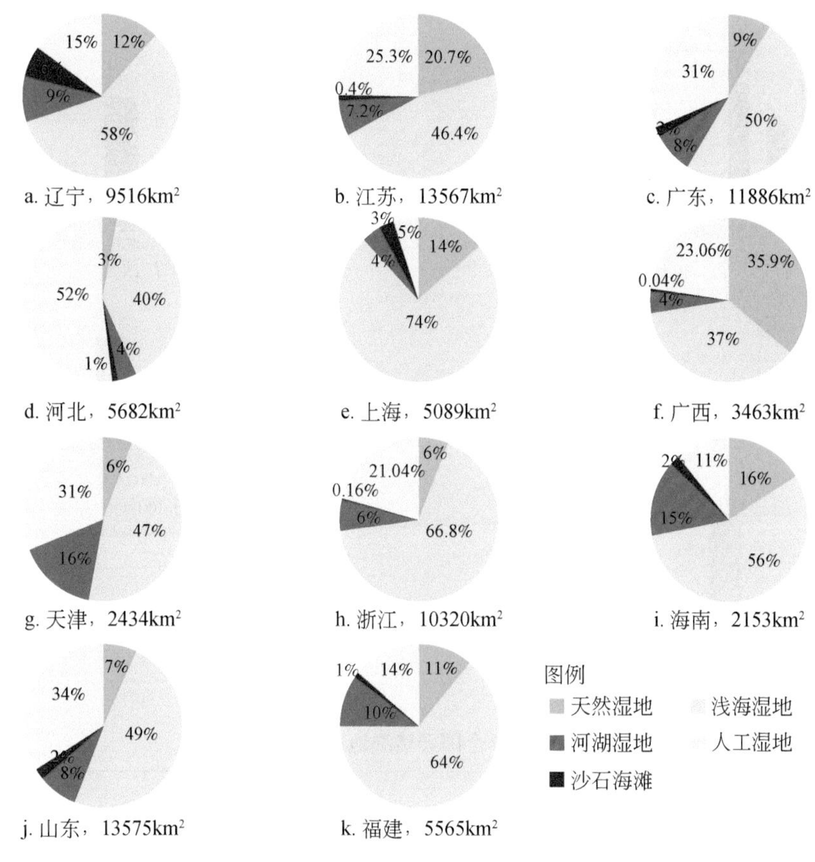

2017年全国滨海湿地类型分布图

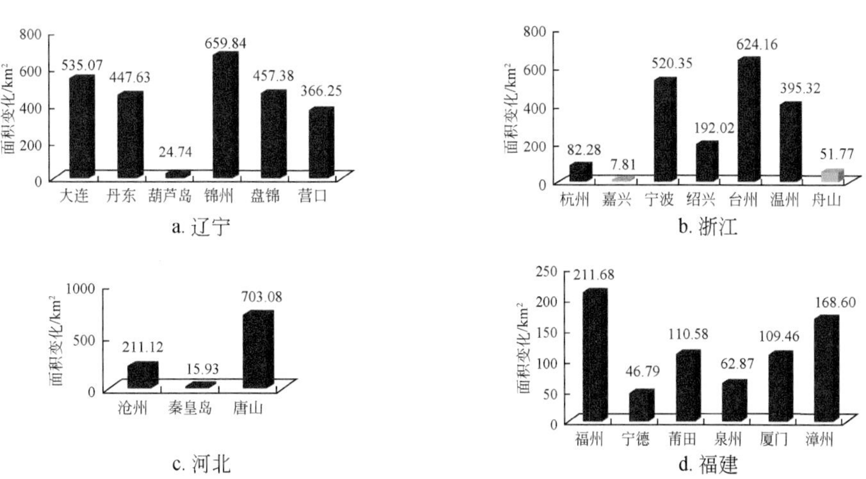

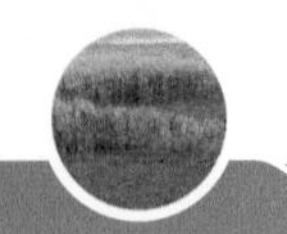

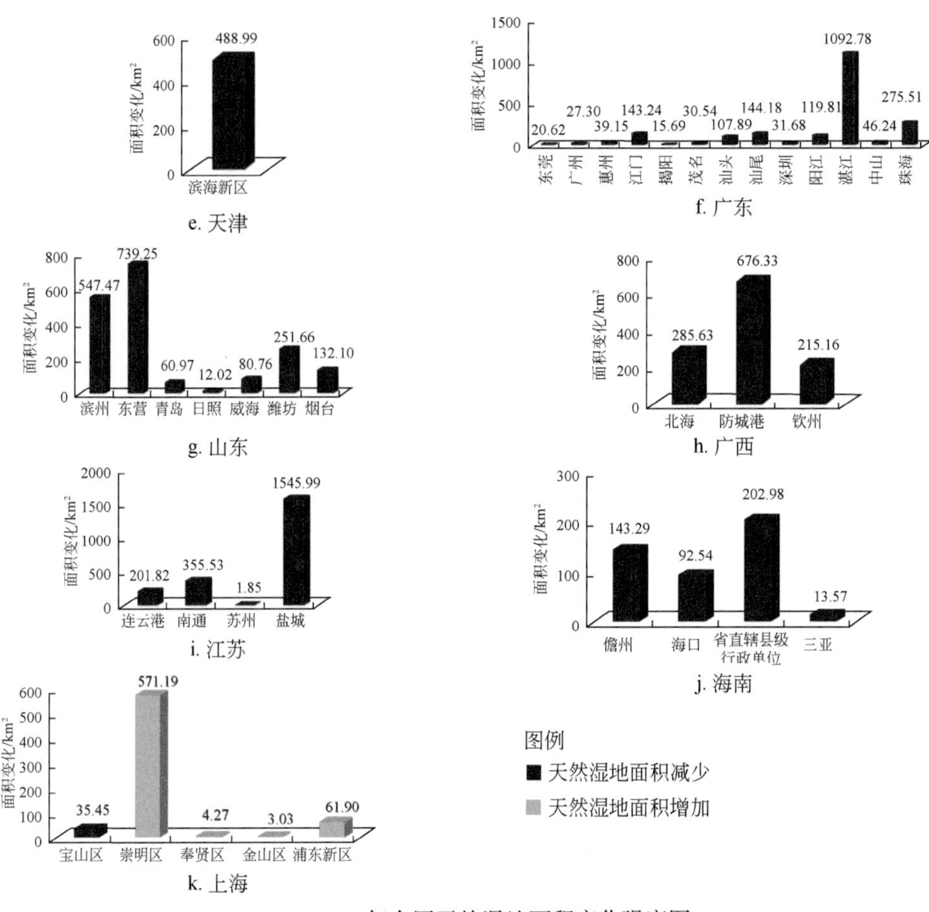

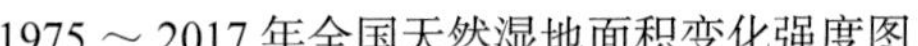

1975～2017年全国天然湿地面积变化强度图

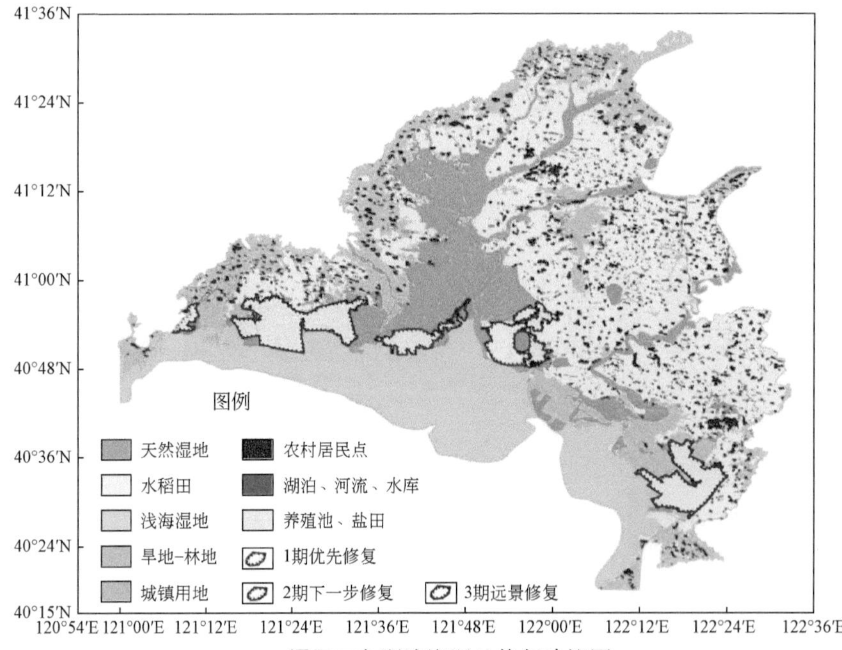

辽河三角洲滨海湿地修复建议图

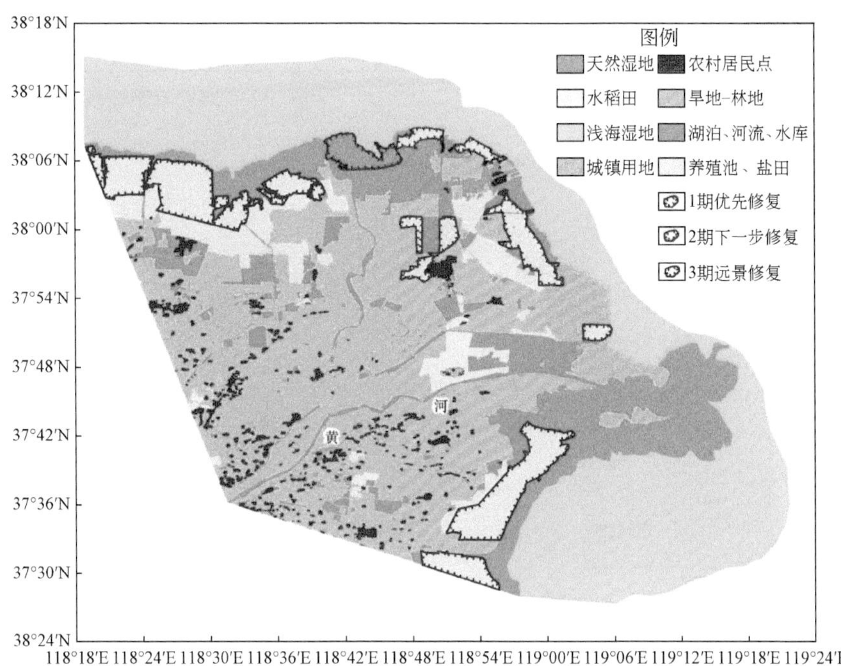

黄河三角洲滨海湿地修复建议图

图例
天然湿地
浅海湿地
水稻田
城镇用地
农村居民点
旱地-林地
养殖池、盐田
湖泊、河流、水库
1期优先修复
2期下一步修复
3期远景修复
苏 北 灌 河
射 阳 河
黄 沙 港
盐城
新 洋 港
斗 龙 港
王 港 河
34°48′N
34°36′N
34°24′N
34°12′N
34°00′N
33°48′N
33°36′N
33°24′N
33°12′N
33°00′N
32°48′N
32°36′N
32°30′N
119°36′E 120°00′E 120°24′E 120°48′E 121°12′E 121°36′E

江苏盐城滨海湿地修复建议图

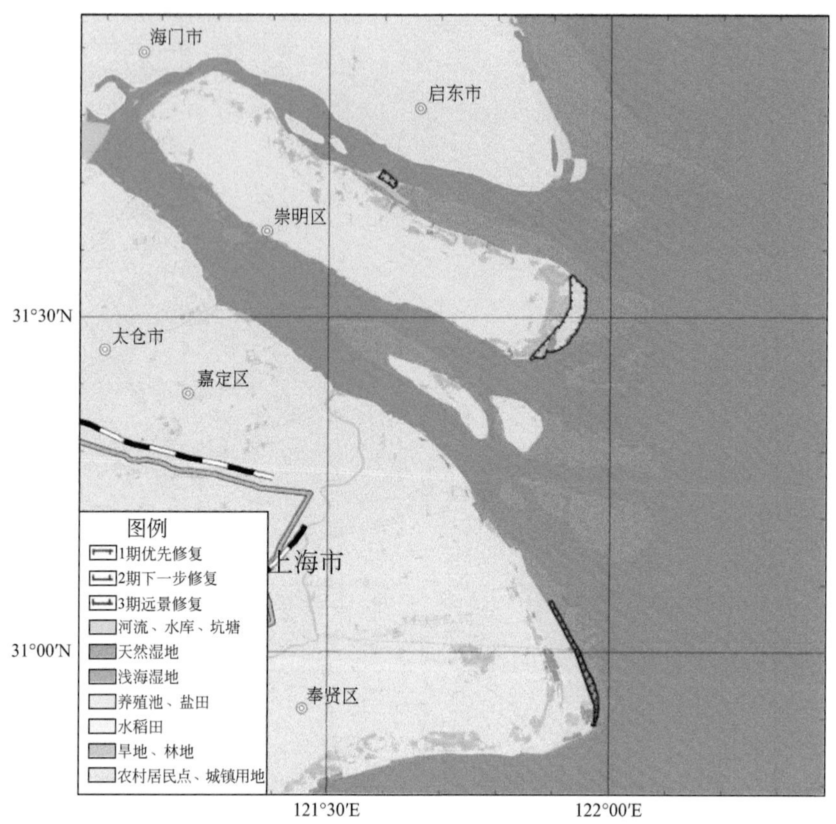

上海崇明东滩滨海湿地修复建议图

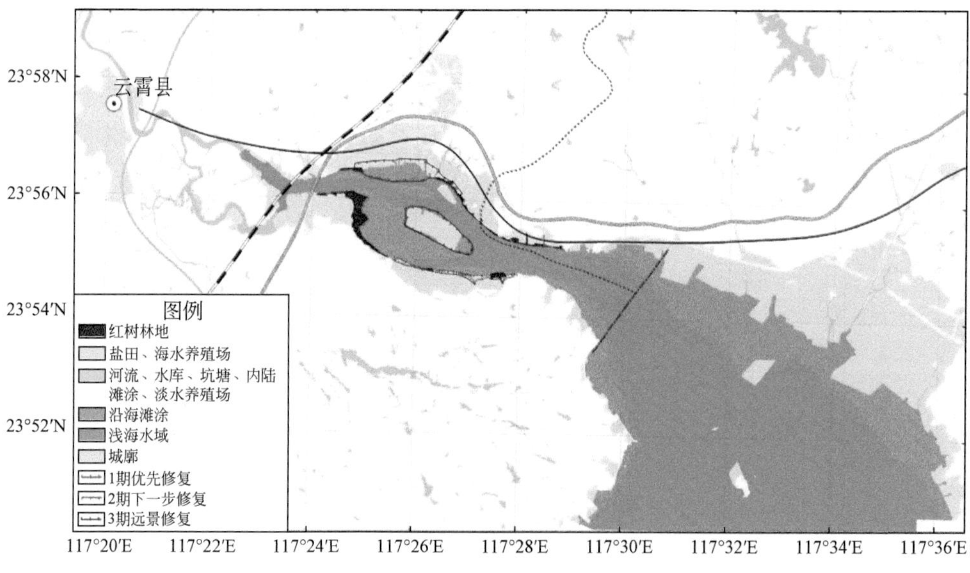

福建漳江口红树林湿地修复建议图

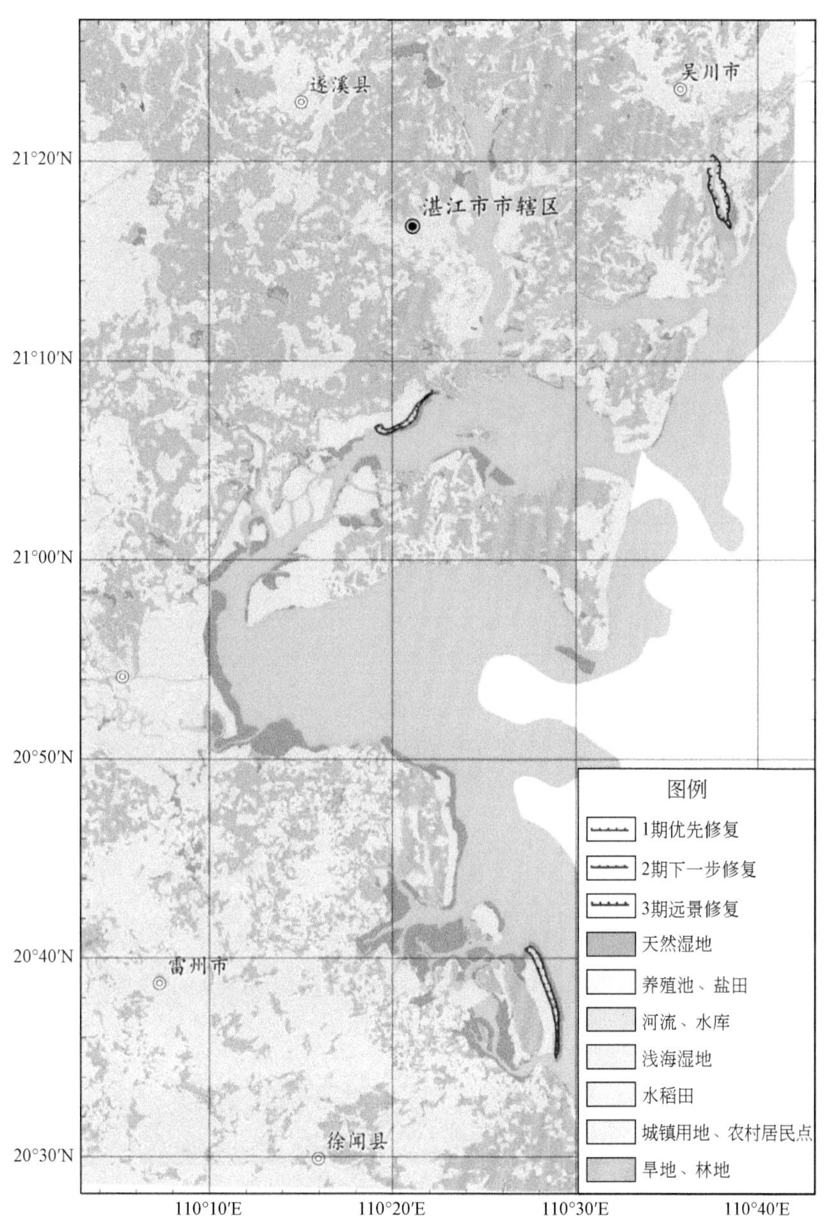

广东湛江红树林湿地修复建议图

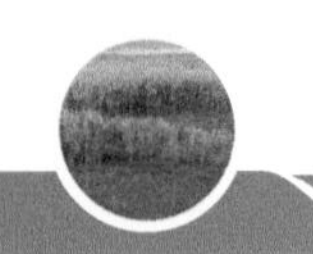

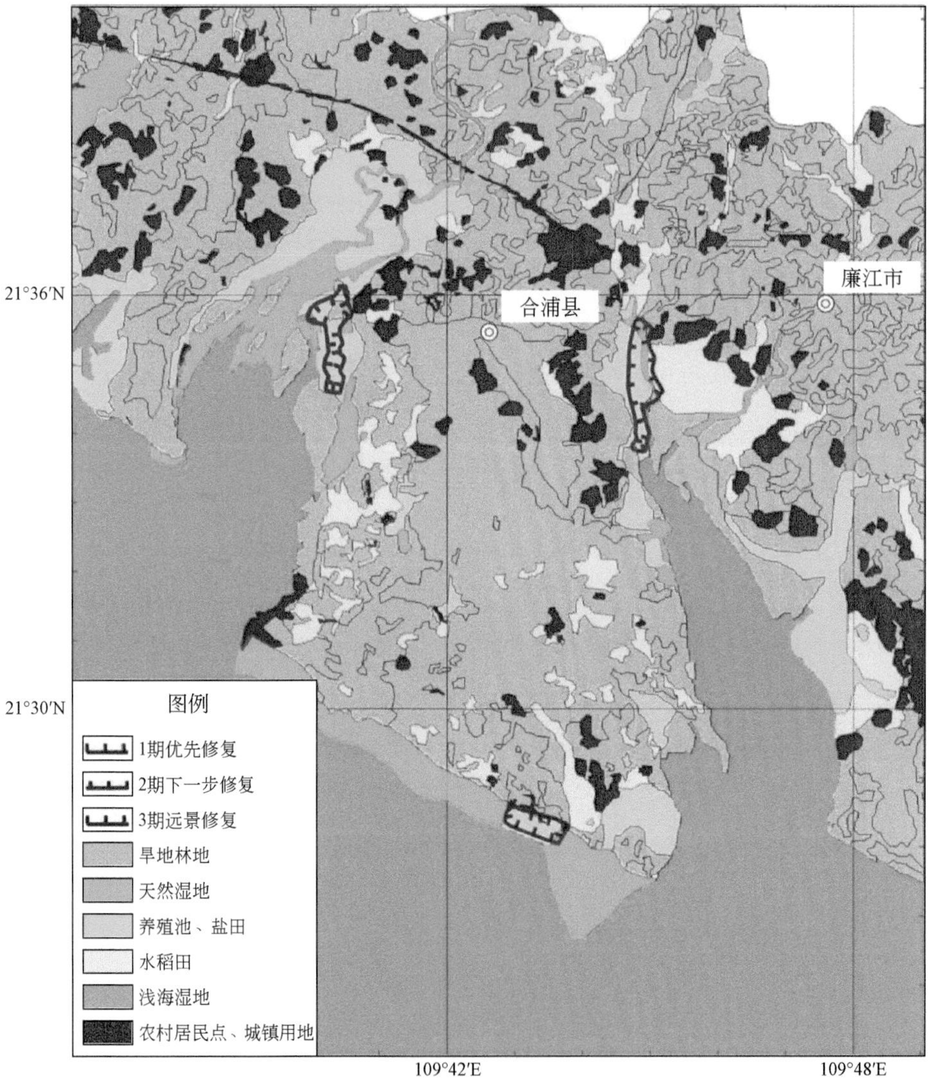

合浦县
廉江市
21°36′N
21°30′N
109°42′E
109°48′E

图例
1期优先修复
2期下一步修复
3期远景修复
旱地林地
天然湿地
养殖池、盐田
水稻田
浅海湿地
农村居民点、城镇用地

广西山口红树林湿地修复建议图

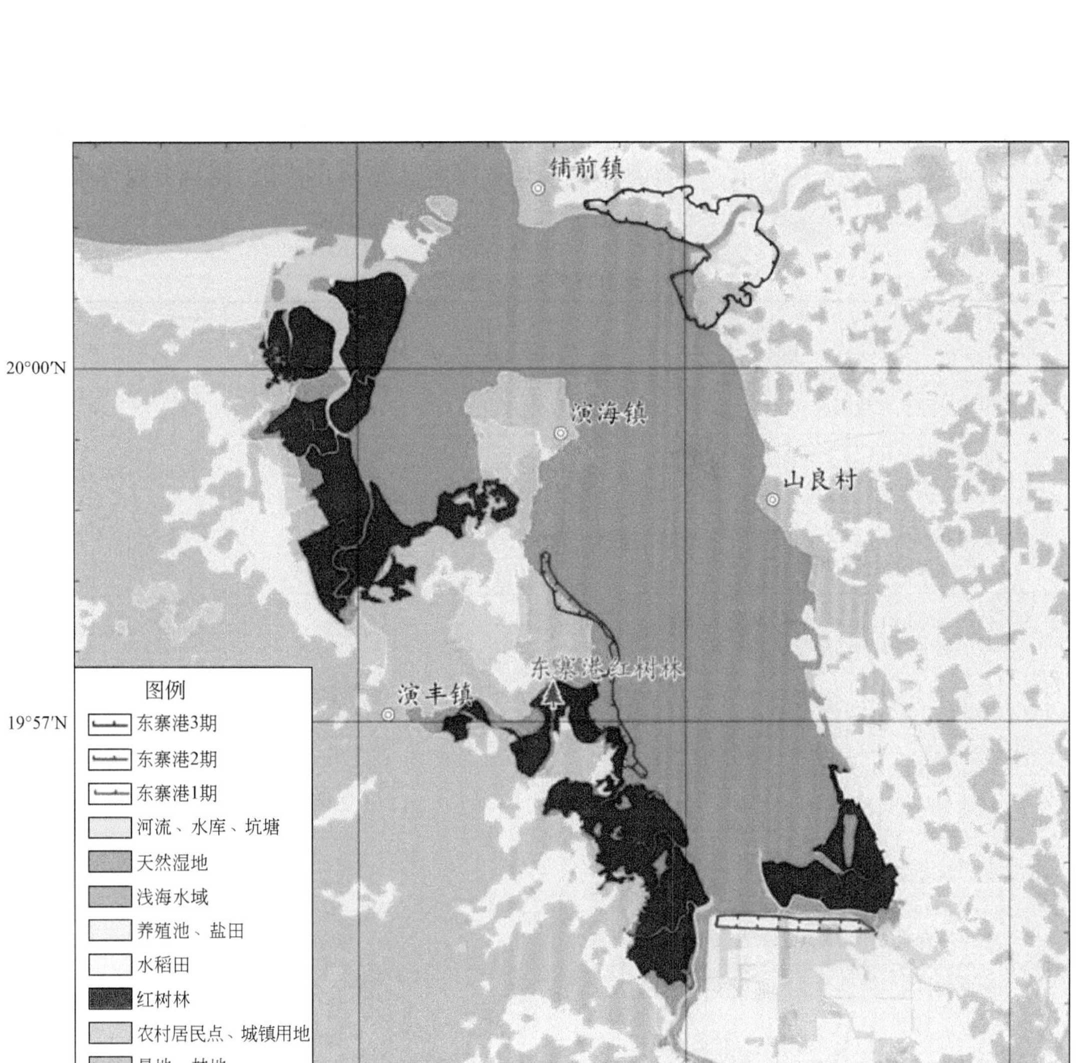

海南东寨港红树林湿地修复建议图

附录 5　湿地调查研究重要报道

中央电视台新闻频道（CCTV13）于 2019 年 6 月 6 日、6 月 10 日和 9 月 22 日报道了滨海湿地研究成果，人民日报、光明日报、科技日报、中国日报、中国网、科学网、人民政协网等中央主流媒体也就相关内容进行了大幅报道，中国自然资源报、中国矿业报等行业媒体以及青岛日报、半岛都市报等地方媒体也进行了报道。附部分媒体报道目录，见下表。

部分媒体报道一览表

序号	报道名称	发布媒体	发布时间
1	央视 [CCTV13]：《新闻直播间》播放——“围填海、沿海养殖扩张致湿地退化”	中央电视台	2019 年 6 月 6 日
2	央视 [CCTV13]：《新闻直播间》播放——“滨海湿地调查成果发布”	中央电视台	2019 年 6 月 10 日
3	央视 [CCTV13]：《午夜新闻》《新闻直播间》重播——“滨海湿地调查成果发布”	中央电视台	2019 年 6 月 11 日
4	央视 [CCTV13]：《新闻 30 分》播放——“我国首批滨海湿地全球观测网运行成果发布”	中央电视台	2019 年 9 月 22 日
5	央视 [CCTV13]：《朝闻天下》《新闻直播间》重播——“我国首批滨海湿地全球观测网运行成果发布”	中央电视台	2019 年 9 月 23 日
6	央视 [CCTV4]：《中国新闻》播放——“我国首批滨海湿地全球观测网运行成果发布”	中央电视台	2019 年 9 月 23 日
7	我国滨海湿地修复成效显著	人民日报 人民网	2019 年 6 月 11 日
8	地质调查服务滨海湿地保护修复取得积极进展	光明日报客户端	2019 年 6 月 11 日
9	地质调查支撑服务滨海湿地保护修复取得多项创新成果	科技日报	2019 年 6 月 11 日
10	地质调查支撑服务滨海湿地保护修复取得进展	中国日报	2019 年 6 月 11 日
11	Innovations drive wetland restoration	China Daily	2019 年 6 月 18 日
12	我国滨海湿地保护修复取得进展地质调查发挥支撑作用	中国网	2019 年 6 月 11 日
13	地质调查助力滨海湿地保护修复	科学网	2019 年 6 月 11 日
14	地质调查支撑服务滨海湿地保护修复取得积极进展	人民政协网	2019 年 6 月 11 日
15	我国滨海湿地修复技术方法体系初步形成	中国自然资源报 自然资源手机报	2019 年 6 月 12 日
16	地质调查支撑服务滨海湿地保护修复	中国矿业报	2019 年 6 月 12 日

续表

序号	报道名称	发布媒体	发布时间
17	地质调查支撑服务滨海湿地保护修复	中国矿业报网站、微信公众号	2019 年 6 月 12 日
18	地质调查支撑服务滨海湿地保护修复取得进展	中国海洋报	2019 年 6 月 12 日
19	地质调查支撑服务滨海湿地保护修复取得积极进展	自然资源部网站、微信公众号	2019 年 6 月 12 日
20	地质调查支撑服务滨海湿地保护修复取得积极进展	中国地质调查局网站、微信公众号	2019 年 6 月 11 日
21	优选 4 个耐盐芦苇基因种，青岛海地所建成全球芦苇同质园	青岛日报	2019 年 6 月 12 日
22	地质调查支撑服务滨海湿地保护修复取得积极进展	半岛都市报	2019 年 6 月 12 日
23	青岛海地所获多项滨海湿地研究成果	青岛财经日报	2019 年 6 月 12 日
24	青岛海地所获多项滨海湿地研究成果	青岛蓝色经济网	2019 年 6 月 12 日
25	滨海湿地调查与研究成果	青岛电视台	2019 年 10 月 20 日

本书得到以下项目联合资助：

国家重点研发计划项目——政府间国际科技创新合作重点专项“滨海湿地固碳效率精确评价与加强碳汇对策”（2016YFE0109600）

国土资源部公益性科研专项“滨海湿地生态系统的固碳能力探测与评价”（201111023）

国家自然科学基金项目“我国不同气候带河口沉积物痕量金属行为及其对全球气温上升背景下的生物有效性指示”（41240022）；“典型河口沉积物痕量金属形态与沉积物二次污染机理”（40872167）

国家海洋地质保障工程专项“辽河三角洲海岸带综合地质调查与监测”（GZH201200503）

海洋基础性公益性地质调查海岸带综合地质调查工程二级项目“江苏滨海湿地多圈层交互带综合地质调查”（DD20189503）